JIAJU ZHIZAO GONGYI JI YINGYONG

家具制造工艺及应用

李　陵　主　编
陈　波　副主编

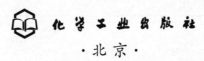
·北京·

现代家具的款式、设计、材料、结构、工艺发展变化快，本书意在对目前家具制造的工艺和技术做一个较为全面和及时的介绍。本书主要内容包括实木家具、板式家具和软体家具的材料、接合方式、结构、制造工艺等；通过家具企业实际案例，使读者了解家具从设计到选料、制造的整个过程；将家具制造新材料、新技术和新工艺的内容融于系统性的介绍中。

本书可用于高等院校工业设计相关专业教学，也可供家具设计和制造相关专业人士参考。

图书在版编目（CIP）数据

家具制造工艺及应用/李陵主编. —北京：化学
工业出版社，2015.12（2024.11 重印）
ISBN 978-7-122-25877-9

Ⅰ.①家… Ⅱ.①李… Ⅲ.①家具-生产工艺
Ⅳ.①TS664.05

中国版本图书馆 CIP 数据核字（2015）第 299174 号

责任编辑：李玉晖　王　婧　　　　　　　　装帧设计：孙远博
责任校对：王　静

出版发行：化学工业出版社（北京市东城区青年湖南街 13 号　邮政编码 100011）
印　　装：北京天宇星印刷厂
787mm×1092mm　1/16　印张 15¾　字数 388 千字　　2024 年 11 月北京第 1 版第 11 次印刷

购书咨询：010-64518888　　　　　　　　售后服务：010-64518899
网　　址：http://www.cip.com.cn
凡购买本书，如有缺损质量问题，本社销售中心负责调换。

定　　价：48.00 元

前　言

　　家具是人们生活中不可缺少的物品，家具工业蓬勃发展，家具的款式、设计、材料、结构、工艺有了很大进步。人们在注重家具的实用性和经济性之外，对家具的美观性、文化性也有了更高的要求。家具设计者和制造者既要继承和发扬优秀的家具传统文化与工艺，又要学习掌握新材料、新技术和新工艺，创造出体现时代特征、满足消费者需求的高质量家具产品。

　　本书对多种家具的制造工艺、材料和结构进行了介绍，重点是实木家具、板式家具、软体家具这三大类家具，分别从材料、结构和接合方式、生产工艺等方面进行了系统的阐述。本书总结了家具的材料、结构设计和生产工艺的部分精华，在此基础上进行了扩展，将各个知识点有机地结合在一起，融会贯通。以企业实际生产的家具为蓝本，与家具企业的人员共同撰写案例，使内容更加全面。尤其是实木家具和软体家具的案例，基本上把设计和制造的整个过程进行了比较详细的介绍，力求让读者了解家具设计制造的基本方法与流程。

　　本书由西南石油大学李陵主编和统稿，由陈波副主编，四川城市职业学院杨凌云、四川国际标榜职业学院郭颖艳、成都艺术职业学院何艳、西南石油大学陈波、张海波和兰图等参加编写。本书第1、5、7、8、10章由李陵编写，第2章由杨凌云、兰图编写，第3、9章由陈波、李陵编写，第4章由郭颖艳编写，第6章由何艳、徐涛编写，第11、12、13章由李陵、张海波编写。在本书的编撰过程中，编者得到了西南石油大学工业设计教研室张旭伟等全体教师的支持，还得到了原成都浪度家私有限公司设计师何飞、成都瑞森家具有限公司设计师黄鹏的帮助。为了编写本书，编者阅读了多部与家具制造工艺相关的书籍，吸取了这些书籍的优点和部分理论。在此，对这些书籍的作者和提供帮助的同事和朋友表示衷心的感谢！

　　由于编者的水平、时间及经验有限，书中难免还存在不足之处，恳请各位读者批评指正。

编者

2015 年 12 月

目　录

1　实木家具概述

1.1　实木家具的材料

1.1.1　锯材

（1）锯材的概念及分类

原木在干燥后，根据使用要求进行锯割，锯割后的木材称为锯材。国家标准 GB/T 4822—2015 对有关制材的定义如下。

整边锯材：相对宽材面相互平行，相邻材面互为垂直。

平行整边锯材：两组相对材面均相互平行的整边锯材。

梯形整边锯材：相对窄材面相互不平行的整边锯材。

毛边锯材：宽材面相互平行，窄材面未着锯，或虽着锯而钝棱超过允许限度者。

板材：宽度尺寸为厚度尺寸两倍以上者。

方材：宽度尺寸小于厚度尺寸两倍者，如 30mm×50mm、35mm×50mm、35mm×60mm 等。

材面：凡经纵向锯割出的锯材任何一面统称材面。

宽材面：板方材的较宽材面。

径切板：沿原木半径方向锯割的板材，年轮纹切线与宽材面夹角呈 45°以上的。

弦切板：沿原木年轮切线方向锯割的板材，年轮纹切线与宽材面夹角不足 45°的。

锯材按厚度尺寸分为薄板、中板和厚板，薄板厚度在 21mm 以下，中板厚度为 25～35mm，厚板厚度为 40～60mm。按原木锯割的方向性，锯材又分为径切和弦切板。例如，钢琴的共鸣板就要求用径切板；为了防止地板翘曲变形，实木地板应首选径切板；从防渗水的角度考虑，船甲板、木桶等就要求弦切板。

各种不同用途的木制品对锯材材质的要求也有所侧重。径切板具有抗弯强度高，变形小等特点，适合于结构用材；弦切板花纹美观，但抗弯强度低，易变形，但抗渗透能力强，适用于要求外观美观及防渗透的木制品。

（2）天然木材的特点

天然木材有较高的强重比，热、电的传导性低，有较好的触感和安全感；与金属相比，其硬度较小，易于切削加工，便于金属连接件、胶、钉、螺钉接合；具有美丽的天然色泽和纹理，也容易装饰。但是木材具有吸湿性，随着环境温度和空气湿度的变化，木材会发生干缩或湿胀，严重时会出现变形、翘曲或开裂；具有各向异性，木材各个方向上的物理力学性质有明显的差别；锯材存在节疤、虫眼等天然的缺陷。

（3）树种及其特性

适合制作实木家具的树种有紫檀木、黄花梨、乌木、柚木、橡木、胡桃木、樱桃木、水曲柳、榆木、山毛榉、铁力木、红松、马尾松、杉木、红豆杉、柏木、香樟、白桦、水青冈等，其特性见表 1-1。

表 1-1　树种及其特性

名称	特性
紫檀木	树皮灰绿色，树干多弯曲，取材很小，极难得到大直径的长树，边材狭；材质致密坚硬，入水即沉；心材鲜红或橘红色，久露空气后变紫红褐色条纹，纹理纤细浮动；有芳香，同时也是名贵的药材，用它做成的椅子、沙发还有疗伤的功效
黄花梨	颜色从浅黄到紫赤，木质坚实，花纹美好，有香味；材料很大，有的大案长达 4m，宽 600~1000mm，面心可独板不拼
乌木	心材为黑色(纯黑色或略呈绿色)及不规则黑色，生长年轮不明显，管空极小，木材有光泽，无特殊气味，结构细而匀，材质硬重，有油脂感，沉于水，色黑而甚脆，似紫檀而更加细密
柚木	油性光亮，材色均一，纹理通直。柚木结构中粗纤维，重量中等，干缩系数极小，是木材中变形系数最小的一种，抗弯曲性好，极耐磨。在日晒雨淋干湿变化较大的情况下不翘不裂；耐水、耐火性强；能抗白蚁和不同海域的海虫蛀食，能驱蛇、虫、鼠、蚁，极耐腐。干燥性能良好，胶黏、油漆、上蜡性能好，因含硅易钝刀，故加工时切削较难。握钉力佳，综合性能良好，柚木是制造高档家具、地板、室内外装饰的最好材料。适用于造船、露天建筑、桥梁等，特别适合制造船甲板
橡木	树心呈黄褐至红褐，生长轮明显，略呈波状，质重且硬，山纹清晰，触摸感好，质地坚实，结构牢固，使用年限长。橡木干燥需要经过专业处理，否则其制品容易开裂和变形
胡桃木	纹理直，边材是乳白色，心材从浅棕到深巧克力色，偶尔有紫色和较暗条纹。结构细而匀，重量、硬度、干缩及强度中等，冲击韧性高，抗压强度高，弯曲性能良好，干燥较困难，容易产生缺陷，易加工，胶合性能好，握螺钉力强，油漆后光泽度好，且保色和保光泽性持久，具有良好的尺寸稳定性，心材抗腐能力强。黑胡桃呈浅黑褐色带紫色，弦切面为大抛物线花纹(大山纹)，通常制成家具表面装饰用木皮，极少用实木，经蒸汽处理后边材变深，树纹一般是直的，有时有波浪形或卷曲树纹，形成赏心悦目的装饰图案。可制作家具、橱柜、建筑内装饰、高级细木工产品、门、地板和拼板
樱桃木	心材从深红色至淡红棕色，纹理通直，结构细，有狭长的棕色髓斑及微小的树胶囊。木材的弯曲性能好，硬度低，强度中等，耐冲击，易加工，具有较好的握钉力、胶着力、抛光性和机械加工性能。樱桃木干缩率大，但烘干后尺寸稳定。主要用于家具、橱柜、门及装饰板表面的装饰木皮，同时还制作拼花地板、烟斗、乐器，特别适宜用来制作车削零件或雕刻件
水曲柳	通常树干高大通直，树高 25~30m，甚至能达 35m 以上，直径 40~60cm，最大直径可达 1m。材质坚硬，纹理通直。花纹美观，适于制作实木家具和刨切成木皮。边材呈黄白色，心材呈褐色略黄。木质结构粗，纹理直，花纹美丽，有光泽。水曲柳具有弹性好、韧性好、耐磨、耐湿等特点，其干燥困难，易翘曲。水曲柳加工性能良好，握钉力强、胶合性能好，表面打磨光滑，易于染色，适合干燥气候环境使用。心材不易腐朽，边材易受留粉甲虫及常见家具用虫蛀食，边材比心材渗透力强。可用于各种家具、乐器、体育器具、车船、机械及特种建筑材料
榆木	边材暗黄色，心材暗紫灰色，材质轻较硬，力学强度较高，纹理直，结构粗，可供家具、装修等用。榆木经烘干、整形、雕磨髹漆，可制作精美的雕漆工艺品。榆木与南方产的榉木有"北榆南榉"之称，且材幅宽大，加工性能优良，变形率小，雕刻纹饰多以粗犷为主。榆木有黄榆和紫榆之分，黄榆数量多，木料新剖开时呈淡黄，随年代久远颜色逐步加深；而紫榆天生黑紫，色重者近似老红木的颜色
山毛榉	山毛榉的心材、边材区分不明显，木材颜色由浅红褐至红褐色，有光泽，无特殊气味。木材纹理直，材质均匀。山毛榉干燥缓慢、干缩大，易发生开裂、劈裂及翘曲。强度属中等，加工性能良好，握钉力强，胶黏性能好，容易劈裂。用于乐器、仪器箱盒、家具、贴面单板、胶合板、地板、墙板、走廊扶手、运动器械、船舶、车辆、文具、造纸等
铁力木	铁力木是几种硬性木材树种中长得最高大、价值又较低廉的一种。大常绿乔木，树干直立，高可十余丈，直径达丈许。铁力木质糙纹粗，鬃眼显著

1.1.2　集成材

集成材是将小规格材或短料接长、拼宽、拼厚而成的一种板材，如图 1-1。它是利用木材的板材或木材加工剩余的板材截头之类的材料，经干燥后，去掉节疤、腐朽、虫眼、裂纹等天然缺陷，加工成具有一定端面规格的小木板条；然后将这些板条两端加工成指形连接

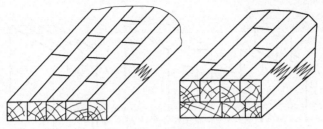

图 1-1　集成材

榫，涂胶后一块一块地接长；在刨光加工后，沿横向胶拼成一定宽度的板材，最后再根据需要进行厚度方向上的胶拼。

集成材基本上没有改变木材本来的结构，其抗拉、抗压强度优于同规格的天然板材。通过选拼，集成材的均匀性和尺寸稳定性优于同规格的天然木材。集成材制造的构件尺寸不受树木尺寸的限制，可以按需要制成任意大的横截面或任意长度。集成材要进行坯料干燥，干燥时木材尺寸较小，易于干燥，且干燥均匀，有利于大截面的异型结构木制构件的尺寸稳定。在胶拼前，要进行木材的防虫、防腐、防火等各种特殊功能处理，增加木制品的使用年限。

根据集成材的特性，它一般可用于家具制造、家装、建筑结构中。在制作各种家具时，可制得大平面及造型优美的部件，如办公桌、餐桌的台面，柜类家具的旁板、顶板门板等，椅子的腿、扶手等。在室内装修方面，可用于门、地板、门框、窗框、楼梯板等。在结构用集成材方面，主要用于制作承重部件制品，适用于建筑行业的梁、架等。

1.2　实木家具的接合方式与结构

木质家具的各个零件，都需要相互连接才能构成制品，零部件之间的连接称为接合。接合方式的选择对结构的牢固性和稳定性、家具美观性、加工工艺都有直接影响。家具零部件常用的接合方式有榫接合、钉接合、木螺钉接合、胶接合和连接件接合等。

1.2.1　实木家具的接合方式

1.2.1.1　榫接合

榫接合是指由榫头和榫眼或榫槽组成的接合。它是传统实木家具的接合方式，零部件间靠榫头、榫孔插接，并辅以胶接合以增加接合强度。榫头主要种类有直角榫、燕尾榫、圆榫和指形榫，很多其他类型的榫头都是根据这几种榫头演变而来的。榫接合各部分的名称如图1-2，榫头的形状如图1-3。

（1）直角榫接合

直角榫接合的榫头和榫眼都呈方形，有较高的接合强度，常用于两根方材的纵横连接。

① 直角榫接合的类型

a. 开口、贯通直角榫接合。如图1-4（a）所示，榫端及榫头的一边显露在外表，影响家具的外观，并且这种方式接合力低，用于受力不大、装饰要求不高的部件。

b. 闭口、贯通直角榫接合。如图1-4（b）所示，这种方式接合力较大，但榫端露在了外面，影响美观性，因而适用于受力较大的结构和不透明涂饰的家具。

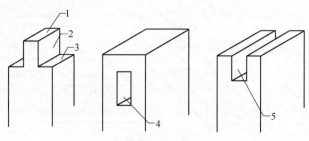

图 1-2　榫接合的各个部分

1—榫端；2—榫颊；3—榫肩；4—榫眼；5—榫槽

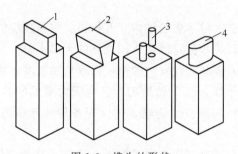

图 1-3　榫头的形状

1—直角榫；2—燕尾榫；3—圆榫；4—椭圆榫

c. 闭口、不贯通直角榫接合。如图 1-4(c) 所示，这种方式榫头被隐藏，外部美观性较好，适用于中高级家具的装饰表面。

d. 半闭口、直角榫接合。如图 1-4(d) 所示，这种方式既可防止榫头扭动，又能增加一些胶接面积，因而具有开口榫和闭口榫两者的优点。一般用于能被制品某一部分所掩盖的接合处以及制品的内部框架，如用在椅档与椅腿的接合处，因为椅档上面还有座板盖住，所以不会影响其外观。

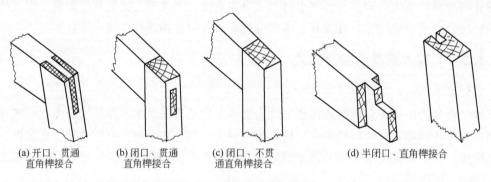

(a) 开口、贯通　　(b) 闭口、贯通　　(c) 闭口、不贯　　(d) 半闭口、直角榫接合
直角榫接合　　　　直角榫接合　　　通直角榫接合

图 1-4　直角榫接合的类型

有些家具需要增加零部件的接合强度，保证结构的稳定性，这就需增加榫头的数量来增加胶层面积。根据榫头的数量分：只有一个榫头的形式，称为单榫；有两个榫头的形式，称为双榫；有两个以上榫头的形式，称为多榫，如图 1-5。一般木框中的方材接合，多采用单榫或双榫，如桌子、椅子等；箱框的接合，应采用多榫，如抽屉、箱子等。

就单榫而言，根据榫头切肩的方式不同，可分为单面切肩榫、双面切肩榫、三面切肩榫和四面切肩榫，如图 1-6。如家具门扇的角部接合，要求接合强度大，就需要采用闭口榫。

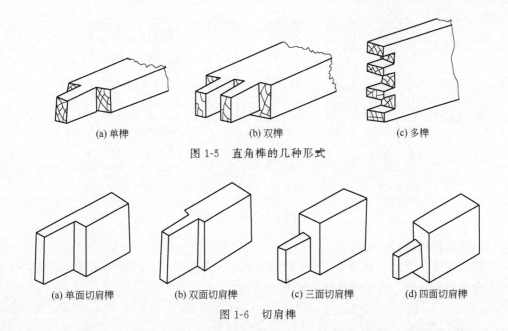

图 1-5　直角榫的几种形式

(a) 单榫　　　　(b) 双榫　　　　(c) 多榫

(a) 单面切肩榫　　(b) 双面切肩榫　　(c) 三面切肩榫　　(d) 四面切肩榫

图 1-6　切肩榫

在榫头宽度上切去一部分，即三面切肩榫，有时会用到四面切肩榫。锯切时要注意保持榫肩与榫头侧面的正确角度，被截去部分不应小于 10mm，但也不宜过大，否则会降低接合强度。

② 直角榫接合的技术要求

a. 榫头厚度。榫头厚度一般按零件尺寸而定，单、双榫的厚度一般为方材厚度或宽度的 2/5～1/2。榫头厚度比榫眼宽度小 0.1～0.2mm，为间隙配合，抗拉强度最大。为了便于榫头插入榫眼，常将榫端两边或四边削成 30°的斜棱。榫头常用的厚度有 6mm、8mm、9.5mm、12mm、13mm、15mm 等多种规格。

b. 榫头宽度。榫头宽度以 25～30mm 为宜，一般榫头比榫眼宽度大 0.5～1.0mm，其中硬材以 0.5mm、软材以 1mm 为宜。榫头宽度超过 40mm，应从中间锯切一部分，分成双榫头来提高接合强度。

c. 榫头长度。榫头长度需根据接合形式决定。贯通榫接合，榫头长度比榫眼深度大 0.5～1mm；不贯通榫的长度应小于榫眼零件宽度或厚度的 1/2，榫眼深度应比榫头长度大 2～3mm，当榫头长度控制在 15～30mm 时可获得较为理想的接合强度。

（2）圆榫接合

圆榫接合的榫头、榫眼都呈圆形，如图 1-7。与直角榫相比，接合强度约低 30%，但较节省木料、易加工，主要用于板式部件的连接和接合强度要求不高的方材连接。

圆榫材料多采用水曲柳、桦木、柞木等硬材，要求密度大、无缺陷。圆榫材料要进行干燥处理，含水率应低于 7%，备用圆榫需密封包装，以防止吸湿而造成含水率变化。

圆榫表面的沟槽是为了装配时便于带胶入孔，其中螺旋沟槽圆榫的接合效果较好，圆柱状圆榫接合效果最差。装配时，榫头、榫眼同时施胶。圆榫直径为板厚的 1/3～1/2，圆榫的长度为直径的 3～4 倍。在实木上使用圆榫接合时要求榫头与榫眼配合紧密或榫头稍大些。在刨花板上使用圆榫时，如果榫头过大，就会破坏刨花板内部结构。两零件间的连接，至少使用两个圆榫，以防零件转动；较长接合边用多榫连接，榫间距离一般为 96～160mm。

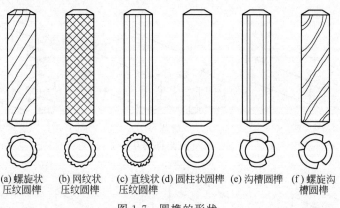

(a)螺旋状 (b)网纹状 (c)直线状 (d)圆柱状圆榫 (e)沟槽圆榫 (f)螺旋沟
压纹圆榫 压纹圆榫 压纹圆榫 槽圆榫

图 1-7　圆榫的形状

（3）燕尾榫接合

采用燕尾榫接合时，顺燕尾方向的抗拔性强，主要用于箱框的角部连接，其接合技术要求与直角榫接合相似。燕尾榫的种类如图 1-8。

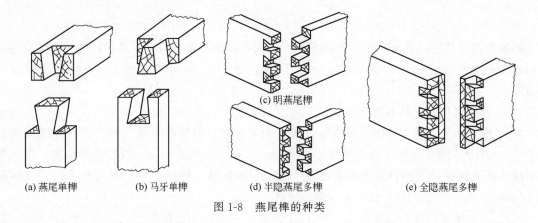

(a)燕尾单榫　　　　(b)马牙单榫　　　　(c)明燕尾榫　　(d)半隐燕尾多榫　　　　(e)全隐燕尾多榫

图 1-8　燕尾榫的种类

（4）椭圆榫

椭圆榫是一种特殊的直角榫，不同之处在于它的两侧都为半圆形柱面，榫眼的两端也一样。椭圆榫接合的尺寸和技术要求与直角榫接合相似，但是椭圆榫一般为单榫，榫宽与榫头零件宽度相同或略小。

1.2.1.2　钉接合

钉接合简便易行，但接合强度较低，常在接合面加胶以提高接合强度。可用来连接非承重结构或受力不大的承重结构，它主要起定位和紧固作用，常用于背板固定，抽屉滑道的安装等不外露且强度要求较低的部位。

钉接合常采用金属圆钉，把圆钉穿透被固紧件与持钉件而将两者连接起来。圆钉必须在持钉件的横纹理方向进钉，纵向进钉接合强度低。钉钉方向有垂直材面进钉和交错倾斜材面进钉两种，其中交错倾斜材面进钉接合强度较高，钉倾斜角常为 $5°\sim15°$。为使钉头不外露，可将钉头砸扁冲入被固紧件内，扁头长轴要与纹理同向。

钉子有金属、木制、竹制三种。木钉、竹钉在我国手工生产中应用较为普遍，装饰性的钉常用于软家具制造。钉着力与钉子大小有关，一般钉子越长，直径越大，钉着力也随之越大。现代家具多采用金属钉，如圆钢钉、扁头圆钢钉、骑马钉（U 形钉）、鞋钉、鱼尾钉、

T形气钉、π形气钉等，见图1-9。

1.2.1.3 木螺钉接合

木螺钉是金属材质的带螺纹的连接件，将木螺钉拧入被固紧件与持钉件而将两者连接起来。其接合强度较榫接合低，比圆钉接合高，常在接合面加胶来提高接合强度。木螺钉需在横纹方向拧入持钉件，纵向拧入接合强度低。一般被固紧件的孔需预钻，如果被固紧件太厚（超过20mm），常采用螺钉沉头法以避免螺钉太长。

常见的有一字平（沉）头木螺钉、十字平（沉）头木螺钉、一字槽半圆头木螺钉、十字半圆头木螺钉，如图1-10。除此之外，还有半沉头木螺钉、平圆头木螺钉等。一字头型的适合于手工装配，十字槽型的适合于电动工具和机械装配，沉头木螺钉应用最广泛。由于木材本身特殊的纤维结构，用木螺钉接合时不能多次拆装，否则会破坏木材组织，影响接合的强度。木螺钉接合比较简单，常用于木家具中桌面板、柜背板、椅座板、抽屉滑道、塞角的固定，以及拉手、锁等配件的安装。

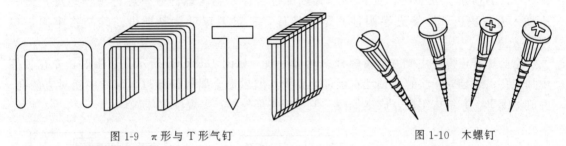

图1-9　π形与T形气钉　　　　　　　图1-10　木螺钉

1.2.1.4 胶接合

胶接合是指单独利用胶把将零部件粘接起来。如短料接长、窄料拼宽、覆面板的胶合等均采用胶接合，一般采用斜接、指接的方式。胶接合也用于其他接合方式的辅助接合，如钉接合、榫接合常需施胶加固。常使用的胶黏剂主要有乳白胶、脲醛胶、热熔性胶、环氧胶、酚醛类胶等。胶接合可节约木材，并提高家具的强度和表面装饰质量。

1.2.1.5 连接件接合

连接件接合是利用各种特制的连接件将家具的零部件组装起来，其结构牢固、可靠，装配和拆卸比较方便，成本较低。连接件的种类较多，常用的有三合一偏心连接件、四合一连接件、圆柱螺母连接件、直角式倒刺螺母连接件等。

（1）偏心连接件接合

偏心连接件最常用的是三合一偏心连接件，它由偏心件、倒刺螺母或膨胀螺母、金属螺杆组成，偏心件、倒刺螺母通过连接杆连接在一起，如图1-11所示。加工时，预先在板件上钻出小圆孔，再在要相接的板件上钻出大圆孔。组装时，将倒刺螺母预埋进小圆孔中，再把金属螺杆旋入螺母中。在另一块板件的大圆孔中装入偏心轮，把金属螺杆插进偏心轮，再旋转偏心轮，卡紧即可。偏心连接件接合常用于两块板件的垂直接合，其接合强度较大，拆装方便，隐蔽性好。另外，它还可用于两块并列板件的连接和倾斜部件的接合。

（2）直角式倒刺螺母连接件接合

直角式倒刺螺母连接件由倒刺螺母、带倒刺的直角件和金属螺杆组成，如图1-12所示。组装时，先将倒刺螺母、带倒刺的直角件装进板件，再把金属螺杆插进直角件，并旋进倒刺螺母，直到旋紧为止。其接合牢固，使用方便，连接件隐蔽性好。

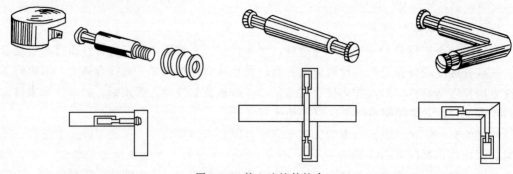

图 1-11　偏心连接件接合

（3）其他连接件接合

常用的四合一连接件由预埋螺母、金属螺杆、半圆件和紧固螺母组成，如图 1-13（a）所示。安装时，先将预埋螺母旋进板件，金属螺杆一头旋进预埋螺母，另一头插入另一块板件，旋进半圆件和紧固螺母，把紧固螺母旋紧即可。其结构牢固，多用于餐桌。

空心螺杆连接件主要由金属螺杆、螺母组成，如图 1-13（b）所示。加工时，先在板件中加工孔；组装时，将螺母预埋在板件的孔中，然后把金属螺杆穿过两部件中相对应的孔，并旋进螺母。其结构牢固，成本低廉，但螺杆头部外露，美观性欠佳。

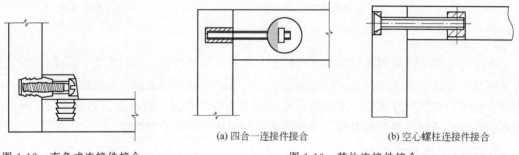

图 1-12　直角式连接件接合

(a) 四合一连接件接合　　(b) 空心螺柱连接件接合

图 1-13　其他连接件接合

1.2.2　实木家具的基本结构

木质家具的基本部件结构主要由框架部件结构、板式部件结构、箱框结构、脚架结构、弯曲件结构等构成。

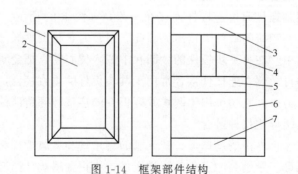

图 1-14　框架部件结构

1—木框；2—嵌板；3—上帽头；4—立档；5—横档；6—立边；7—下帽头

1.2.2.1 框架部件结构

框式家具的框架至少是由纵向、横向各两根方材围合而成的。纵向方材称为立边，框架两端的横向方材称为帽头。如果在框架中间加有方材，那么横向的方材称为横档，纵向的方材称立档。框架部件结构各部分名称如图1-14。

（1）框架角部接合

从形态上框架角部接合可分两种，即直角接合与斜角接合。

① 直角接合　直角接合结构加工简便、稳定性强，常采用直榫、燕尾榫接合，有些也用圆榫或连接件接合，见图1-15。

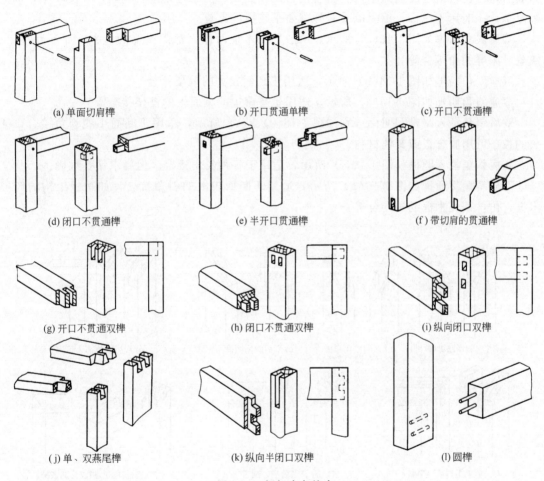

(a) 单面切肩榫　　　　　　　(b) 开口贯通单榫　　　　　　　(c) 开口不贯通榫

(d) 闭口不贯通榫　　　　　　(e) 半开口贯通榫　　　　　　(f) 带切肩的贯通榫

(g) 开口不贯通双榫　　　　　(h) 闭口不贯通双榫　　　　　(i) 纵向闭口双榫

(j) 单、双燕尾榫　　　　　　(k) 纵向半闭口双榫　　　　　(l) 圆榫

图 1-15　框架直角接合

单面切肩榫如图1-15(a)所示，一般要用钉、销或螺钉进行加固。

开口贯通单榫如图1-15(b)所示，常加销钉作为辅助紧固，一般用于门扇、窗扇的角接合以及覆面板内部框架的角接合等。

开口不贯通榫如图1-15(c)所示，常用于有面板覆盖的框架接合。

闭口不贯通榫如图1-15(d)所示，常用于旁板、柜门立梃与帽头的接合，椅子后腿与帽头的接合等。

带切肩的贯通榫如图1-15(f)所示，一般用于木框镶板结构的角接合处。

开口不贯通双榫如图 1-15(g) 所示，可以防止零件扭动，一般用于有面板等覆盖的框架接合处。

如图 1-15(h) 所示，为闭口不贯通双榫，也可防止零件扭动。

如图 1-15(i)、(k) 所示，分别为纵向闭口双榫和纵向半闭口双榫，一般用于视线不及或有覆盖的框架接合处，如大衣柜中门框的角接合、桌腿与望板的接合等。

如图 1-15(j) 所示，为单、双燕尾榫，比平榫接合牢固，榫头不易滑动，可用于长沙发脚架的接合。

② 斜角接合　斜角接合是将两根接合的方材端部榫肩切成 45°的斜面或单肩切成 45°的斜面后，再进行接合的角部结构。斜角接合比较美观，但与直角接合相比，强度较小，加工较复杂，一般用于镜框、柜门以及对外观要求较高的家具。

双肩斜角暗榫如图 1-16(a) 所示，一般用于木框两侧面都需涂饰的地方，如沙发扶手、镜框、床屏的角接合等。

双肩斜角暗榫如图 1-16(b) 所示，适用于断面较大的框架接合。

双肩斜角明榫如图 1-16(c) 所示，适用于要镶边的桌面板的框架接合等。

双肩斜角插入暗榫和明榫分别如图 1-16(d)、(e) 所示，适用于断面小的斜角接合，插入的板条可用胶合板或其他材料。

双肩斜角插入圆榫如图 1-16(f) 所示，适用于各种斜角接合，但要求钻孔准确。

双肩斜角贯通榫如图 1-16(g) 所示，适用于断面较大的斜角接合，如平板结构的床屏木框、仿古茶几木框的角接合等。

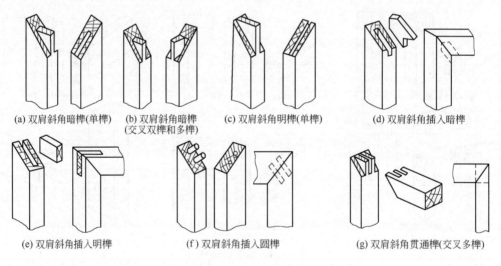

(a) 双肩斜角暗榫(单榫)　(b) 双肩斜角暗榫　(c) 双肩斜角明榫(单榫)　(d) 双肩斜角插入暗榫
　　　　　　　　　(交叉双榫和多榫)

(e) 双肩斜角插入明榫　　(f) 双肩斜角插入圆榫　　(g) 双肩斜角贯通榫(交叉多榫)

图 1-16　框架斜角接合

（2）框架丁字形结构

丁字形结构即两根方材成丁字形相接，指框架内横档和竖档之间的接合，以及它们分别与主框方材的接合。各类框架的横档、立档、家具的牵脚等都是丁字形结构。框架丁字形结构如图 1-17。

（3）装板结构

框架装板结构是在框架内装入各种板材，做成装板形式，如图 1-18。其装配形式有裁

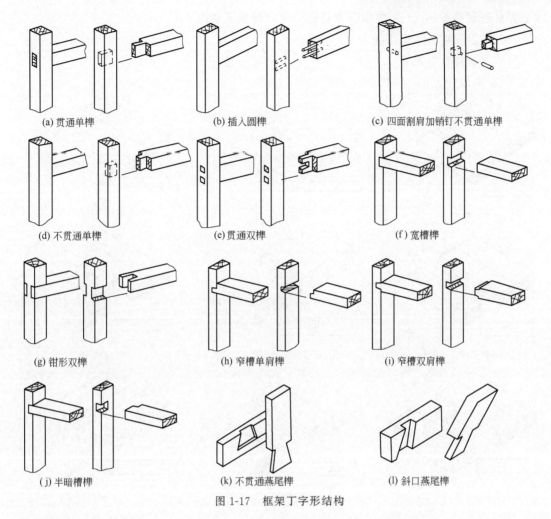

(a) 贯通单榫   (b) 插入圆榫   (c) 四面割肩加销钉不贯通单榫

(d) 不贯通单榫   (e) 贯通双榫   (f) 宽槽榫

(g) 钳形双榫   (h) 窄槽单肩榫   (i) 窄槽双肩榫

(j) 半暗槽榫   (k) 不贯通燕尾榫   (l) 斜口燕尾榫

图 1-17 框架丁字形结构

口法和槽榫法两种。图 1-18(a)、(b)、(c) 是典型的裁口法,在木框上开出铲口,然后用螺钉或钉固定装板,或加型面木条使装板固定于木框上。这种结构装配简单,容易更换装板。图 1-18(g)、(h)、(i) 是普通的槽榫法,在木框上开出槽沟,然后放入装板,(g)、(h) 的

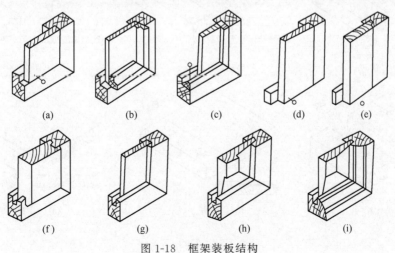

(a)   (b)   (c)   (d)   (e)

(f)   (g)   (h)   (i)

图 1-18 框架装板结构

木框方材断面是方形，（i）中木框方材的一面被铣成了型面。

1.2.2.2　实木拼板结构

（1）拼板接合方式

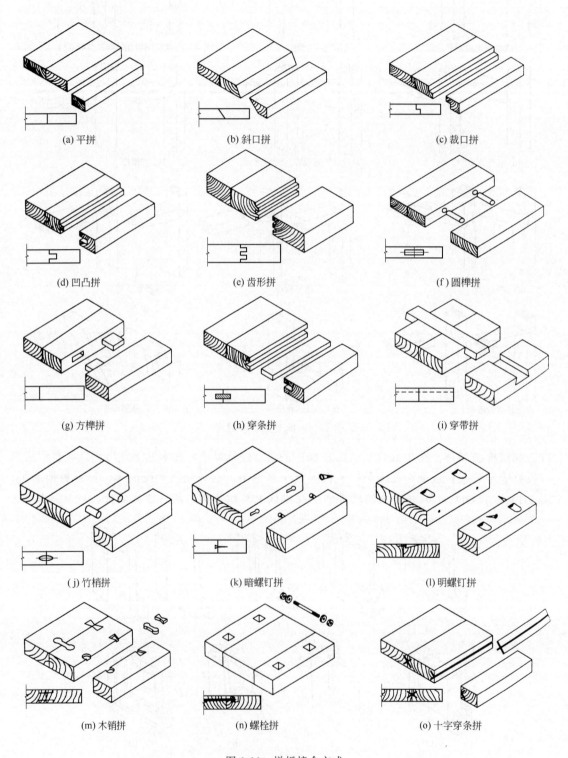

(a) 平拼　　　　　　　　(b) 斜口拼　　　　　　　　(c) 裁口拼

(d) 凹凸拼　　　　　　　(e) 齿形拼　　　　　　　　(f) 圆榫拼

(g) 方榫拼　　　　　　　(h) 穿条拼　　　　　　　　(i) 穿带拼

(j) 竹梢拼　　　　　　　(k) 暗螺钉拼　　　　　　　(l) 明螺钉拼

(m) 木销拼　　　　　　　(n) 螺栓拼　　　　　　　　(o) 十字穿条拼

图 1-19　拼板接合方式

拼板是由两块及以上的板材侧边拼接而成的。在传统的框式家具中，桌面板、柜面板、台面板、椅面板、嵌板等都是实木拼接而成的。其拼合方式有多种，如平拼、斜口拼、裁口拼、齿形拼、圆榫拼、方榫拼等，如图1-19。

（2）减少拼板翘曲的方法

实木拼板往往由于木材吸湿或干燥而易引起变形，尤其是两端面最易翘曲甚至开裂，并影响美观。为了减少和防止拼板的变形，通常需要采用装榫、装板、嵌端等方法对木条进行固定，如图1-20。

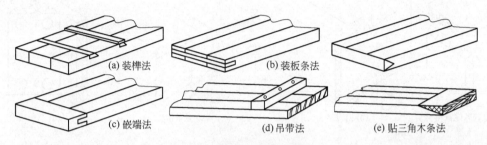

图1-20　减少拼板翘曲的方法

① 装榫法　在拼板背面距拼板端头150～200mm处，加工出燕尾形或方形榫槽，然后在榫槽中嵌入相应断面形状的木条。这种方法常用于工作台的台面、乒乓球台面等。

② 嵌端法　将拼板的两端加工成榫簧，与方材相应的榫槽进行配合。这种方法多用于绘图板或工作台面上。

③ 装板条法　将拼板的两端开出榫槽，在榫槽中插入矩形。

④ 贴三角形木条法　在拼板与木条上切削出相应的斜面，这种方法可用于门端面的接合或桌台面装饰作用。

1.2.2.3　实木箱框结构

箱框结构是由三块或四块板件用一定的接合方式构成的箱体或槽体结构，箱框中间可设有若干块中板，如隔板、搁板。箱框常采用整体榫、插入榫接合，有些也采用连接件接合、钉接合等形式。箱框结构主要用于制作仪器箱、包装箱及家具中的抽屉。

（1）箱框的角部接合

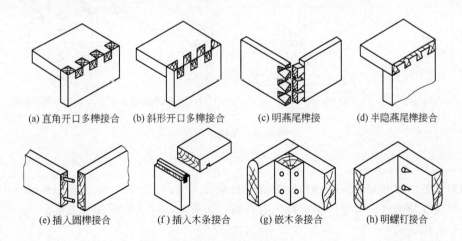

图1-21　箱框直角接合方式

根据箱框接合后其周边板的端面是否外露情况，分为直角接合与斜角接合两种。

① 直角接合　其周边板的端面外露，加工简便、接合强度大，但美观性欠佳，为一般箱框常用的接合方法，如图 1-21。

② 斜角接合　其周边板的端面均不外露，较美观，但加工稍复杂、强度略低，主要用于外观要求较高的箱框接合，如图 1-22。

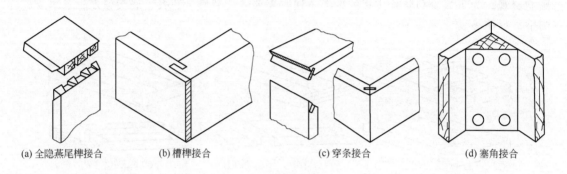

(a) 全隐燕尾榫接合　　(b) 槽榫接合　　(c) 穿条接合　　(d) 塞角接合

图 1-22　箱框角部接合方式

（2）箱框的中部接合

箱框内搁板或隔板与箱体的接合均为箱框的中部接合，其形式有直角榫、燕尾榫、插入榫、槽榫接合等，如图 1-23。

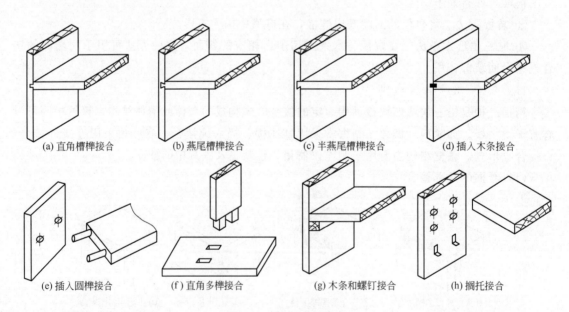

(a) 直角槽榫接合　　(b) 燕尾槽榫接合　　(c) 半燕尾槽榫接合　　(d) 插入木条接合

(e) 插入圆榫接合　　(f) 直角多榫接合　　(g) 木条和螺钉接合　　(h) 搁托接合

图 1-23　箱框中部接合

1.2.2.4　脚架结构

脚架一般由脚和望板、牵脚档所组成，是家具主体的支承件。在许多柜类家具中，脚架都是一个独立的部件。常见的柜类脚架有亮脚、包脚、塞脚和装脚四种类型。

（1）亮脚结构

亮脚结构一般由四根独立的脚和若干根牵脚档连接成一个立体框架，然后与柜体或桌面等连接为一体，有直脚和弯脚两类，如图1-24。亮脚与望板、牵脚档的接合属于框架接合，常用普通榫接合，有时也在脚架四内角用钉、木螺钉等加贴木块加固。

（2）包脚结构

包脚结构一般是由四块板接合而成，如图1-25。包脚的角部可用直角榫、圆榫、燕尾榫等形式接合；脚架钉好后，四角再用三角形或方形小木块作塞角加固，一般用螺钉加胶接合。由于一些地面不平，因而有些脚架中间底部会开出凹档，减少与地面接触的面积，形成四个支承点（面）。

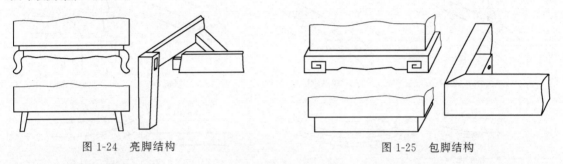

图1-24　亮脚结构　　　　　　　　　　图1-25　包脚结构

（3）塞脚结构

塞脚结构就是在旁板与底板的角部增加一块木板，把脚装上去，安装在柜子底板的四个角上，借助柜子的底板连成一体。木板一般做成线型板，可以加强柜体的稳定性。木板与旁板采用全隐燕尾榫接合，并在塞脚的内部用方形或三角形木块来加固，如图1-26。

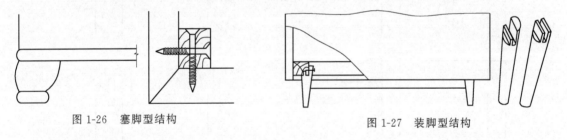

图1-26　塞脚型结构　　　　　　　　　图1-27　装脚型结构

（4）装脚结构

装脚结构是一个独立的亮脚，彼此不需要用牵脚档连成脚架，而是直接安装在柜子的底板下或桌、几的面板下，如图1-27。当装脚比较高时，可将装脚做成锥形，这样可使家具整体显得轻巧美观。

1.2.2.5　弯曲件结构

在家具结构中，当弯曲件轴线与木材纤维方向构成的角度超过45°时，就会造成弯曲件纤维的严重断裂，因此需要用短料逐段接合，接合方式如图1-28。其中，指形榫接合强度高，且自然美观；斜接强度也较好，比较容易加工，但木材损失较大。这些接合方法在强度、美观性上各有特点，应根据具体情况选择。

1.2.3　实木家具的安装结构

（1）柜体的安装结构

柜体安装结构指旁板、顶板、底板等主要框架部件的连接结构，搭头可齐平、凸出或凹入，搭盖关系根据造型要求而定，如图1-29。

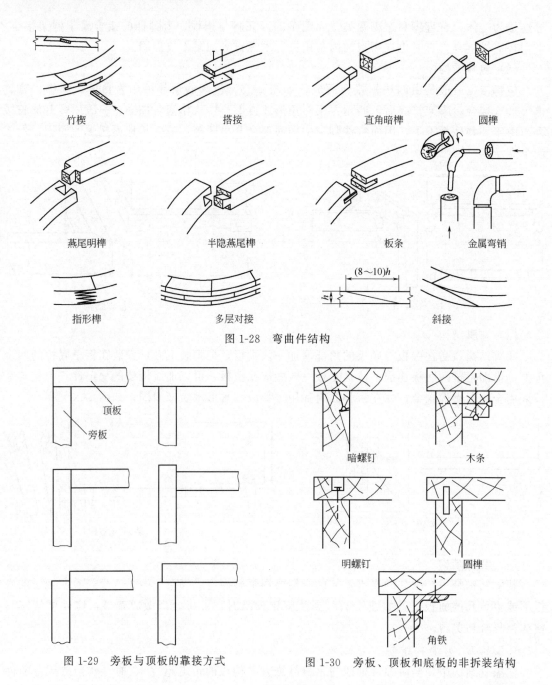

竹楔　　　搭接　　　直角暗榫　　　圆榫

燕尾明榫　　　半隐燕尾榫　　　板条　　　金属弯销

指形榫　　　多层对接　　　斜接

图 1-28　弯曲件结构

顶板

旁板

图 1-29　旁板与顶板的靠接方式

暗螺钉　　　木条

明螺钉　　　圆榫

角铁

图 1-30　旁板、顶板和底板的非拆装结构

　　如果柜体各项尺寸都不足 1500mm，可用拆装结构，也可用非拆装结构。非拆装结构接合牢固、不易走形。其中圆榫接合外观好，但强度低。其他接合方式都在板面的某一侧有外露结构，需要置于隐蔽处。其接合方法有螺钉接合、榫接合、角铁接合等，如图 1-30。

　　如果柜体尺寸中有一项尺寸超过 1500mm，宜采用拆装结构，便于加工、储运。拆装结构需采用连接件接合，每个接合边都用两个连接件。其中偏心连接件接合比较牢固，隐蔽性好，不影响外观，拆装也方便，但定位差，需采用圆榫定位，所以往往在每个偏心件旁边都有一个圆榫。拆装结构的连接件接合方式如图 1-31。

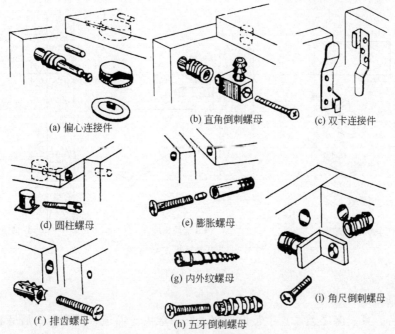

图 1-31 拆装结构的连接件接合

(a) 偏心连接件　　(b) 直角倒刺螺母　　(c) 双卡连接件
(d) 圆柱螺母　　(e) 膨胀螺母
(f) 排齿螺母　　(g) 内外纹螺母　　(h) 五牙倒刺螺母　　(i) 角尺倒刺螺母

（2）背板的安装结构

背板用于封闭柜体后面，另外可以加强柜体的稳定性。背板可用嵌板结构，也可直接用胶合板或纤维板嵌在旁板及顶板、底板的槽中。背板接合方式多种多样，如图 1-32。

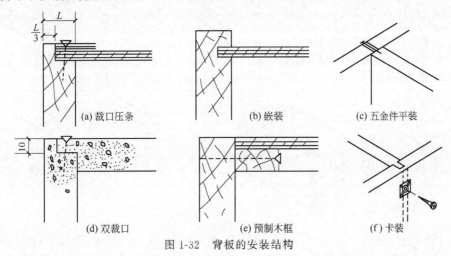

(a) 裁口压条　　(b) 嵌装　　(c) 五金件平装
(d) 双裁口　　(e) 预制木框　　(f) 卡装

图 1-32 背板的安装结构

（3）搁板的安装结构

柜体安装完成后，将内部再分隔成多个部分，就需要搁板，可分为固定式和活动式两种。搁板在柜体内为水平安装，用来放置物品，常用厚度为 16～25mm。在安装搁板时常采用木条、金属搁板卡、玻璃搁板卡、套筒搁板销等作支承，如图 1-33。

① 固定搁板　即柜体里的中板，常用直角多榫、槽榫、圆榫和连接件等四种接合方式固定。其中，直角多榫、槽榫接合适用于拼板型搁板，圆榫和连接件接合适用于人造板部件型搁板。现代家具常用偏心式连接件固定搁板，隐蔽又牢靠。

② 活动搁板　在使用时可随时拆装和改变高度，可选用实心覆面板或带防翘曲结构的

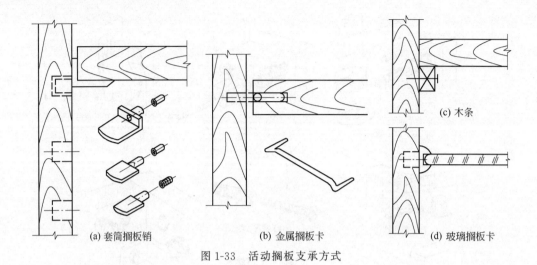

(a) 套筒搁板销   (b) 金属搁板卡   (c) 木条   (d) 玻璃搁板卡

图 1-33 活动搁板支承方式

拼板。

（4）抽屉的安装结构

在柜、台、桌、床之类家具中常设抽屉。它一般由屉面板、屉底板、屉旁板、屉后板等零部件组成。屉面、屉旁、屉后接合成箱框，再在它们下部的内侧开槽插入屉底板封底，如果屉底板较薄或抽屉较宽大，还需安装屉底档支承屉底板，屉底档前面与屉面板可做成榫接合，后面用木螺钉或圆钉固定，如图 1-34。

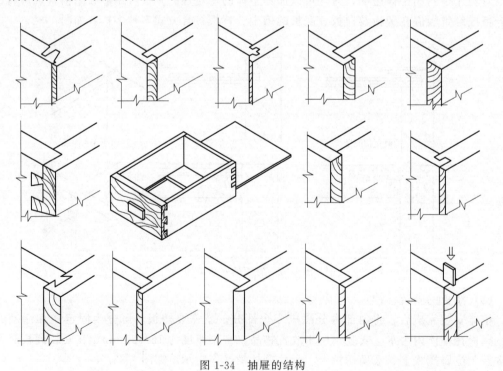

图 1-34 抽屉的结构

传统实木结构多采用整体直角榫或燕尾榫接合，而在现代生产中，常用中密度纤维板、刨花板等与实木结合制作，结构常采用五金件、圆榫等接合。

抽屉的安装方式有托屉支承式、吊屉式和滚轮滑道式等几种，如图 1-35。托屉支承式

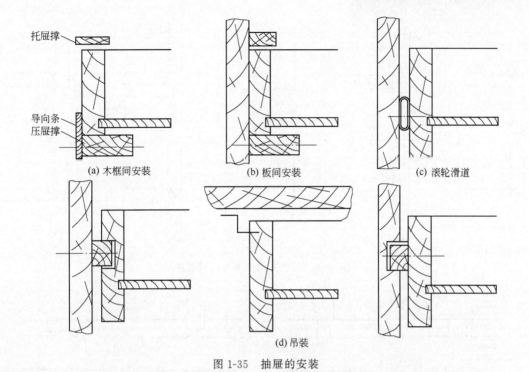

图 1-35　抽屉的安装

设有托屉撑、导向条和压屉撑。吊屉式宜用于轻便抽屉与不便设托屉撑之处；滚轮滑道式推拉很轻便，现代家具普遍采用此方式。

（5）门的安装结构

柜类家具的门有多种，其中常见的有开门、翻门、移门等。这些门各具特点，但都要求尺寸精确、配合严密，便于开关。这三种门都可用木框嵌板结构或拼板。在采用拼板时，需带防翘结构。应尽量采用覆面板结构，并用板条、塑料等对门边进行装饰。

① 开门　开门指围绕竖轴转动而开闭的门。门扇嵌装于两旁板之间时，称为嵌门或内嵌门；也可装设于旁板之外，称为外搭门或盖门，如图 1-36。

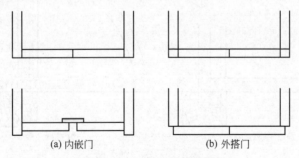

（a）内嵌门　　　　　　（b）外搭门

图 1-36　开门的装设位置

门扇与旁板一般采用铰链连接，选用铰链时要考虑门扇的开度和开启后的位置。门安装到柜体上后，一般要求它能旋转 90°以上，并且不能妨碍抽屉的拉出。一般每扇门要装两个或两个以上铰链，门高超过 1200mm 时，可用三个铰链，门高超过 1600mm 时，可用四个铰链。门的开闭位置如图 1-37。

对开门的中缝可采取多种形式，如图 1-38，接缝设计应保证让右门先开。

② 翻门　翻门指围绕水平轴转动而开闭的门，分为上、下翻门两种，其中下翻门较常

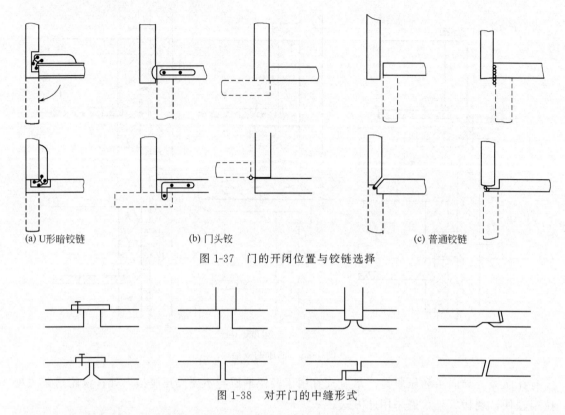

(a) U形暗铰链　　　　　　　(b) 门头铰　　　　　　　　(c) 普通铰链

图 1-37　门的开闭位置与铰链选择

图 1-38　对开门的中缝形式

用。翻门能使垂直的门板移动到水平位置，常当作写字台或物品陈设台用。当作写字台时，翻门应当与相连的隔板在同一水平面上，可采用门头铰连接。根据用途不同，翻门也可以从水平位置翻转到垂直位置或其他位置。翻门的安装方法如图 1-39。

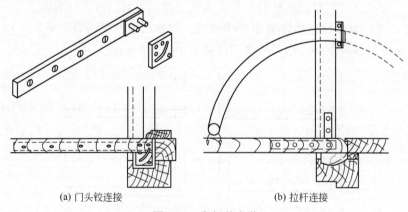

(a) 门头铰连接　　　　　　　　　　(b) 拉杆连接

图 1-39　翻门的安装

③ 移门　移门一般都安装滑道，门在滑道中可以左右移动。移门开闭不占据室内空间，但每次开启只能打开柜子的一部分。移门以木质、玻璃和两者混合使用的材料为主，轨道的形式也是多种多样，具体形式如图 1-40。

（6）脚架的安装结构

脚架一般与柜体的底板相连构成底座，然后才通过底板与旁板连接构成连脚架的柜体。脚架与底板之间通常采用木螺钉连接，木螺钉由望板处向上拧入。拧入方式与结构、望板尺

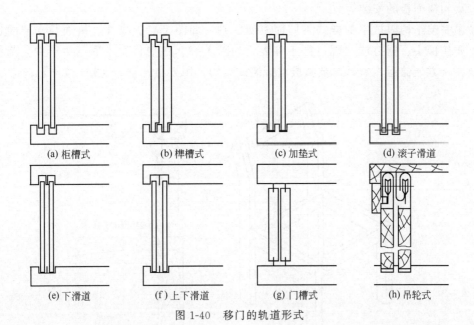

(a) 柜槽式   (b) 榫槽式   (c) 加垫式   (d) 滚子滑道

(e) 下滑道   (f) 上下滑道   (g) 门槽式   (h) 吊轮式

图 1-40 移门的轨道形式

寸有关，如图 1-41。望板宽度超过 50mm 时，由望板内侧打沉头斜孔，木螺钉拧入固定；望板宽度小于 50mm 时，由望板下面向上打沉头直孔，木螺钉拧入固定；脚架上方有木条时，先用木螺钉将木条固定于望板上，再由木条向上拧入木螺钉将脚架固定于底板。

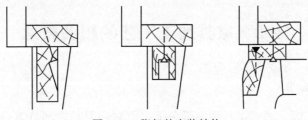

图 1-41 脚架的安装结构

（7）其他安装结构

在家具结构中，除了以上结构之外，还有一些结构也是家具设计中不可少的，如拉手的

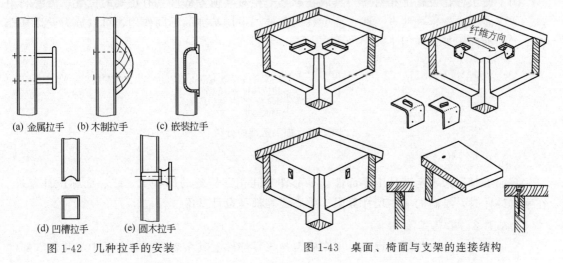

(a) 金属拉手   (b) 木制拉手   (c) 嵌装拉手

(d) 凹槽拉手   (e) 圆木拉手

图 1-42 几种拉手的安装

纤维方向

图 1-43 桌面、椅面与支架的连接结构

安装、桌和椅面板的安装等。

拉手安装结构因拉手的样式不同而有所区别，如图1-42。桌面、椅面与支架的连接要注意不要使榫头、圆钉或木螺钉露于外表，如图1-43。在现代实木家具生产中，为了提高生产效率，方便储运，家具常被做成可拆装式结构，用五金件进行连接，如图1-44。

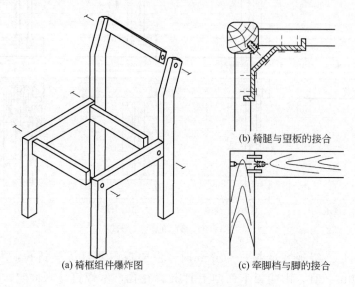

(a) 椅框组件爆炸图　　　　(b) 椅腿与望板的接合

(c) 牵脚档与脚的接合

图 1-44　椅子脚架拆装结构

1.3　家具加工工艺的相关概念

1.3.1　加工基准

在进行切削加工时，先把工件放在设备上，使它和刀具之间具有一个正确的相对位置，这种相对位置称为定位。工件在定位后，为了使它在加工过程中保持正确的位置，还必须将其固定，这种固定称为夹紧。从定位到夹紧的整个过程称为定基准。

为了使工件在设备上相对于刀具或在家具中相对其他零部件具有正确的位置，需要利用点、线、面来定位，这些点、线、面就称为基准。根据基准的不同作用，可以分为设计基准和工艺基准两大类，如图1-45。

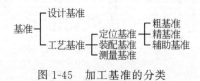

图 1-45　加工基准的分类

1.3.1.1　设计基准
在加工时用来确定产品中零部件与零部件之间相互位置的那些点、线、面称设计基准。在家具设计时，绘制的一些尺寸界限、中心线等都是设计基准。

1.3.1.2　工艺基准
在加工、测量或装配过程中，用来确定与该零部件上其余表面或在产品中与其他零部件的相对位置的点、线、面称工艺基准。

工艺基准按不同用途可分为定位基准、装配基准和测量基准。

（1）定位基准

工件在设备或夹具上定位时，用来确定加工表面与设备、刀具间相对位置的表面称定位基准。例如，方材零件在打眼机上加工榫眼，放在工作台面、靠导尺的面和顶住挡块的端面都是定位基准，如图 1-46。

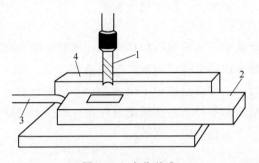

图 1-46　定位基准

1—刀具；2—工件；3—挡块；4—导尺

加工时，用来作为定位基准的工件表面有以下几种情况。

① 用一个面作定位基准，加工其相对面，如压刨、宽带式砂光机等生产设备。

② 用一个面作为基准，又对它进行加工，如封边机、平刨等生产设备。

③ 用一个面作基准，加工其相邻面，如卧式精密裁板锯、万能圆锯机等生产设备。

④ 用两个相邻面作基准，加工其余两相邻面，如四面刨等生产设备。

⑤ 用三个面作基准，如钻床钻孔加工等。

（2）装配基准

在装配时，用来确定零件或部件与产品中其余零、部件相对位置的表面，称为装配基准。装配基准是装配成部件或产品时使用的，如图 1-47 所示，木框用整体平榫装配而成，其榫头侧面和榫肩以及两端榫肩的间距都将影响木框的尺寸和形状，所以它们都是装配基准。又如板式家具中的定位圆榫孔眼与该板件的边及端面距离的确定，该板件的边与端面也都是装配基准。

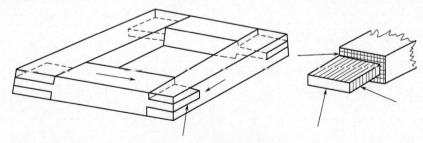

图 1-47　木框的装配基准

（3）测量基准

用来检验已加工的零件、部件、产品的尺寸形状及相对位置的表面称为测量基准。在加工过程中，工件的尺寸是直接从测量基准算起的。如方材零件的加工，经过平刨床等设备对基准面、基准边、基准端面加工，再经过压刨床等设备对相对面、相对边、相对端面加工后，对方材零件尺寸、形状的检验所用的面就是测量基准。

1.3.2 加工精度与误差

（1）加工精度

加工精度是指零件在加工之后所得到的尺寸、几何形状等参数的实际数值与图纸上规定的尺寸、几何形状等参数的理论数值相符合的程度。相符合的程度越高，偏差越小，加工精度也就越高；反之，加工误差越大，加工精度越低。

（2）加工误差

加工误差是指零件在加工之后所得到的尺寸、几何形状等参数的实际数值与图纸上规定的尺寸、几何形状等参数的理论数值之间所产生的偏差。

任何零件在加工过程中，都会出现加工误差，是不可避免的。零件加工精度的高低只是一个相对的概念，绝对精确的零件只是在理论上存在，而实际上是加工不出来的。加工精度与加工误差实质上就是一个问题的两个方面。

1.3.3 表面粗糙度

木材在加工过程中，由于受到木材树种、材质、含水率、纹理方向、机床的工作状态、刀具的几何精度、切削方向以及工艺参数（如压力、温度、进给速度、主轴转速、刀片数目）等各种因素的影响，在加工表面上会产生各种不同的加工痕迹，这种加工痕迹称为木材表面粗糙度，也就是产品表面粗糙不平的程度。

为了降低表面粗糙度，一般采取多种措施：根据要求选择相应的加工机床；在平面铣削时，在允许的范围内增加切削圆的直径、提高刀头转速、增加刀片数量和降低进料速度；切削时，注意进料方向，要顺纹切削；根据材质的优劣及加工余量的大小，适当调整切削用量，掌握好进给速度；刀具需保持锋利，刀具的锉磨和安装要符合要求等。

2 实木家具制造工艺

2.1 实木配料

配料是指按照零件的尺寸、规格和质量要求,将锯材和人造板锯割成各种规格方材毛料的加工过程。实木家具配料工作主要包括选料、控制含水率、确定加工余量和确定加工工艺等。配料是家具生产工艺过程中的重要环节,它对家具的质量、木材的利用率以及生产率都有重要影响。

2.1.1 实木选料

选料是指合理地确定各零件毛料所用锯材的树种、材质、含水率、规格、色泽及纹理的过程。家具的种类很多,不同的家具以及同一家具上不同部位的零件,对材料的要求可能会不同,合理选料既能提高产量,又能保证家具质量。

(1) 按家具的质量要求选料

根据家具的质量要求,高档家具的部件一般都用同一树种的木材来配料;而普通家具,通常按硬材与软材来区分,将材质、颜色和纹理大致相似的树种混合配料,以达到节约用材、有效降低成本的目的。

(2) 按家具零部件的用途选料

① 家具外部用材 对于同一家具,其外表面应选用优质材,一般不能有节子、裂缝、腐朽、严重斜纹等缺陷。为了保证外部用材质量,国家标准对不同等级的家具做了规定:普级家具,要求材质近似,颜色大致相同,无明显色差,且材内不得有活虫,若有则要先进行杀虫处理;中级家具,要求对称部件用同种木材,且纹理大致相同,色彩大致相同,其他外表面只要求材质近似;高级家具,要求材性稳定,纹理美观,颜色相同的单一材种的优质材。

② 家具内部用材 在满足力学性能和使用要求的条件下,根据家具的市场定位,应合理利用低质材。如家具的搁板、后背板、隔板、空芯覆面板的衬条等零部件,它们应在家具不可见或不显眼的位置。这样不仅对家具的使用强度与美观都没有影响,并且充分利用了木材,降低了成本。

③ 拼板用材 一般使用材种、材级近似的木材相拼,最好是选用同种、同等级的木材相拼,可减少拼板件的变形,确保拼板质量。

(3) 含水率要符合要求

含水率对木材的尺寸精度、几何形状、榫接合强度、胶接强度等都有影响。因此,在选料时木材必须先进行干燥,使其含水率内外均匀一致,消除内应力,防止在加工和使用过程中产生弯曲、开裂等现象。由于使用地区和产品种类的不同,成材的含水率要求有所差异,即使同一种产品,因地区不同含水率要求也不一样。一般规定长江以南地区不能高于20%,长江以北地区不能高于18%,出口制品与高级制品用材不能高于12%。GB/T 6491—2012《锯材干燥质量》中规定用于胶拼部件的木材含水率为6%~10%,用于其他部件的木材含水率为 8%～14%，采暖室内家具用料的含水率为 5%～10%。根据上述规定，一般确定配料的最终含水率应在上述含水率范围内选取，而且要比使用地区或场所的木材平衡含水率约低 2%～3%。

（4）按涂饰工艺要求来选料

对于家具颜色也要考虑，例如某些高档家具要求浅木纹本色透明时，其涂饰部位的用料要求就较严格，特别是木材材色与纹理。这类家具常选色泽较浅、材质较好的水曲柳、山毛榉和柚木等。而采用深色透明漆装饰时，涂饰部位的用料可放宽一些。如果采用不透明漆装饰，其表面用料则可放宽。对于成套家具，尤其是高档家具，其表面用料应尽量保证其材质、色泽、纹理相似及一致。

（5）其他要求

选择产品表面材料还应考虑木材纹理的方向，特别是门板、抽屉面板等部件，其木纹方向最好与地面相垂直，可以提高家具的美观性。另外，要考虑零部件在家具中的受力情况和强度要求，对于有榫眼、榫头的零件，其榫头与榫眼处不应有节子、腐朽、裂缝等缺陷。

2.1.2　配料工艺

（1）配料方式

单一配料法，在同一锯材上配制出一种规格的方材毛料。这种方式容易操作，但余料数量较大，出材率稍低。

综合配料法，在同一锯材上配制出两种以上规格的方材毛料。这种方式能够提高木材的利用率，但效率稍低。

（2）配料工艺

配料时，实木锯材都将被切割成一定规格的毛料，主要采用横截、纵解两种方式。横截指实木锯材根据产品长度尺寸的要求，在锯机上截成符合长度尺寸的毛料。纵解指根据实木家具的宽度尺寸要求，经过单锯片或多锯片截成符合宽度尺寸的毛料。

① 先横截再纵解工艺　根据零件的长度要求，先将板材横截锯成一定规格的长度，同时截掉锯材的一些缺陷，如开裂、腐朽、节子等，再将其纵向锯解成方材或弯曲件的毛料，如图 2-1。此工艺适合于原材料较长和尖削度较大的锯材配料。将长料截成短料，便于车间内的运输，也便于纵解。采用毛边板配料时，可克服板材尖削度过大而造成出材率低这一问题。还可长、短毛料搭配锯截，做到长材不短用。但是在截掉锯材缺陷的同时，一些有用的锯材也被锯掉，造成浪费。

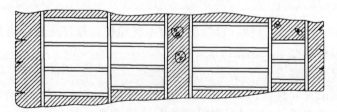

图 2-1　先横截再纵解

② 先纵解再横截工艺　根据零件的宽度或厚度尺寸要求，先将板材纵向锯解成长条，然后根据零件的长度要求，将长条横截成毛料，如图 2-2。此工艺适合于配制同一宽度或厚度规格的大批量毛料。锯材可使用单锯机或多锯片纵解圆锯机上进行加工，如果使用多锯片

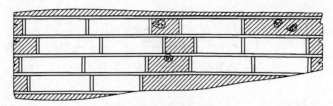

图 2-2　先纵解再横截

纵解圆锯机，整块板材　次就能锯成多根板条，生产效率较高。在锯掉有缺陷的部分时，被锯掉的优质材较少。但是由于锯材长，占用场地的面积较大，运输锯材不方便。

③ 先划线再锯解工艺　根据零件的规格、形状等要求，用零件样板在板面上划好线，再锯解。这种工艺可以提高出材率，在生产中主要针对曲线形零部件的加工，特别是锯制曲线件加工的各类零部件。划线方法有平行划线法和交叉划线法两种。

平行划线法，就是先将长板按零件长度锯成短板，同时注意剔除缺陷部分，然后用样板在短板上进行划线，如图 2-3。这种方法配料方便，生产效率高，但出材率稍低。

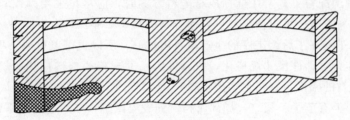

图 2-3　平行划线法

交叉划线法，就是先用样板在整个板材上选材划线，即在划线时避开木材的缺陷部分，以达到充分利用木材的目的，如图 2-4。该方法虽能提高木材出材率，但配料锯解很不方便，劳动强度大、生产效率低，适用于小批量生产或贵重木材的配料。

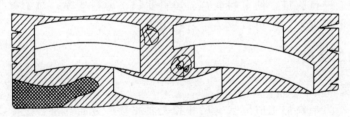

图 2-4　交叉划线法

④ 先粗刨再锯解工艺　通过粗刨加工，将木材的缺陷、纹理、色泽表露出来，然后根据这些情况合埋配料，对于节子、裂纹等等缺陷可根据用料要求进行修补，以提高配料质量和出材率。粗刨加工根据具体情况可进行两面或一面粗刨，粗刨后可以分别进行直接横截、纵解或划线后再锯解等三种加工工序，直至加工出毛料为止。先粗刨后锯解的综合性配料工艺流程如图 2-5 所示。由于木材表面已进行粗刨，在锯解成毛料后，对于质量要求不高的零件就只需加工其他面了，减少加工工序。但锯材一般较长，未锯解就粗刨，在车间里运输不方便，占地面积大。

以上几种配料工艺各有特点，在实际生产中，可根据零件具体的要求和现有的生产条件，结合各种不同的配料工艺特点，选出最为合理的配料工艺方案，从而保证家具质量，提高劳动生产率和出材率。

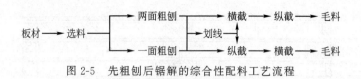

图 2-5　先粗刨后锯解的综合性配料工艺流程

2.1.3　毛料出材率

锯材配料的材料利用程度可用毛料出材率表示，它是指毛料材的体积与锯成毛料所耗用的成材材积之比。

影响毛料出材率的因素很多，如加工零件要求的尺寸和质量、配料方式、加工方法、操作人员的技术水平、采用的设备和刀具等。家具厂在计算出材率时，不是分批统计零件出材率，而是加工出一批家具后综合计算出材率。这不仅包括直接加工成毛料所耗用的材积，还包含锯出毛料时剩余材料再利用的材积，因此毛料出材率实际上是木材利用率。如何提高木材利用率一直是在探索的问题，目前生产中在提高毛料出材率方面，有以下一些措施：

① 选择合理的配料工艺，在选择成材配料方案时，应尽量采用划线套裁，或粗刨后划线然后锯解的配料方案，可以使毛料出材率分别提高 9％和 12％左右。虽然增加了工序及划线工作量，但由于提高了后续工序的生产率及出材率，所以也可以得到一些补偿。

② 尽可能实行零部件尺寸规格化，按零件的尺寸规格要求选用相应规格的锯材，这样可充分地利用板材的幅面，锯出更多的毛料。

③ 一些材料上有节子、裂纹、局部腐朽、钝棱等缺陷，如果它们是零部件允许的缺陷，在不影响家具质量的情况下，不必过分去除，尽量修补。

④ 配料时，应根据板材质量，将各种长度规格的毛料搭配下锯。纵解时可以将锯下的边角材料集中管理，在配制小毛料时使用，实验证明此方法可节省 10％左右的木材。

⑤ 将配料时剩下的小料加工成细木工板、碎料板等以代替拼板使用；将小料在长度、宽度和厚度方向上进行胶拼，使窄料变宽、短料变长、薄料变厚；对于弯曲零件，如果先将板材预先拼成宽板再锯解，也可以提高木材利用率。

2.1.4　加工余量

2.1.4.1　定义

加工余量是指将毛料加工成形状、尺寸和表面质量等方面都符合设计要求的零件时所切去的那部分材料，即毛料尺寸跟零件尺寸之差。加工余量分为工序余量和总加工余量。

（1）工序余量

工序余量是为了消除上道工序所留下的形状和尺寸误差，而从工件表面切去的那一部分木材。所以，工序余量应是相邻两工序的工件在某个尺寸方向上的尺寸之差。例如零件经刨床刨削后，留有波纹，还需经过砂磨机刨削一层木材才能达到精度与光洁度要求，因而需留一定的加工余量。

（2）总加工余量

总加工余量是为了获得形状、尺寸和表面质量都符合技术标准要求的零部件时，从毛料表面切去的木材总量。因此，总余量等于各工序余量之和。如果毛料是湿料，还要加上毛料的干缩余量。

加工余量按零部件的加工阶段又可分为零件加工余量和部件加工余量。以零件的形态进行切削加工时，所切去的那部分木材就称为零件加工余量；而当零件组装成部件后，为了修正部件的形状和尺寸，还需再对部件进行加工时，所切去的那部分木材就称为部件加工余量。

2.1.4.2 加工余量与木材损耗、加工精度的关系

（1）加工余量与木材损耗

若加工余量过小，可能达不到加工质量的要求，加工出的废品就会增多，木材损耗增大，使总的木材损耗增加，如图2-6。如果加工余量过大，虽然废品率可以显著降低，加工质量得以保证，但木材也因切削损失过多而增大损耗。

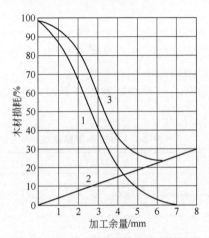

图 2-6　加工余量与木材损耗的关系
1—废品损失；2—余量损失；3—总损失

（2）加工余量与加工精度

加工余量过大不仅浪费木材，而且增加切削走刀的次数，降低了生产效率，否则就要增加吃刀量，即增加切屑的厚度。这样因切削量增大，导致切削阻力增大，使整个工艺系统的弹性变形随之加大，会降低工件的切削加工精度。

加工余量过小，则要求机床、刀具、夹具调整的精度高，这样既增加了调整的难度，也提高了调整的技术要求，就会增加调整的时间，使生产效率降低。

因此，确定合理的加工余量不仅可以达到合理利用木材、提高生产效率和降低能耗的目的，而且能保证工件的加工精度与表面质量，并有利于实现连续化和自动化生产。

2.1.4.3 加工余量的确定与影响因素

影响加工余量的因素有很多，主要有尺寸误差、形状误差、表面粗糙度误差、工件加工定位误差、锯片厚度与偏斜度，除了这些，材料的性质、干燥质量、设备精度、刀具的几何参数等都对其有所影响。

（1）尺寸误差

毛料的尺寸误差是指在配料过程中，毛料尺寸上所产生的偏差。比如，配料时所选用的成材规格与毛料尺寸不符合，一般是成材的厚度大于毛料所要求的厚度；在锯解时，锯口位置发生偏移造成尺寸误差，这也会导致加工余量有误差。

（2）形状误差

毛料形状误差表现为毛料表面不平行、相邻面不垂直以及表面不成平面等。毛料产生形

状误差的主要原因是木材干燥质量不好或含水率过高所致。木材的干燥过程是木材内应力的变化过程，因此木材容易产生翘曲等变形。

（3）表面粗糙度误差

在锯材加工成毛料的过程中，常常会在毛料的锯解表面留有较深的锯痕、撕裂等加工缺陷；同时毛料通过刨削和铣削加工时，表面可能会留下刀具的波纹，这都是表面粗糙度误差。

（4）工件加工定位误差

工件加工定位误差是由于工件相对于机床刀具位置的误差，以及定位基准和测量基准不相符时所产生的基准误差。

（5）锯片厚度与偏斜度

工件在加工过程中，有时需进行截断、纵解或锯边，所用设备的锯片厚度以及锯片偏斜度等因素都将影响毛料加工余量的大小。

在实际生产时，以上这些影响因素都是需要考虑的，根据生产实践，得到一些经验值，见表2-1。

表 2-1　加工余量经验值

尺寸方向	条件与规格	加工余量/mm
宽度或厚度	毛料长度＜500mm	3
	毛料长度 500～1000mm	3～4
	毛料长度 1000～1200mm	5
	毛料长度＞1200mm	＞5
宽度	用于胶拼的窄板；平拼	5～10
	榫槽拼	15～20
长度	端头有榫头的工件	5～10
	端头无榫头的工件	10
长度或宽度	板材	5～20

2.2　毛料加工

经过配料，木材被制成了一定规格的方材毛料，此时它还存在尺寸误差、形状误差、表面粗糙不平、没有基准面等问题。为了获得准确的尺寸、形状和光洁的表面，必须进行再加工，首先加工出准确的基准面，作为后续工序加工的基准，再逐一加工其他面，称为毛料加工。

2.2.1　基准面的加工

基准面是指作为精确加工定位基准的表面，作为加工基准的边为基准边。

基准面通常包括平面（大面）、侧面（小面）和端面三个面。根据不同的加工要求，不同的零部件不一定都需要这三个基准面，有的只需将其中的一个或两个面精确加工成定位基准。有的零件加工精度要求不高，则可以在加工基准面的同时加工其他表面。

（1）基准面的选择原则

① 对于直线形的方材毛料要尽可能选择大面作为基准面，这主要是为了增加方材毛料的稳定性；如果毛料是弯曲件，则优先选择平直面作为基准面，其次选择凹面（加模具）作为基准面。

② 在保证加工精度的前提下，尽量减少基准的数量，便于加工操作和提高加工精度。如在压刨上进行定厚尺寸加工时，只需确定合适表面作为基准，就能够达到加工要求；精密推台锯横截加工时，只需要两个表面作为基准，另一个面作辅助基准或基准就能完成加工。

③ 应尽可能采用经过精确加工的面作为基准，只有在锯材配料等少数工序才允许使用粗表面作为基准。

④ 由于精度再高的机床也是有加工误差的，所以在选择工艺基准时，要将设计基准作为加工时的定位基准，避免产生基准误差。需要多次定位加工的工件，尽量采用对各道工序均适用的同一基准，以减少加工误差。如果在工序中需变换基准，应建立新旧基准之间的联系。定位基准的选择，要便于工件的安装与加工。

⑤ 基准面的选择要便于安装和夹紧方材毛料，同时也要便于加工。

（2）基准边的选取原则

基准边是加工相对边的定位基准，以确保零件的宽度尺寸，它也可作为后续加工工序的定位基准。选择基准边时，应选择较直的边作为基准边；若基准边呈弯曲状，应选择凹面作基准边，以提高加工的稳定性。

在实际生产中，基准面的加工一般采用平刨加工和铣削加工两种方式。

2.2.1.1　平刨加工

（1）手工进料平刨加工

这种方法在生产中使用广泛，它可以消除毛料的形状误差及锯痕等，常用平刨床进行加工，如图 2-7、图 2-8 所示。为了获得光洁平整的表面，应将平刨床的后工作台表面调整在与柱形刀头切削圆的同一切线上，前后工作台须平行，前工作台面低于后工作台面，两台面的高度差即为切削层的厚度，如图 2-9。采用平刨加工工件时，一次刨削的最佳切削层厚度为 1.5～2.5mm，而超过 3mm 易使工件出现崩裂和表面波纹，使刨削加工条件变差，影响工件表面质量。因此，需要通过多次刨削加工才能获得精确的基准面。

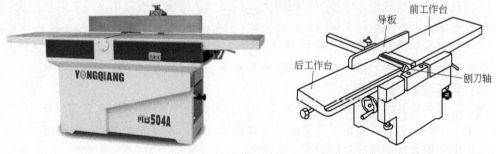

图 2-7　平刨床及其组成部分

利用平刨床上的导板可以加工基准面的相邻面，导板与工作台垂直时，基准面与相邻面成直角，若调整导板与基准面成一定角度，相邻面与基准面也成同样的角度，如图 2-10 所示。

对基准面的平直度要求较高的零件，需用平刨床进行加工。这是因为手工进料对工件的垂直作用力较小，工件弹性变形就小，故刨削后弹性回复变形小，刨削面的平直度高。在手

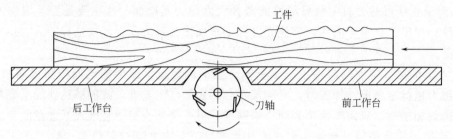

图 2-8　手工进料平刨加工基准面

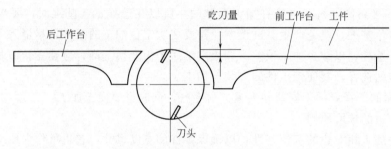

图 2-9　调整吃刀量

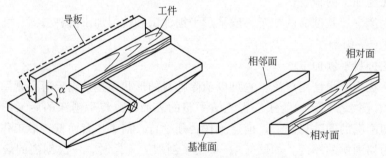

图 2-10　平刨床加工基准面和相邻面

工进料的平刨床上刨削毛料基准面时，要求进料速度均匀。对刨削硬质材毛料或毛料的节疤处，进料速度应适当放慢，以减少切削阻力，提高加工质量。进料速度不能时快时慢，以确保刨削面的平直度与光洁度。

手工进料平刨床操作简单、价格便宜、加工质量好，应用广泛。但是利用这种机床加工，劳动强度较大，生产效率低，而且操作不安全。

（2）机械进料平刨加工

现在采用的机械进料方式主要有压轮进料、履带进料及尖刀进料装置等，如图 2-11。它是在手工进料平刨机上增设了自动进料装置而构成的，其原理是对毛料表面施加一定的压力后所产生摩擦力来实现进给的。

目前常用的机械平刨进给机构为了获得足够的进给力和平稳进料，而对毛料施加一定的垂直压力，致使自身翘曲不平，而且长、薄的毛料很容易暂时变为平直。当加工完成，压力解除后，毛料仍将恢复原有的翘曲状态，此时被加工的表面不宜作为基准面。因此，企业主要还是使用手工进料方式。

2.2.1.2　铣削加工

在毛料加工工艺中，铣床可以加工基准面、基准边及曲面，如图 2-12。

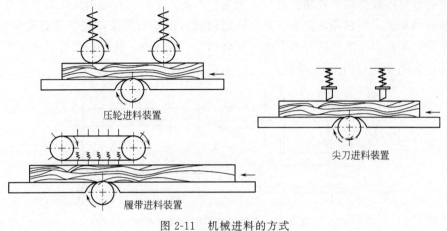

图 2-11　机械进料的方式

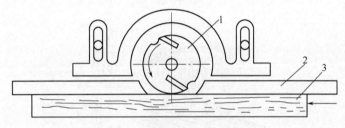

图 2-12　在铣床上加工基准面
1—刀具；2—导尺；3—工件

　　加工基准面时，将毛料靠住导尺进行加工，这种方法适合宽薄或宽长的板材侧边加工。加工曲面时则需用夹具、模具，夹具样模的边缘必须与所要求加工的形状相同，且具有精确度高和光滑度好等特点，毛料固定在夹具上，样模边缘紧靠挡环移动就可以加工出所需的基准面；侧基准面加工时，如果要求它与基准面之间呈一定角度，就必须使用具有倾斜刃口的铣刀，或通过刀轴、工作台面倾斜来实现。

　　当刨削毛料的侧边较长且数量较多时，可以用专用的刨边机加工。它利用一个履带进料机构，将两个工件作相对方向进料，可以加工平整的侧基准面，也可以加工不同断面的两个侧边，如图 2-13。基准面经刨削加工后，要检查加工面的直线度、平整度和相邻面之间的角度，并对机床作出相应的调整。

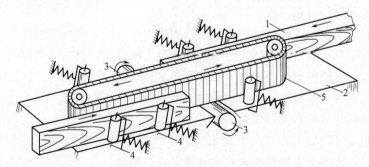

图 2-13　专用刨边机加工侧边
1—工件；2—工作台；3—刀头；4—压紧辊；5—履带进料机构

　　对于钻孔及打眼等工序一般需要端面作为基准，但在配料时使用的截断锯精度较低和毛料边部不规整等因素都将影响端面的加工精度。因此，毛料经过刨削后还需要再精截，也就是端基准面的加工，使它和其他表面具有规定的相对位置与角度，使零件具有精确的长度。通常使用带推架的圆锯机、悬臂式万能圆锯机加工，双端锯（铣）机也可以加工出很精确的两个端面，如图 2-14、图 2-15 所示。

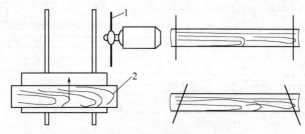

图 2-14　在带推架的圆锯机上截端
1—锯片；2—工件

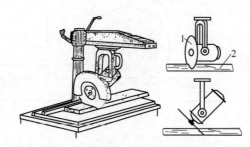

图 2-15　在悬臂式万能圆锯机上截端
1—锯片；2—工件

2.2.2　相对面的加工

加工完基准面后，为了使零件规格尺寸和形状达到要求，就还需要加工毛料的其他面，使之平整光洁，这种加工称为相对面加工，相对面加工也被看成是毛料宽度和厚度上的加工。相对面加工可以在单面压刨、三面刨、四面刨和铣床上进行加工，有时也可使用平刨和手工刨加工。

（1）刨床加工

压刨常用于相对面与相对边的加工，能将工件刨成一定厚度和光洁的平表面。压刨的刀轴安装在工作台的上端，工件沿着工作台向压刨后方进给时，刀轴就可以将工件刨成一定的厚度。用压刨加工相对面，能获得较精确的厚度与宽度尺寸，且生产效率高，这是一种普遍应用的加工方法。压刨机床如图 2-16，工作原理如图 2-17 所示。

如果零件的相对面为斜面，则可利用相同倾斜度的样模夹具在压刨上进行刨削加工，以获得准确的规格尺寸与倾斜度，如图 2-18。

另外，压刨还可以加工相对面为曲面或者平面很窄的工件，如图 2-19。当被加工工件薄而宽时，就可以将数个工件叠起来放在夹具里进行刨削，这样既可避免单个零件加工时出现倾斜和偏移，又可提高生产率。

双面刨可对实木工件相对的两个平面进行加工，从而获得等厚的几何尺寸和两个相对的平整表面，如图 2-20。双面刨上下刨刀之间的距离要与工件厚度相对应，加工余量不可太

图 2-16　压刨床及压刨作业

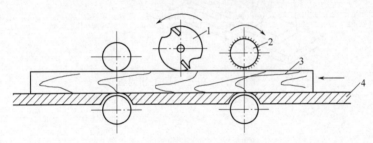

图 2-17　在压刨上加工相对面

1—刀具；2—进料辊；3—工件；4—工作台面

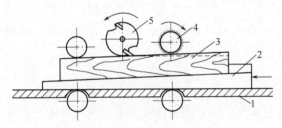

图 2-18　在压刨上加工斜面

1—工作台面；2—夹具；3—工件；4—进料辊；5—刀具

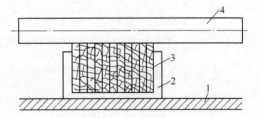

图 2-19　在压刨上加工薄而窄的工件

1—工作台面；2—夹具；3—工件；4—刀具

大，一般为 3～8mm。

四面刨可同时加工相对面与相对边，生产效率和加工精度较高，如图 2-21。四面刨常用 4～8 个刀轴，这些刀轴被安装在工件的四个面上，同时加工。在有特殊需要时，刀轴的数量可达 10 个，甚至更多。它是使用较普遍的设备，但该设备投资较大，应用不如压刨普遍。

（2）铣床加工

在基准面加工后，可以在铣床上利用带模板的夹具来加工相对面，如图 2-22 所示。加工时，要根据零件的尺寸，调整样模和导尺之间的距离或采用夹具。此方法很适合于宽毛料侧面的加工，表面光洁度、尺寸精度都较高，但生产效率远低于单面压刨，而且生产安全性也较低。

图 2-20　双面刨　　　　　　　　　　　　　图 2-21　四面刨

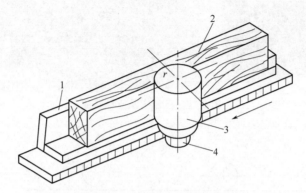

图 2-22　在铣床加工相对面
1—夹具带模板；2—工件；3—刀具；4—挡环

2.3　净料加工

毛料经过刨削、锯截等加工后，其形状、尺寸及表面光洁度都达到了规定的要求，制成了净料。按照设计的要求，还需要进一步加工出各种榫头、榫眼、孔、型面、曲面、槽簧等，并进行表面修整加工，使之符合设计要求。

2.3.1　榫头的加工

榫接合是框架式实木家具结构中的一种基本接合方式。榫卯接合的基本组成是榫头和榫眼，在工件的端部加工榫头的工序即为开榫。

榫接合的榫眼通常是用固定尺寸的铣刀或方凿钻加工的，同一规格的新刀具和旧刀具之间常有尺寸误差，因此在开榫头时，应先加工出与榫头相适应的榫眼，再以榫眼的尺寸为依据来调整加工榫头的刀具，即采用基孔制的原则。若不按已加工的榫眼尺寸来调节榫头的尺寸，会产生榫头过大或过小的现象，装配后其配合必然会紧或松。如加工直角榫接合的榫头时，榫头厚度和宽度需采用不同的配合形式：榫头的厚度应小于榫眼宽度 0.1～0.2mm；榫头宽度应大于榫眼长度 0.5～1mm；榫头长度应小于榫眼深度 2～3mm（不贯通榫）；榫肩跟榫颊的夹角最好略小于 90°（89°最好）。通常加工榫眼的铣刀或方凿钻都是固定规格，如 ϕ8、ϕ10、ϕ12，方凿钻为 10mm×10mm。因此要加工规格以外的尺寸，则需要定制刀具。但是定制刀具不便于管理，并且成本更高，因此绝大多数企业还是采用基孔制。

需要强调的是采用基孔制并不一定就是先要加工出榫眼，后加工出榫头，而是要依据榫眼的尺寸来确定榫头的尺寸；同样，基轴制也是这样。圆棒榫一般是标准件，它一般采用基轴制，即以圆棒榫的直径为基准来调整孔的参数。圆棒榫不宜长期暴露在空气中，需要密封起来，以免受潮而使其直径发生变化。

在生产中要严格按照零件技术要求进行加工，如工件两端需要开榫头时，就应该用相同表面作为基准面；在机床上安装工件时，工件之间以及工件与基准面之间不能有杂物、刨花，加工操作也应平稳，进给速度需均匀，才能保证零件的加工精度及加工质量。

榫头加工要根据榫头的形状、长短、数量及在工件上的位置来选择加工方法与设备。根据榫头形式的分类，主要有直角榫、燕尾榫、圆榫、齿形榫等；根据榫头的数量不同，分为单榫、双榫等。其加工方法也有多种，见表2-2。

表 2-2　常见的各种榫头及加工示意图

序号	榫头	加工示意图		
		A	B	C
1				
2				—
3		—		
4				
5				—
6		—		
7		—		—

续表

序号	榫头	加工示意图		
		A	B	C
8		—		—
9				—

（1）直角单榫的加工

直角单榫主要是利用开榫机加工，如图 2-23。直角榫开榫机工作原理如图 2-24 所示，直角榫的加工首先是把工件的端头加工出榫头；然后，利用铣刀铣出榫头的形状；最后，对榫头的端部进行精截，从而完成了工件端头的榫头加工。

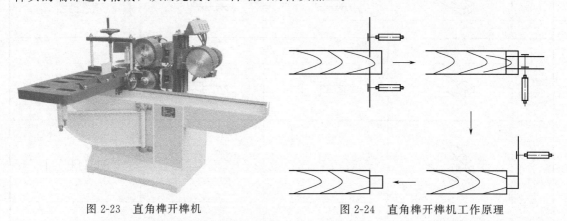

图 2-23　直角榫开榫机　　　　　　　　　　图 2-24　直角榫开榫机工作原理

直角单榫也常用带有推车的立式铣床进行加工，如图 2-25。在立式铣床上安装两把 S 形铣刀，铣刀之间的距离等于榫头的厚度；把工件放在推车上定好位，用手压紧向运转的刀片进料，这时榫头即可被切削加工。由于立式铣床的刀轴转速较高，所以被加工榫头的表面光洁度也较高。直角双榫也可用该铣床进行加工，在立式铣床上安装三把 S 形铣刀即可。

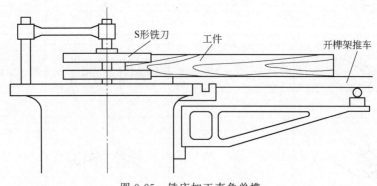

图 2-25　铣床加工直角单榫

（2）直角多榫的加工

直角多榫可以在铣床或直角箱榫开榫机上采用切槽铣刀组成的组合刀具进行加工，一般在其刀轴上安装十多把S形铣刀。图2-26（a）是工件向刀具推进的加工方式，这种方式每次只能加工一块工件，榫肩成弧形，生产率较低。图2-26（b）是依靠工件或刀轴移动来完成加工的，一次可以加工多个零件，生产率较高。直角多榫也可以在单轴或多轴燕尾榫开榫机上用圆柱形端铣刀加工。

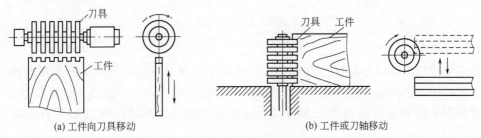

(a) 工件向刀具移动　　　　　　　　(b) 工件或刀轴移动

图 2-26　直角箱榫的加工

（3）指形榫的加工

指形榫可以利用指形榫铣刀在立式铣床上加工而成，也可以在专门的指形榫机或多刀开榫机上进行加工，其工作原理如图2-27。

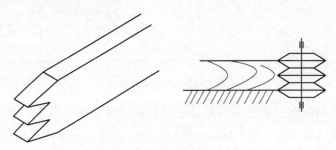

图 2-27　指形榫的加工

（4）直角圆弧榫的加工

圆弧榫，即榫头两侧边为半圆形的直角单榫。开榫机由圆锯片和组合铣刀组成，锯片用于截榫端，铣刀用于加工榫头的榫肩和榫颊。把工件在工作台上夹紧后，用铣刀按预定的轨迹沿工作台做相对移动一周，就可加工出相应的断面形状的圆弧榫，也可以加工出圆形榫。圆弧榫开榫机的工作原理如图2-28。

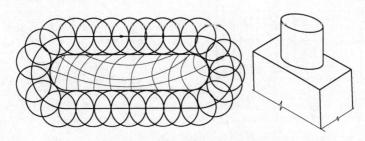

图 2-28　圆弧榫开榫机工作原理

（5）斜榫的加工

先制作好与要加工斜榫匹配的垫块和模具，再在立式铣床上把斜榫加工出来。斜榫加工原理如图 2-29 所示。

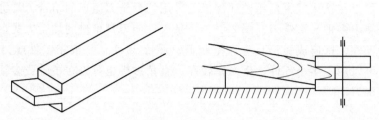

图 2-29　斜榫加工

（6）燕尾榫的加工

燕尾单榫加工可以先做好垫块与模具，再用锥形铣刀在立式铣床上把燕尾单榫加工出来；也可利用圆锥体铣刀在直角开榫机上加工明燕尾榫或半边明燕尾榫。将刀具与工件定位准确后，用手推动工件做进给切削运动，直至加工完毕。燕尾单榫的加工原理如图 2-30 所示。

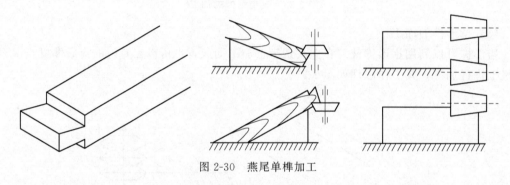

图 2-30　燕尾单榫加工

燕尾多榫可以在铣床上采用不同直径的组合切槽铣刀进行加工，如图 2-31。工件每一端榫头的加工均需两次定位、两次铣削。先以工件的一边为基准，定位后进行第一次铣削加工；然后将工件翻转 180°，仍以原来的一边为基准，定位后再次进行铣削加工，即可形成燕尾多榫。

此外，燕尾形多榫也可以在单轴或多轴的燕尾榫开榫机上采用锥形端铣刀，沿梳形导向板移动进行加工，如图 2-32。加工时，让两块工件互成直角，且使两基准边相互错开半个榫距，当两个工件的角度和位置确定后，把它们固定在机床的托架上，一次加工完成。

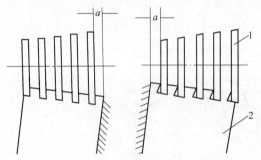

图 2-31　燕尾多榫的加工
1—圆盘铣刀或切槽铣刀；2—工件

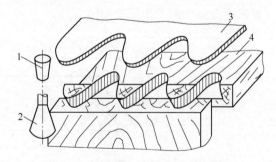

图 2-32　燕尾榫开榫机加工燕尾多榫
1—定位销；2—端铣刀；3—梳形导向板；4—工件

（7）梯形榫

梯形榫多为双榫或多榫，利用组合铣刀与楔形垫板夹住，可在带移动工作台的立式铣床上进行加工。如图2-33所示，利用楔形垫板，先将工件向前倾斜一定角度，并进行定位夹紧，接着向运转的组合铣刀作进给切削运动，直至加工好梯形榫的一面，将工作台复位；接着将楔形垫板翻转180°，使工件以同样的角度向后倾斜，同时在工件下面增加一块垫板（垫板的厚度为榫头一侧的厚度），定位夹紧后，按同样的方法加工榫头的另一面。

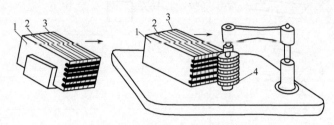

图2-33　在铣床上加工梯形榫

1—楔形垫板；2—垫板；3—工件；4—刀具

2.3.2　榫槽的加工

在家具的接合方式中，在零部件端部除了用榫头、榫眼或配件连接外，有些零件还需在沿宽度方向开出一些榫槽实行横向接合，这就是榫槽加工。比如拼板接合、方材十字搭接槽、锁槽和燕尾槽等。

榫槽加工中的"榫"指的是零件中的榫簧，也就是零件的凸起部位；而榫槽加工中的"槽"指的就是零件中的槽口，也就是零件的凹陷部位。在加工榫槽和榫簧时要正确选择基准面，保证靠尺、刀具及工作台之间的相对位置准确，确保加工精度。常见的各种榫槽形式及加工工艺示意图见表2-3。

表2-3　常见的各种榫槽及加工示意图

序号	榫槽	加工示意图	
		A	B
1			
2			
3		—	
4			

序号	榫槽	加工示意图	
		A	B
5	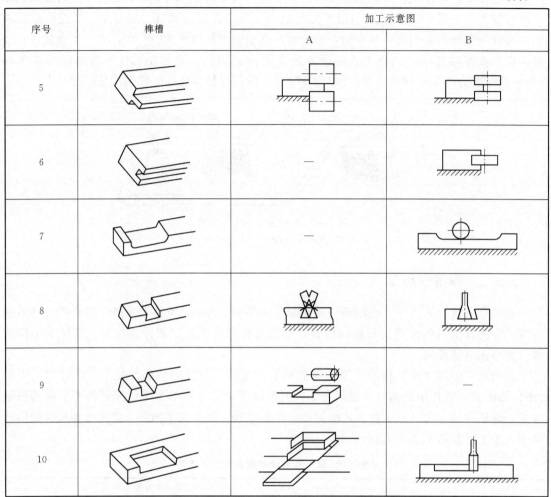		
6		—	
7		—	
8			
9			—
10			

榫槽和榫簧加工的主要生产设备有刨床类、铣床类和锯类。

刨床类中一般是利用四面刨床加工榫槽和榫簧。加工时，根据工件的榫槽和榫簧的位置，将四面刨床所在位置的平铣刀更换为成型铣刀进行加工。表2-3中1、2、4、5的榫槽都可以在裁口平刨、四面刨上进行加工，并根据榫槽的宽度来选用刀具，宽度较大的采用水平刀头，宽度较小的采用垂直刀头，如图2-34。

立铣、镂铣和地锣机等设备也可以加工榫槽和榫簧，但是由于榫槽和榫簧的宽度、深度不同，因此所使用的设备也不相同。在加工榫槽时，榫槽宽度较大时应使用带水平刀具的设备，如立铣等，而榫槽宽度较小时应使用带立式刀具的设备，如镂铣机、地锣机等，如图2-35、图2-36。

① 燕尾形榫槽的加工　见表2-3中3。一般利用S形铣刀或小圆锯片，在万能立铣机上加工而成。加工时，先将铣刀轴调整向左倾斜一定角度，以保证燕尾榫头的设计精度，在加工好榫头的一面后，再将刀轴调向右倾斜相同的角度，将榫槽的另一面加工好。而表2-3中8则利用悬臂圆锯机，分别调整圆锯片的倾斜度，便可加工而成。也可以利用燕尾铣刀，在镂铣机上加工而成。

② 直角榫槽的加工　见表2-3中6。通常利用立式铣床进行加工，在立式铣床的刀轴上

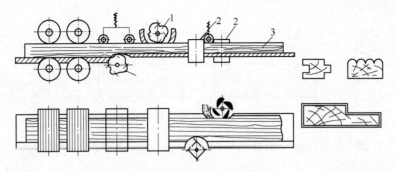

图 2-34　四面刨加工榫槽
1—水平刀头；2—垂直刀头；3—工件

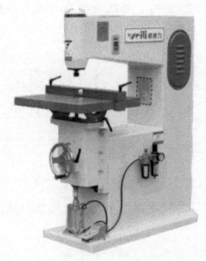

图 2-35　镂铣机

图 2-36　地锣机

安装一把圆盘铣刀或 S 形铣刀，使铣刀片的下面距工作台的距离等于榫槽的边厚，刀片厚度等于槽的宽度。同时，在其工作台面上安装一平直的导轨，并使铣刀片伸出导轨表面的长度等于榫槽的深度。加工时，将工件放在立式铣床的工作台面上，并紧靠导轨、向高速旋转的铣刀轴作进给切削加工运动，直至将工件的榫槽加工好。

③ 直角长槽的加工　见表 2-3 中 9。利用圆柱形组合铣刀在卧式上轴铣床上一次加工成形，即在铣刀的两端装有割断纤维的专用铣刀，使圆柱形铣刀与端铣刀共同切削，以形成光滑的横向直角槽。

2.3.3　榫眼与圆孔的加工

榫眼和各种圆孔基本是家具零部件的接合部位，孔的精度对于整个家具的零部件的接合强度及质量有很大影响。按其形状，可将常见的榫眼和圆孔分为矩形榫眼、长圆形榫眼、圆孔和沉孔等。

（1）矩形榫眼的加工

矩形榫眼在框架式家具中应用广泛，榫眼一般是在专门的榫眼机上，采用方壳空心钻套和螺旋形钻芯的组合钻加工而成，其加工方法如图 2-37 所示。工件在钻削加工时，需利用工件上的三个定位基准（即基准面、基准边、基准端），通过基准面的高低位置控制榫眼的

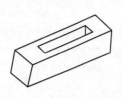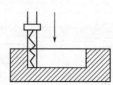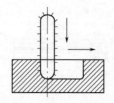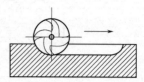

图 2-37　矩形榫眼的加工

深度，通过基准边的前后位置控制榫眼壁的边宽，通过基准端确定榫眼的起始位置，通过定位螺栓控制榫眼的长度。

（2）长圆形榫眼的加工

长圆形榫眼可利用钻头和端铣刀，借助导轨、夹具在木工钻床、镂铣机等设备上加工，也可利用椭圆榫专用榫眼机加工，其加工方法如图 2-38。另外，长圆形榫眼的加工还有更专业的设备，用于加工斜榫眼、弯曲零件上的榫眼等。

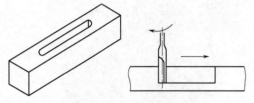

图 2-38　长圆形榫眼的加工

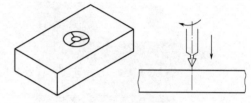

图 2-39　沉孔的加工

（3）沉孔的加工

沉孔一般在立式或卧式钻床上采用沉头钻进行加工，加工出来的孔呈圆锥形或阶梯圆柱形，其加工方法如图 2-39。

（4）圆孔的加工

各种直径的圆孔，加工时需根据孔的大小与深度、材料类型、零件的厚度来选择不同的刀具和机床，加工方法如图 2-40。直径小的圆孔可在钻床上加工，当工件上需要加工圆孔的数目较多时，则采用多轴钻床，以提高生产率，并保证孔间的尺寸精度；而加工直径较大的圆孔时，常在主轴上安装刀梁，刀梁上装有一把或两把切刀，主轴旋转时，切刀就在工件上切出圆孔。这种钻头的柄部直径一般应小于 13mm，以便钻轴上钻夹头将其夹住，两边的钻削刀应与钻柄中心线完全对称。此外，也可用不同直径的圆筒形刀片加工较大的圆孔。

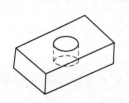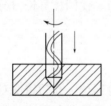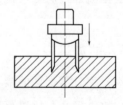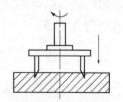

图 2-40　圆孔的加工

2.3.4　型面和曲面的加工

锯材经配料后，加工成直线形方材毛料，其中一些需制成曲线形毛料，将直线形或曲线形的毛料进一步加工成型面就是净料的加工过程。由于功能或造型的要求，家具的有些零部件需加工成各种型面或曲面，如图 2-41 所示，为零部件常见的几种型面和曲面的类型。

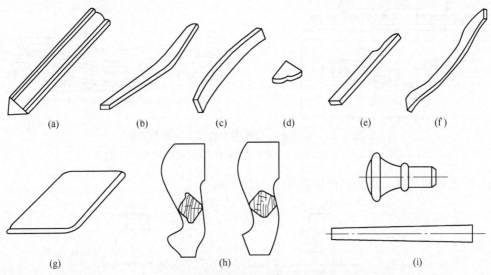

图 2-41　部分零部件的型面和曲面

（1）直线形零件的加工

直线形零件如图 2-41（a）所示。直线形零件的断面呈一定型面，而长度方向上为直线。因此，一般采用成型铣刀进行加工，可在下轴铣床、四面刨等机床上加工。刀刃相对于导尺的伸出量即为需要加工型面的深度，加工时工件沿导尺移动进行铣削，如图2-42所示。

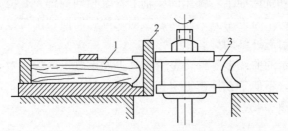

图 2-42　用铣床加工成型面
1—工件；2—导尺；3—成型铣刀

（2）曲线形零件的加工

曲线形零件如图 2-41(b)～(g) 所示，这种零件的断面无特殊型面或呈简单曲线形，长度方向呈曲线形，这种形式多见于椅后腿、沙发扶手、望板等。这类零件可在铣床使用样模夹具进行加工，样模边缘的形状要符合所加工的零件形状，在样模表面要有定位与夹紧装置。当样模边缘沿挡环移动时，刀具就能在工件表面加工出所需的曲线形表面，如图2-43所示。

挡环可以安装在刀头的上部或下部，如图2-44。在铣削尺寸较大的工件时，挡环最好安装在刀头上部，可以保证加工质量和安全。加工一般的曲线形零件时，挡环最好在刀头下部，这样可以保证零件加工时的稳定性。为了使挡环与样模夹具的曲线边缘充分接触而得到符合要求的曲线形，所用挡环的半径就必须小于所要加工曲线中最小的曲率半径。另外，还应尽可能地顺着纹理方向切削来保证加工质量。对曲率半径较小的部位或在逆纹理切削时，

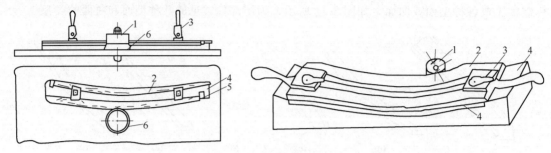

图 2-43　在铣床上用样模夹具加工曲面形零件

1—铣刀头；2—工件；3—夹紧装置；4—样模；5—挡块；6—挡环

应适当减慢进给速度，以防止该切削部位产生劈裂。

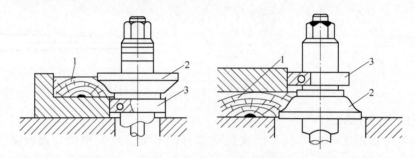

图 2-44　铣床加工型面和曲面时挡环的安装方式

1—工件；2—铣刀头；3—挡环

　　加工时也可用双轴铣床加工，铣床的双轴上安装相同的铣刀，但其转动方向相反，根据工件的纤维方向可以选用与进给方向同向或反向切削。同向切削可以得到表面平滑、加工质量较高的表面，不会引起纤维的劈裂。

　　如图 2-41(c) 所示的曲线形零件，整个长度上厚度是一致的。对于较宽圆弧的零件，利用铣床加工比较困难，不便于在样模上定位与夹紧，加工不太安全，可在压刨机上使用相应夹具来进行加工，如图 2-45。

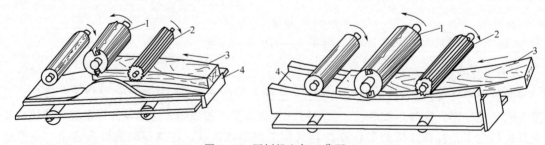

图 2-45　压刨机上加工曲面

1—刀具；2—进料辊；3—工件；4—样模夹具

　　有些零件在长度上只有部分曲线形，如图 2-41 中的 (d)、(e)，可以利用成型铣刀在悬臂式万能圆锯机上进行加工。由于加工时是横纤维切削，所以加工质量不如在铣床上顺纹理铣削好，但此方法的加工效率很高。

　　多数曲线形零件是在铣床上加工的。在立式铣床上加工曲线形零件，除了手工进料外也可以用机械进料。铣床常用的机械进料装置主要用回转工作台进给，如图 2-46，这种铣床属于上轴铣床，利用工件做圆周运动完成加工。回转工作台进料的铣床加工时，工件的装卸和加工可同时进行，生产率较高。

（3）雕刻加工

在现代家具中，很多家具表面都有一些雕刻图案，通过雕刻的方法可以起到装饰零件、美化家具外形的作用。在加工时，一般是在上轴铣床之类的机床上进行加工的，比如在零件的表面雕刻线型，如图 2-47(a)。但在工作台上需有仿型定位销，仿型定位销与刀轴的中心应在同一垂直线上，样模边缘应紧靠仿型定位销移动，即可加工出所需要的曲线形状。这种方法较适合零、部件侧面的加工，但生产率较低。另外，利用上轴铣床雕刻加工时，可将设计好的花纹先做成相应的样模，把它安装在仿型定位销上，再根据图案的断面形状来选择端铣刀，加工时样模的内边缘沿仿型定位销移动，刀具就能在零件表面雕刻出所需的花纹图案，如图 2-47(b)。

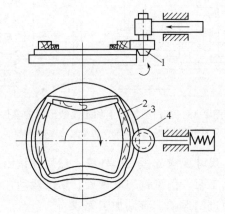

图 2-46　在回转工作台进给的铣床加工
1—挡环；2—工件；3—样模；4—铣刀头

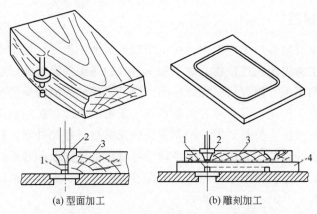

(a) 型面加工　　　(b) 雕刻加工

图 2-47　在立式上轴铣床上加工型面
1—仿型定位销；2—端铣刀；3—工件；4—样模

雕刻加工除了铣床，还可以用数控机床、激光雕刻机加工。另外，图案较浅的零件可以用热模压花机直接压成。

（4）回转体零件的加工

回转体零件如圆柱形、圆台形的脚、腿、拉手等，如图 2-41(i)，其加工基准为中心线，其断面呈圆形。这类零件的加工主要在车床上进行，它可以在工件的长度上加工成同一直径，还可以车削成各种断面形状或在表面上车削出各种花纹。在车削前，先找准零件两端的中心位置，再将零件两端的中心对准车床两端的顶针，并利用车床尾部的顶针将零件夹紧。启动车床后，工件做高度运动，车刀便开始加工零件了。

（5）复杂外形零件的加工

复杂外形零件，如家具中的弯形腿、鹅冠脚等。这类零件的断面和长度方向都呈复杂外形，是由平面与曲面或曲面与曲面构成的复杂形体。如图 2-41（h）所示的弯脚，利用仿型铣床加工，如图 2-48，而刀具一般采用杯形刀或柄铣刀。

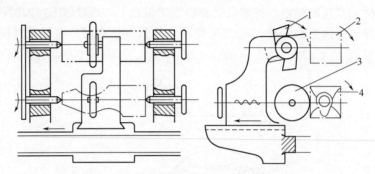

图 2-48　在仿型铣床上加工复杂形状的零件
1—刀具；2—工件；3—仿型辊轮；4—样模

加工前，按弯脚形状、尺寸要求先做一个样模；然后在铣床上将仿型轮紧靠样模，样模和工件做同步回转运动；加工时，仿型铣刀既做旋转切削运动，又跟随仿型轮按样模旋转轨迹做同步纵向和横向的平面进给运动，直到加工完成。

加工精度主要取决于样模的制造精度以及刀具与工件之间的复合相对运动的协调程度。

2.3.5　表面修整

在前面的刨削、铣削等加工过程中，由于受设备的加工精度、加工方式、刀具、工艺系统的弹性变形以及工件表面的残留物、加工搬运过程的污染等因素的影响，使得加工工件表面出现了毛刺、凹凸不平、撕裂、压痕等缺陷。家具零部件表面的质量直接影响后续的油漆工序以及成品的质量，因此必须通过表面修整加工来解决表面存在的缺陷。

表面修整加工的方法主要是采用各种类型的砂光机进行砂光处理。砂光是利用砂光机对工件表面进行修整的一种加工方法，利用各种砂带将零部件表面砂磨平整、光滑。砂光机上的切削工具是砂带，砂带的粗细是由砂带的粒度号决定的，实木砂光机使用的粒度号主要有800、400、200、120、100、80、60 和 40 等。

由于零部件的形状各有不同，因此就要使用不同结构和类型的砂光机，以满足各种类型零部件的加工，主要有以下一些砂光机，如图 2-49。对于矩形零部件修整，常常使用上带式砂光机和下带式砂光机；对于圆形零件，可选用自由带式砂光机进行修整。零件的弯曲表面多采用自由带式砂光机、水平圆筒式砂光机进行修整。对于具有较大圆孔的零件，其圆孔内表面可以用垂直圆筒式砂光机修整。而宽式砂光机可以对实木板、刨花板、纤维板等进行少量定厚砂光和精砂光。

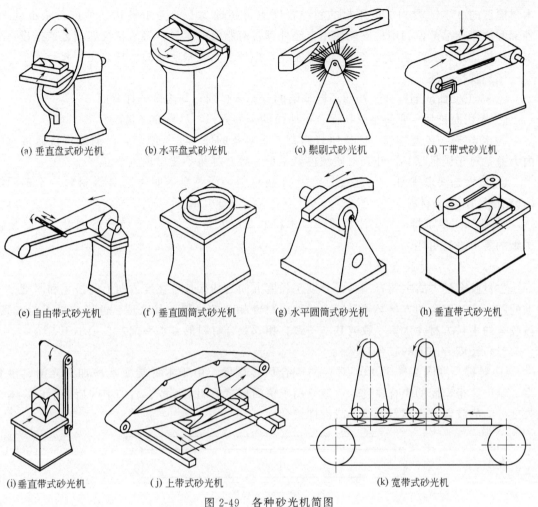

(a) 垂直盘式砂光机　(b) 水平盘式砂光机　(c) 鬃刷式砂光机　(d) 下带式砂光机

(e) 自由带式砂光机　(f) 垂直圆筒式砂光机　(g) 水平圆筒式砂光机　(h) 垂直带式砂光机

(i) 垂直带式砂光机　(j) 上带式砂光机　(k) 宽带式砂光机

图 2-49　各种砂光机简图

2.4　胶合与弯曲加工

2.4.1　胶合加工

尺寸较大的实木直接用于家具生产中，往往会因木材的干缩和湿胀特性，使零件产生翘曲变形、开裂等问题。这对于长度、宽度及厚度不太大的零件是可以满足要求的。而零件尺寸越大，这种现象就越严重，一般宽度尺寸为 $600\sim700$ mm 的零件，尺寸上的变化可达 $10\sim20$ mm，这严重影响了家具的质量。因此，在现代实木家具生产中，较大幅面的板件往往是通过小料加压胶合而成宽幅面的集成板，较长的零部件通过短料接长，较厚的板件通过较薄的板件胶压而成，最终加工成所需的规格尺寸和形状的零件，这种加工工艺称为胶合。胶合工艺不仅可以节约材料，提高木材利用率，同时也可改善家具的质量与性能。

2.4.1.1　胶拼选料与组坯

（1）胶拼选料

有节子、开裂、腐朽等缺陷的材料，在工艺可允许的范围内进行挑选，但不得有贯通裂纹；另外，明料不得使用腐朽木材，暗料的腐朽面积不得超过材面的 15%，深度不得超过木材厚度的 25%，受力部位用材的斜纹程度不得超过 20%；对虫蛀材必须进行杀虫处理，外部和放置物品部位的用材不能使用未经处理带有脂囊的木材；将木材纹理相近或按设计要求进行挑选；还要注意材料之间的色彩差异，把色差不是很明显的木材放在一起。

（2）胶拼组坯

① 按正反面缺陷排列　按照不同缺陷的分布来排列，缺陷多的在背面。

② 按切面排列　要注意弦切面、径切面的排列方式，尽量交叉搭配。

③ 按纹理与色差排列　应按照背靠背、头对头的原则进行组坯，以消除拼接后板材的内力差；对于同批家具，外表材质颜色要尽量一致，尽量不要出现色差。

④ 按涂饰要求排列　浅色透明类用 A 级材料，深色半透明类用 B 级材料，不透明类（含贴纸）用 C 级材料。

⑤ 按加工要求排列　要注意排列时木材的高度差与长度差，有特殊造型设计的，要按图纸的要求进行组坯。

2.4.1.2　方材胶合的种类

方材胶合的方式主要有三种，分别是长度方向上的接长、宽度方向上的拼宽和厚度方向上的胶合。被胶合的方材必须为同一树种或材性相似的小料，其纹理、色彩应尽可能一致，被胶合的小料方材含水率一致或基本一致，相邻胶合材料的含水率偏差必须小于 1%。

（1）长度方向上的胶合

① 对接　如图 2-50 所示，对接的胶合面是端面，由于木材端面不易加工光滑、渗胶多，难以获得牢固的胶合强度，一般只用于覆面板芯板和受压胶合材的中间层。所以，木材长度方向的胶合常采用斜面接合或齿榫接合。

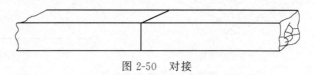

图 2-50　对接

② 斜面接合　如图 2-51 所示，为提高木材横截面的胶接强度，将木材的端面锯成斜面，以增加其胶接面积。木材端头的斜面 L 越长，胶接面积越大，接合强度就愈高。根据实验，为了达到要求的胶合强度，斜面接合的斜面长度 L 应该等于方材厚度 S 的 10～15 倍，但这样木材损耗比较大，且太长了也不易加工。因此，斜面接合的斜面坡度一般采用 1/8～1/10，个别斜面坡度也可以用 1/5。

③ 指形榫接合　如图 2-52 所示，将木材两端加工成指形榫进行胶接，通常 $t : l$ 为 1：4～1：5。有些指形呈现在木材上、下表面，有些又呈现在木材侧面，可根据产品美观性和性能要求而定。用指形榫胶接，其接合强度大，损耗的材料少，同时也便于实现机械化生产，是目前应用最广泛的胶合方式。

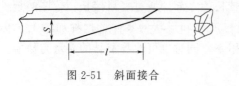

图 2-51　斜面接合

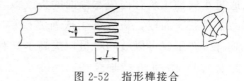

图 2-52　指形榫接合

（2）宽度方向上的胶合

实木拼板件经久耐用，用窄板拼宽可充分利用小料，以减少变形、保证家具质量。实木家具中的柜面板、桌面板、椅坐板等板面都是拼宽而成，如图 2-53。根据不同家具的要求，拼宽的方式也有多种。

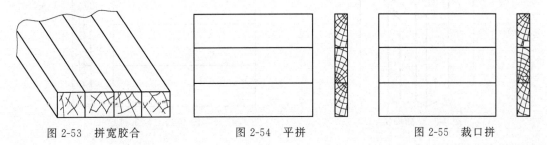

图 2-53 拼宽胶合　　　　　图 2-54 平拼　　　　　图 2-55 裁口拼

① 平拼　将侧面刨切平整、光滑，再利用胶黏剂进行胶合，拼板时不用开槽和打眼，如图 2-54。在拼板的背面可以有 1/3 的倒棱，因而在材料利用上较经济。但胶接强度低，表面易发生凹凸不平的现象。这种方法工艺简单，接缝严密，是常用的拼板方法。

② 裁口拼　将侧面刨切成阶梯形表面，再利用胶黏剂进行胶合，如图 2-55。这种胶合的强度比平拼的要高，拼板表面的平整度也要好得多，但材料消耗会相应增加，此方法比平拼要多耗 6%～8% 的材料。

③ 槽榫拼　将侧面刨切成直角形的槽榫或榫槽，再利用胶黏剂进行胶合，如图 2-56。这种胶合的强度更高，表面平整度较好，材料消耗与裁口拼接方式基本相同。当胶缝开裂时，仍然可掩盖住缝隙，拼缝密封性好，常用于面板、门板、旁板等拼接。

④ 指形拼　将侧面刨削成指形槽榫，胶接面上有两个以上的小指形，如图 2-57。这种拼接方式接合强度最高，拼板表面平整度高，拼缝密封性也好，常用于高级面板、门板、搁板、望板、屉面板等的拼接。

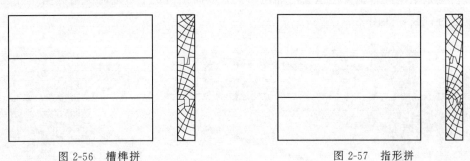

图 2-56 槽榫拼　　　　　　　　图 2-57 指形拼

⑤ 插榫拼　将侧面刨削成平整光滑的表面，利用圆榫、方榫或竹钉与胶接合，如图 2-58。这种拼接方式可以提高胶结合强度，节约木材，材料消耗与平拼基本相同。

⑥ 穿条拼　将接合面刨削成平整光滑的直角榫，利用木条与胶结合，如图 2-59。这种拼接方式也能提高胶结合强度，节约木材。材料消耗与平拼基本相同，工艺比较简单，也是一种较好的拼板方法。

另外，还有螺钉拼、木销拼、穿带拼、吊带拼、螺栓拼、金属连接件拼等多种拼宽方式。

（3）厚度方向上的胶合

对于厚度尺寸较大的方材，也可以充分利用小材胶合而成，以提高稳定性，并节约材料，如图 2-60。厚度胶拼主要采用平面胶合的方式，胶拼前，要使锯材表面平整光滑，厚度均匀，不能有过多缺陷。

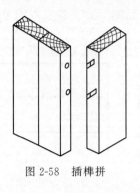

图 2-58　插榫拼

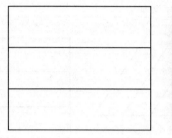

图 2-59　穿条拼

>300

图 2-60　接长和拼厚的方材

如果零件断面尺寸较大,同时又要求其具有较好的稳定性,则除了在厚度方向上进行胶合外,还可以同时在长度或宽度上进行胶合。这样可以提高零件的稳定性,使其不易翘曲变形。但是采用这种方式胶合时,必须使相邻两块胶合材料的接合点错开。进行长度和厚度胶合时,接头之间的距离不能小于300mm,以保证胶合强度。

2.4.1.3　胶合设备

现代实木家具生产中常用的胶合设备主要有指接机、拼板机、双面涂胶机和冷压机。

接长机是采用进料辊直接压紧的加压形式,同时指接机上也配有专用截锯,可根据需要的长度进行截断,如图 2-61。

图 2-61　木材接长机

图 2-62　风车式气压拼板机

拼板机有连续式气压拼板机、风车式气压拼板机与旋转式液压拼板机等。如图 2-62 所示的为风车式气压拼板机,属于多层的拼板设备,当指接材或窄料方材在工作面上被胶拼时,利用工作台的气压旋具夹紧丝杠螺母,完成拼板。当工作台面转动一个角度,另一层工作台面开始装、拼板。

方材表面涂胶可以用涂胶机,如图 2-63,涂胶均匀、方便。厚度上的胶压一般是在冷压机上进行的,如图 2-64,冷压时要将板材上下对齐,每隔一段距离要放置一块厚垫板使之对齐,不能让工作台受偏心力。

图 2-63　双面涂胶机

图 2-64　冷压机

2.4.1.4　影响胶合质量的因素

方材胶合过程是一个复杂的过程，它是在一定压力下使胶合面紧密接触，并排除其中的空气，在添加硬化剂或加热条件下使胶液迅速固化的过程。影响胶合强度的因素有很多，主要与胶合木材的特性、胶黏剂的种类与性能以及胶合时的温度、压力、时间等因素有关。

（1）胶合木材的特性

① 木材密度　由于密度与木材的空隙度和自身的强度有关，如果不含有阻碍胶接的物质，其胶接强度和木材的密度成正比关系。导管粗大的木材，容易产生缺胶现象，难以形成连续的胶层，或因胶层厚薄不均而使胶层的内聚力减小，导致胶合强度降低。

② 表面粗糙度　它与木材表面的加工方法、胶黏剂性能以及胶合工艺条件等均密切相关。胶接面越光滑，涂胶量就越少，在低压时也容易得到良好的胶接效果。被胶合的表面粗糙时，涂胶量增多，应加大胶压压力。为了减少胶液的流失，应适当使用填充剂。

③ 木材的含水率　通常木材的含水率应为 $8\%\sim10\%$，木材含水率过高，会使胶液黏度降低，过多渗透后而缺胶，不仅降低了胶合强度，还会在胶合过程中产生鼓泡，胶合后木材收缩，产生翘曲、开裂等现象。反之，木材干燥过度，表面极性物质减少，妨碍胶液湿润，影响胶合层的胶合力。用脲醛树脂胶胶合，木材含水率在 $5\%\sim10\%$ 时，胶合强度最高。

④ 胶接面的纹理　木材具有各向异性，胶合表面的木材纤维方向不同，胶合强度也不同。端面胶合比平面胶合困难，这是由于渗透到导管里的胶量多，胶合表面实际接触面积小的原因。平面胶合时，两块胶合材料的纤维方向平行时要比互相垂直时的胶合强度大，旋切单板正面与正面的胶合强度高于与背面胶合的胶合强度。

⑤ 其他因素　木材的胶合强度还与心材、边材及木材提取物有关。

（2）胶合工艺条件

胶黏剂的性能包括胶黏剂的固体含量、黏度、聚合度、pH 值等，但是胶黏剂的固体含量和黏度对胶合强度影响较大。在胶合前，首先要根据胶合材料的种类和胶合部位的使用要求来选择胶黏剂。在家具生产中，方材胶合时常用的胶种有动物胶、脲醛树脂胶、酚醛树脂胶和乳白胶。胶合工艺条件如下。

① 涂胶量　以胶合表面单位面积的涂胶量表示，它与胶黏剂种类、浓度、黏度、胶合表面粗糙度及胶合方法等有关。涂胶量过大，胶层厚度大，胶合强度反而低；反之，涂胶量过少，也不能形成连续胶层，胶合不牢。黏度高的胶黏剂容易涂胶过度，一般合成树脂涂胶量小于蛋白质胶。脲醛树脂胶涂胶量为 120g/m^2，而蛋白质胶为 $160\sim200\text{g/m}^2$，涂胶要均匀，没有气泡和缺胶现象。孔隙大、表面粗糙材料的涂胶量大于平滑的、孔隙小的材料，冷压胶合涂胶量应大于热压时的涂胶量。

② 陈化时间　陈化时间是指材料被涂胶黏剂后至加压胶合的时间，它与胶合室温、胶液黏度及活性期有关。陈化可使胶液充分湿润胶合表面，使胶液扩散、渗透，并排除胶液中的空气，提高胶层的内聚力，也可以使胶黏剂中的溶剂挥发，确保胶层浓缩到胶压时所需的黏度。若陈化期过短，胶液未渗入木材，在压力作用下容易向外溢出，产生缺胶；若陈化期过长，超过了胶液的活性期，胶液就会失去流动性，不能胶合。

③ 陈放时间　陈放时间是指材料被胶合后，从卸压到进行下一道工序加工这段时间，陈放是为了让板件性能更适合加工。无论冷压，还是热压，都需要一段时间才能使胶合反应完成，但是为了提高生产效率，不可能在压机上完成全部胶合反应，因此需要通过陈放来继续完成胶合反应。

④ 胶层固化条件　胶黏剂在浸润了被胶合材料表面后，胶黏剂由液态变成固态的过程称为固化。方材胶合时，控制好压力、温度和时间是保证胶合质量的重要条件。

a. 胶合压力。胶合时所加的压力能保证胶合表面之间必要的紧密接触，形成薄而均匀的胶层。压力大小应随胶合木材的树种、表面加工质量、胶液特性、涂胶量等条件而变化。一般情况下，硬材施压要高一些，软材要低一些。如果压力太大，容易使木材压缩而无法恢复，降低了胶合强度；而压力过小，就不能使胶合面紧密接触，达不到加压的目的。

b. 胶合温度。提高胶合时的温度，可以加速胶层固化，缩短胶合时间。但温度过高，有可能使胶发生分解，胶层变脆；而温度太低，可能会因胶液未充分固化而使胶合强度降低，甚至无法胶合。

c. 加压时间。加压时间是指胶液凝固前开始加压到胶液固化为止的一段时间，加压时间的长短取决于胶液的固化速度。热压可缩短加压时间，胶着力随加压时间增长而提高，但热压时间过长，会使胶合强度降低。冷压时，由于温度低，加压时间就需要长一些，一般为4～8h。冬季气温低时，加压时间需要到 8～12h，甚至更长。

2.4.2　弯曲加工

为了满足造型和使用功能需要，有些零部件常做成曲线或曲面，其线条流畅、形态美观，常用的加工方法主要有锯制加工和加压弯曲成型两种。

锯制加工是直接在锯材或集成板上锯出曲线形零件，其生产工艺简单，不需要专门的生产设备，但大量木材纤维被割断，造成零部件强度降低，涂饰质量差，木材利用率低，很少使用。加压弯曲是用加压的方法把直线形的方材、薄木等压制成各种曲线形的零部件，它可以直接压制成复杂形状，简化制品结构，提高生产效率的同时又节约了木材，但需采用专门的弯曲成型加工设备。

2.4.2.1　方材弯曲加工

方材弯曲加工，是首先将配制好的直线形方材毛料进行软化处理，然后利用模具加压弯曲成要求的曲线形状的过程。实木弯曲时，在凸面产生拉伸力，凹面产生压缩力，中间一层既不受拉伸力也不受压缩力，称为中性层。

弯曲后的零件基本上保持了直线形方材原有的力学性质，在实际使用时曲线形的零件强度还有所提高；零件的表面保持了木材原有的纹理，容易装饰处理。但是生产工艺较复杂，有时由于选材不当或工艺条件控制不当造成弯曲毛料的破坏；木材弯曲半径也受到限制，很难构成多向弯曲；弯曲件在使用过程中，有时会受外界温度、湿度等变化的影响，使原有的弯曲形状发生变化。其主要工序包括：毛料选择与加工、软化处理、加压弯曲、干燥定型、弯曲零件加工等，如图 2-65 所示。

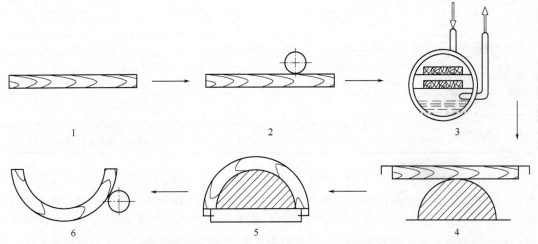

图 2-65　方材弯曲成型与加工的工艺流程图

1—直木料；2—切削加工；3—软化处理；4—弯曲作业；5—弯曲成型毛料的干燥定型；6—弯曲部件后加

（1）毛料选择和准备

首先要按零件断面尺寸、弯曲形状、方材软化方式来选择弯曲性能合适的树种。不同树种木材的弯曲性能差异较大，即使是同一树种，在不同部位，其弯曲性能也不相同。就弯曲性能而言，阔叶树材比针叶树材好，硬阔叶树材比软阔叶树材好；幼材比老材好，边材比心材好，顺纹材比斜纹材好。其次，弯曲部件不得有腐朽、裂缝、节疤等缺陷，纹理要通直，斜纹不得大于 10°。常用的树种有水曲柳、桦木、榆木、山毛榉、白蜡树等。

其次要确定毛料含水率符合弯曲要求。若含水率过高，弯曲时因水分过多形成静压力，易造成废品，且延长了弯曲零件的定型干燥时间；若含水率过低，容易产生破坏。一般不进行软化处理而直接弯曲的方材毛料含水率以 10%～15% 为宜；要进行蒸煮软化处理的弯曲毛料含水率应为 25%～30%；高频加热处理的毛料应为 10%～12%。

为了便于毛料弯曲时紧贴金属夹板和模具，在毛料加压弯曲前，需要进行必要的刨光和截断，同时还能把在配料时未能发现的缺陷剔除掉，加工成要求的断面和长度，使其厚度均匀、表面光洁。对于弯曲形状不对称的零件，在弯曲前，要在弯曲部位中心位置划线，便于对准样模中心。

（2）软化处理

为了改进木材的弯曲性能，提高其可塑性，需要在弯曲前进行软化处理。软化处理可以使木材具有暂时的可塑性，以使木材在较小的力的作用下能按要求变形，并在变形状态下重新恢复木材原有的刚性、强度。软化处理的方法可分为物理方法和化学方法两类。

① 物理方法　物理软化方法又称水热处理法，以水作为软化剂，同时加热以软化木材。这种方法处理容易，生产成本低，在木材弯曲软化处理中被广泛使用。木材物理软化处理方法见表 2-4。

② 化学方法　化学软化处理方法是在敞开式或密闭式的槽罐内采用各种化学药剂对方材进行软化处理。这种方法可以较大地提高方材的可塑性，常用的化学药剂有液态氨、气态氨、尿素、碱液等，此方法适合对化学药剂渗透良好的阔叶树材或薄板等，而针叶树材软化则很少使用。

表 2-4　木材物理软化处理方法

项目 ＼ 方法	蒸汽蒸煮软化处理	水煮软化处理	微波加热处理
加热条件	饱和蒸汽	热水	微波
软化处理工艺条件	蒸汽压力：0.02～0.05MPa 蒸汽温度：100～140℃	热水温度：90～95℃	(2450±50)MHz
软化处理设备和设施	蒸煮罐	水煮池	微波发生器
软化处理的特点	软化效果好，软化速度快，软化均匀性差	软化效果好，软化速度慢，软化均匀	软化效果好，软化速度快，软化均匀，是未来的发展方向

a. 液态氨处理法。将气干材或绝干材放入 $-78\sim-33℃$ 的液态氨中，浸泡 0.5～4h 后取出，进行弯曲加工。温度上升，氨全部蒸发后，材料就可在弯曲状态下固定，恢复木材原有的刚度。与蒸煮法相比，这种方法使木材的弯曲半径更小，几乎能适用于所有树种的木材；弯曲成型件在水分作用下，几乎没有回弹；弯曲所需的力矩较小，木材破损率低。

b. 氨水处理法。将木材在常温常压下浸泡在 25% 的氨水中，10 余天后即软化。

c. 气态氨处理法。将含水率为 10%～20% 的气干材放入罐中，通入饱和气态氨 2～4h，具体时间根据木材厚度决定。这种方法软化后定型性能不如液态氨处理法。

d. 尿素处理法。将木材浸泡在 50% 的尿素水溶液中，在一定温度下，干燥到含水率为 20%～30% 时再加热到 100℃ 左右进行弯曲、干燥定型。

e. 碱液处理法。将气干材或绝干材浸入到 10%～15% 的氢氧化钠溶液或 15%～20% 的氢氧化钾溶液中，到达一定时间后即可软化，能在较小作用力下进行弯曲。

(3) 加压弯曲

方材经软化处理后应立即进行弯曲，将已软化好的木材加压弯曲成要求的形状。方材加压弯曲的方法主要采用手工和机械两种方式。

① 手工弯曲　手工弯曲即用手工木夹具来进行加压弯曲。夹具由用金属或木材制成的样模、金属夹板（要稍大于被弯曲的工件，厚 0.2～2.5mm）、端面挡块、楔子和拉杆等组成，如图 2-66。这种方式适用于加工数量少、形状简单的零件。

弯曲时，将被弯曲木材的拉伸面紧密固定在带有手柄与挡块的金属夹板内表面上。在木材端面与金属夹板挡块之间打入楔形木块，直至使木材的拉伸面跟金属夹板表面紧密结合为止。木材与金属夹板被固定后，放到工作台上，使木材的压缩面和模具准确定位，并立即夹紧，用手握住金属夹板上的木柄进行弯曲。弯曲后用金属拉杆锁紧，送到干燥室中干燥定型。

② 机械弯曲　大批量的木材弯曲，需要用机械进行弯曲，常常采用 U 形曲木机和回转型曲木机进行加工，如图 2-67。U 形曲木机用于加工各种形状不对称、不封闭的零件，如椅腿、椅子扶手等；而回转型曲木机可弯曲各种封闭的零件，如圆环形椅子座圈等。

在 U 形曲木机中，先将软化处理的工件放入指定位置，然后将金属夹板放在加压杠杆上；升起压块，定位后，启动电动机，使两侧加压杠杆升起，让工件绕样模弯曲；直到全部贴紧样模后，用拉杆固定，弯曲好的工件连同金属夹板、端面挡块一起取下，送往干燥室。

在回转型曲木机中，将软化处理的木材固定在金属夹板上，再放于曲木机工作台上，使其与模具准确定位并夹紧。然后启动机器，使模具转动，便可将工件弯曲成所需的形状。

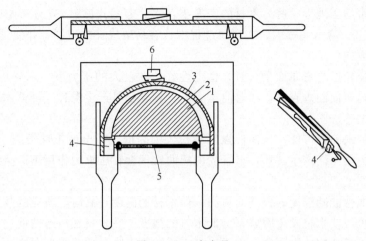

图 2-66　工木夹具

1—样模；2—工件；3—金属夹板；4—端面挡块；5—拉杆；6—楔子

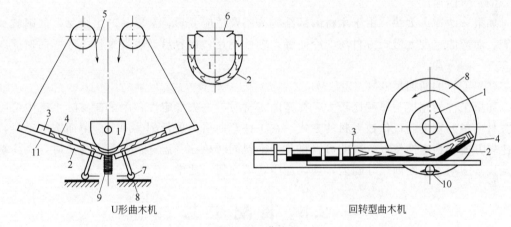

U形曲木机　　　　　　　　回转型曲木机

图 2-67　曲木机

1—样模；2—金属夹板；3—端面挡块；4—弯曲木材；5—钢丝绳；6—拉杆；
7—滚轮；8—工作台；9—压块；10—压辊；11—加压杠杆

（4）干燥定型

在工件弯曲后进行干燥处理，可以降低木材的含水率，除去残余应力，以免回弹，保持弯曲零件尺寸的稳定性。弯曲工件的干燥常采用热空气干燥方法，但是干燥温度不能太高，一般为 60~70℃，干燥时间为 15~40h。在干燥过程中，弯曲毛料连同模具和金属带固定在定形架上，也可卸去模具和金属带只将弯曲毛料固定在定形架上，以确保弯曲毛料的尺寸稳定；然后送进可以控制温度和湿度的热空气干燥室内。

（5）弯曲零部件的加工

由于方材毛料弯曲后，其加工表面或加工基准已不准确，如果要达到高质量的要求，还需再次加工。其加工方式与方材毛料的加工近似，只是需重新确定基准和型面加工后，根据要求进行铣榫头和开榫眼加工，再进行砂磨修整即可。

2.4.2.2　影响实木弯曲质量的因素

（1）含水率

在木材的纤维饱和点内，木材的弯曲性能随着木材含水率的提高而提高，当木材的密度小时，含水率可适当地大一些（木材的密度小，水分容易排除）。方材弯曲的含水率一般控制在20%～30%。含水率过大，在弯曲过程中，容易造成纤维破裂，并使延长干燥时间。

（2）年轮方向

当木材的年轮层与弯曲面平行时，稳定性好，在较大的压力下，木材也不会发生破坏。但是当年轮层与弯曲面垂直时，在弯曲压力下，年轮层易产生滑移，降低木材的弯曲性能。

（3）木材缺陷

少量木材的缺陷都可能使弯曲件强度有很大的降低，甚至使工件报废。腐朽材不能用，节疤会引起应力集中而产生破坏，节子周围扭曲纹理会在压缩力作用下产生皱缩和裂纹。

（4）软化温度

木材的弯曲性能随温度的提高而提高，但木材的温度过高时，所需的热能加大，增加生产成本，同时也会使木材发生降解，降低木材的强度。在木材加压弯曲前进行软化时，被软化零件的中心必须达到所需温度，表面温度不能急剧下降。软化程度对弯曲质量也有很大的影响，软化过度会破坏木材的某些性质，软化不到位会造成木材刚性强、易开裂等。

（5）弯曲速度

如果弯曲速度太快，由于木材内部结构来不及适应变形，会容易产生废品，如起皱、撕裂等；而弯曲速度太慢，方材易变冷而降，塑性不足，也容易产生裂纹，一般弯曲速度以每秒35°～60°为宜。

（6）毛料的断面尺寸

如果工件的宽度与厚度比较大，在弯曲木材时易失去稳定性，因此在实际生产中可以采用方材毛料的宽度制成倍数毛料的方式，在工件弯曲后再进行剖分加工。薄而宽的毛料，弯曲比较方便、稳定性较好，因此可以将几个毛料同时叠在一起进行弯曲。弯曲时，夹具端面的挡块必须与木材断面尺寸吻合，均匀加压，端面压力适中。

2.5　装配工艺

每一件家具都是由若干零件、部件接合而成的，按照设计图样和相关的技术要求，使用相应的工具或机械设备，将零件接合成部件或将零、部件接合成为成品的过程，称为装配。

将零件接合成部件，称为部件装配，将零、部件接合成为成品，称为总装配。家具类型较多，其装配工艺也不尽相同。结构简单的家具，可由零件直接装配成成品；结构复杂的家具则需先把零件装配成部件，部件经过修整加工后再装配成产品。因此，一般家具的装配工艺可大致归为如下过程，如图2-68。

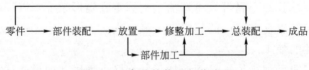

图2-68　家具的装配工艺流程

在大型家具生产企业中，装配工作大多是按流水线的方式进行的，工件按顺序流动到各个岗位，装配工人只需熟练地掌握某一工序的操作。因而，装配时间较短、效率较高。而在小型家具生产企业中，装配过程通常都在同一个工作位置上进行，由一个或几个工人完成全部装配，直到装配完成。

目前，实木家具的装配方法有手工装配、机械装配和半手工半机械装配三种。手工装配费时费力，且产量低，但适合装配各种复杂结构的家具。机械装配省时省力，劳动强度低，产量高，但对家具结构变化的适应性较差，对于各种通用的部件采用机械装配。

2.5.1 装配的准备工作与技术要求

（1）装配的准备工作

为了提高效率，高质量地完成装配家具的任务，在进行装配前，应做好以下的准备工作。

① 首先要看懂产品的结构装配图，领会设计意图，弄清产品的全部结构、所有部件的形状和相互间关系等，以便确定产品的装配工艺过程。

② 做好零部件的选配工作，同一制品上相对称的零部件要求木材树种、纹理、颜色应一致或近似。按零部件的表面质量，确定其外面与背面，由于表面质量直接影响其美观性，故好看的一面应尽量向外。

③ 逐一检查、核对零件数量，对不符合要求的零件要及时更换。批量较大的新家具，要先试装配一下，以便及时发现零件加工误差和设计上的问题，从而采取措施予以解决。检查零部件表面是否留有各种痕迹与污迹，应清除干净再组装。

④ 把所有榫头倒棱，以保证装配时能顺利打入榫眼内。同时要检查榫头长度与榫眼深度是否适宜。

⑤ 先调好胶黏剂备用。调配胶黏剂时，要使胶液的黏度符合工艺要求。以便榫接合时，在榫头上与榫眼中涂上适量的胶黏剂来增加接合强度。

⑥ 按所装配家具的数量和规格，准备好所用的辅助材料，如木螺钉、圆钉、拉手、铰链等各种连接件和配件。准备好夹具，如果采用机械装配，应检查机械各转动部分有无障碍，压力是否适宜。如果采用手工装配应检查装配使用的工具是否牢固，以保证安全。

（2）装配的技术要求

装配对家具的使用功能有很大影响，如装配时，榫眼涂胶不均匀或用胶过少，就会导致脱榫、开裂或变形等现象，从而降低了产品的使用寿命。因此，零部件装配时，一定要严格遵守技术操作要求，装配后的成品必须符合图纸规定的规格尺寸及质量标准。

① 对于有榫眼结构的装配件，须在榫头和榫眼表面上同时涂上胶，涂胶要均匀。涂胶过少，易发生脱榫、开裂或变形；涂胶过多，胶液会被挤出榫眼外面，造成浪费，也会降低产品的使用寿命。胶液沾在零件表面或接合部留有被挤出来的多余胶液时，应及时用温湿布清除干净，以免在涂饰时涂不上色影响涂饰质量。

② 榫头与榫眼接合时，用力要适当，以免造成零件劈裂。手工装配时，榔头不能直接敲打在零部件表面上，应垫一块较硬的木板，以免工件表面留有锤痕和受力集中而损坏。装配时要注意整个框架是否平行，如有倾斜、歪曲现象应及时校正。

③ 拧木螺钉时，只允许用锤敲入木螺钉长度的 1/3，其余部分要用螺丝刀拧入，不可用锤敲到底，木螺钉的帽头要与板面平齐，不得歪斜。

④ 框架等部件装配后，应按图样要求进行检查，如发现倾斜、窜角、翘曲和接合不严等缺陷应及时校正。若对角线误差很大，可将长角用锤敲或用压力校正，装配好待胶干后，再根据设计要求进行精光、倒棱、圆角等修整加工。

⑤ 配件与装饰件应满足设计要求，安装应对称、严密、美观、端正、牢固，无损制品表面质量；接合处应无崩裂或松动；不得有少件、漏钉、透钉；启闭配件应使用灵活，不得

有自开、自关或过松、过紧现象。

⑥ 各种部件表面加工形状分明、平整光洁、棱角清晰。

2.5.2　装配工艺

（1）装配的定位与加压

家具装配机械主要由加压机构、定位机构、装卸机构等部分组成。

① 定位机构的作用在于确定待装配的零部件在机械上的相对位置，以便准确装配，使装配后所得到的产品尺寸、形状符合设计要求。它的结构比较简单，一般是采用导轨、挡板、挡块等，这些部件可以是固定的，也可以是活动的，能调整相对位置。定位机构一般有外定位、内定位两种，如果装配件最终尺寸精度要求在内框，就用内定位，反之用外定位。

② 加压机构的作用在于对零部件施加足够的压力，在零部件之间取得正确的相对位置之后，使其紧密、牢固地接合。加压机构按压力方向分类，有单向、双向、多向等，如图2-69；按动力来源分类，有人力、电力、气压、液压等几种；按机械结构分类，有丝杆、杠杆、飞轮、偏心轮、凸轮和活塞机构等多种。

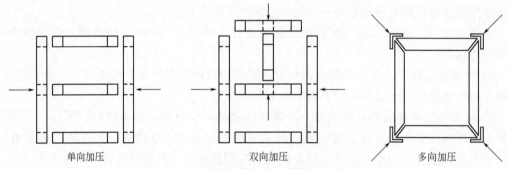

单向加压　　　　双向加压　　　　多向加压

图 2-69　木框的基本类型及其装配加压方向

（2）部件的装配

框架结构可分为两种基本类型，一种是框架内仅有若干横撑，称为简单木框，其装配方法如图2-70；另一种是框架内既有横撑又有立撑，称为复杂木框，其装配方法如图2-71。加压的动力头可以是气缸，也可是油缸、丝杆螺母机构或凸轮机构等。

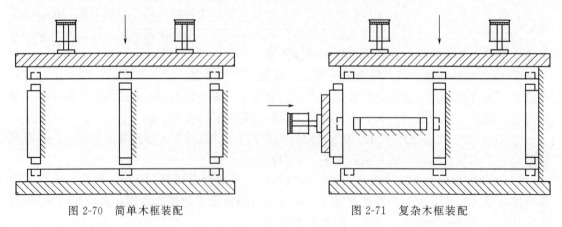

图 2-70　简单木框装配　　　　　　　图 2-71　复杂木框装配

（3）部件修整与总装配

组装好的部件在胶层干燥后，就可以进行修整加工了。

① 厚度方向修整加工。可用平刨床或压刨床，与零件的加工相同，先加工出一个光洁的基准面，然后再加工另一面。为了防止切削横向纤维所引起的毛刺和崩裂，进料时，木框应与主轴成一定的角度，一般为 15°左右。

② 四周修整加工。可用精截圆锯机或铣床，为防止崩裂等缺陷产生，进给速度要慢。也可以根据情况，用手工刨进行刨削或利用砂光机进行砂磨。

③ 细节修整加工。刨削不到的部位，可用木工锉或砂纸手工修整。

经过修整后，就可以进行总装配。总装配过程的顺序由木制品的结构及其复杂程度所决定。首先形成家具的骨架，再在骨架上安装加固件，然后在相应的位置上安装导向装置或铰链连接的活动零部件，最后安装次要的或装饰性的零部件或配件。

3 实木餐桌椅的制造与工艺文件

实木家具在大批量生产前都要进行样品试制，也就是打样。批量生产的过程中一旦出错，造成的损失是不可估量的，所以在打样的过程中检验图纸的准确性、工艺结构的可行性，为大批量生产做充分的准备。

本章以企业的一套实木餐桌椅为例，将详细讲解从设计到制作的整个过程。

3.1 餐桌椅设计

该餐桌椅定位为国内的二、三级市场，价格在 3000~4000 元，采用橡胶木制作，黄金柚的表面涂装工艺，桌面为 12mm 厚的黑色钢化玻璃。这套餐桌椅以"简约"为设计理念，并融入了中式元素，既体现简约之美，又有文化内涵，如图 3-1、图 3-2 所示。在设计时，同时考虑了成本控制、加工工艺、外观和结构。

图 3-1 实木餐桌椅整体效果图

（1）餐椅的拆装及结构设计

这套实木餐椅没有用传统实木家具的结构方式，而采用了半拆装结构，借鉴了板式家具的一些结构设计方法，将其优化应用到实木家具的结构设计中。其结构采用五金连接件与圆榫的连接，在结构的稳定性方面没有影响，而且这种标准化的连接方式更能满足大批量生产的需要，在加工过程中更加方便快捷。

餐桌椅由前脚、后脚、前横、侧横、后横、拉条、顶子、坐板和背板组成，如图 3-3、图 3-4。靠背部分的顶子通过圆榫将其与后脚连接起来，而顶子与背板通过镶嵌的方式连接

图 3-2 实木餐桌椅外观效果图

起来，如图 3-5。座框与坐板的连接是通过在座框上钻沉头孔，再用螺钉连接；而座框与四条腿利用三角和丝杆螺钉连接，如图 3-6。

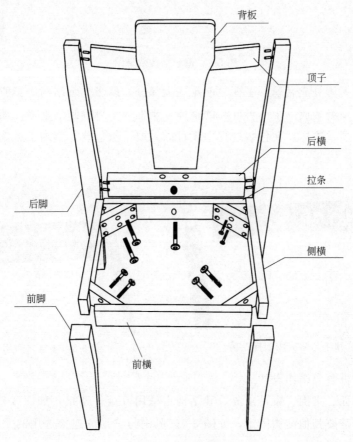

背板

顶子

后横

拉条

后脚

侧横

前脚

前横

图 3-3 实木椅结构

图 3-4　椅子结构效果图

　　椅子的结构大体分成后扇、坐框、前足三大部分，属半拆装结构。当所有零部件加工完成后，把整个后扇组装成一个不可拆卸的整体，坐框为不可拆卸的整体，加上两个前足就是一张完整的餐椅了。这样，在包装过程中就可以采取平板包装，节约了运输成本，而且不容易损坏。

图 3-5　顶子与后腿用圆榫连接　　　　　　　　图 3-6　座框之间用三角连接

　　（2）餐桌的拆装及结构设计

　　餐桌由玻璃面、桌围、桌足组成，其结构也采用五金件连接，如图 3-7。玻璃是直接卡在桌围上的，不需要其他结构固定，如图 3-8。侧围与桌足的连接选用的是四合一强力连接件（半圆连接件），如图 3-9。

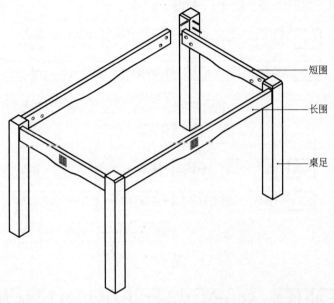

短围

长围

桌足

图 3-7 餐桌结构

图 3-8 餐桌玻璃面和框架效果图

图 3-9 侧横与桌腿的连接

3.2 实木餐桌椅的工艺流程

在餐桌椅方案确定要打样生产后，就要绘制出相关的图纸和工艺文件，主要有工艺流程图、材料计划表（材料清单和配件清单）、工程图等。

首先根据企业的实际情况，把该餐桌椅的生产流程大致分为备料、细作、涂装三大部分。备料也就是粗加工阶段，细作也就是精加工，往往产品质量的关键就在于这个阶段。涂装除了美化产品外还起防腐、防潮等保护实木家具的作用。

不同的企业在制订生产工艺流程的时候，会结合自己企业的生产实际做一些调整。大批量生产就必须计划好每一步，以便生产管理和控制成本，提高生产效率。该餐桌、餐椅的制造工序也有所不同，如图 3-10、图 3-11 和图 3-12 所示。

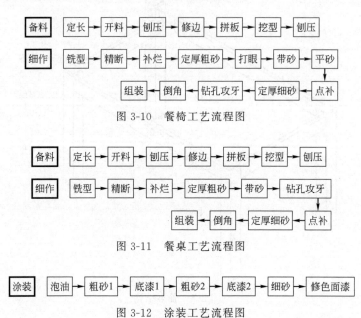

图 3-10　餐椅工艺流程图

图 3-11　餐桌工艺流程图

图 3-12　涂装工艺流程图

3.3　材料计划表

材料计划表包括产品所需的原材料、五金配件等清单，见表 3-1、表 3-2，主要是方便后期核算开发成本。

表 3-1　餐桌椅材料清单

编号	名称	材料	毛料尺寸/mm			净料尺寸/mm			数量	备注
			长	宽	厚	长	宽	厚		
1	餐椅后脚	橡胶木	840	挖 50	拼 50	820	铣 45	压 45	2	
2	餐椅后横	橡胶木	330	65	35	310	60	30	1	
3	餐椅前脚	橡胶木	440	50	50	400	45	45	2	
4	餐椅前横	橡胶木	360	65	25	340	60	20	1	
5	餐椅侧横	橡胶木	360	65	25	340	60	20	2	
6	餐椅拉条	橡胶木	380	65	25	360	60	20	1	
7	餐椅顶子	橡胶木	360	50	30	343	44	25	1	
8	餐椅背板	橡胶木	450	挖 25	拼 80	430	铣 18	压 75	2	2 个拼粘为 1 个
9	餐椅坐板	橡胶木	470	405	25	450	400	20	1	
10	餐桌足	橡胶木	780	85	85	760	80	80	4	
11	餐桌长围	橡胶木	1210	90	35	1190	85	28	2	
12	餐桌短围	橡胶木	710	90	35	690	85	28	2	
13	餐桌面	玻璃				1350	850	12	1	

表 3-2 餐桌椅配件清单

编号	名称	规格/mm	数量
1	圆木榫	$\phi 8 \times 40$	8
2	内外牙	M6×18	9
3	螺丝钉	M4×15	20
4	丝杆	M6×70	4
5	丝杆	M6×50	4
6	丝杆	M6×40	1
7	平垫	M6	9
8	弹垫	M6	9
9	内六角扳手	—	1
10	开口扳手	—	1
11	四合一强力连接件(半圆件)	M8×70	16
12	内外牙	M8×25	8

3.4 餐桌椅加工图

餐桌椅加工图如图 3-13～图 3-28 所示。

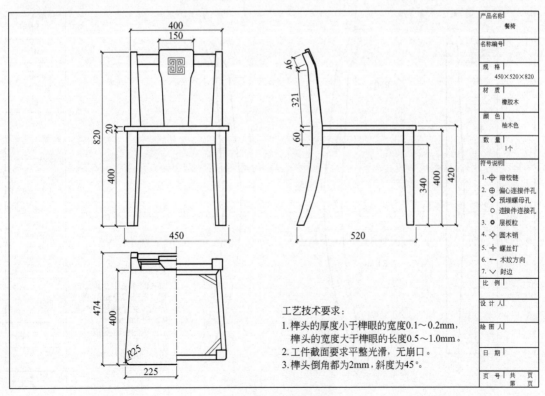

图 3-13 餐椅三视图

工艺技术要求:
1. 榫头的厚度小于榫眼的宽度0.1～0.2mm,榫头的宽度大于榫眼的长度0.5～1.0mm。
2. 工件截面要求平整光滑,无崩口。
3. 榫头倒角都为2mm,斜度为45°。

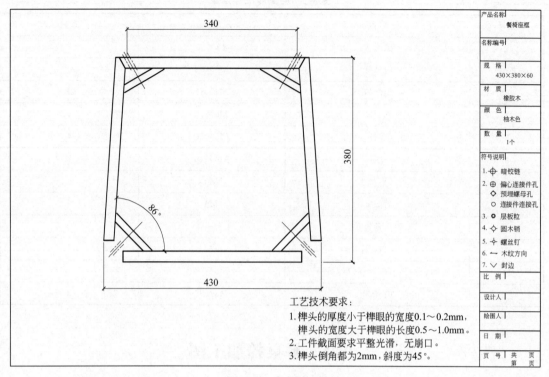

产品名称	
	餐椅座框
名称编号	
规 格	
	430×380×60
材 质	
	橡胶木
颜 色	
	柚木色
数 量	
	1个

符号说明
1. ⊕ 暗铰链
2. ⊕ 偏心连接件孔
   ◇ 预埋螺母孔
   ○ 连接件连接孔
3. ◍ 层板粒
4. ◇ 圆木销
5. ✦ 螺丝钉
6. ⟵ 木纹方向
7. ∨ 封边

比 例	
设计人	
绘图人	
日 期	
页 号	共 页
	第 页

工艺技术要求：
1. 榫头的厚度小于榫眼的宽度0.1～0.2mm，榫头的宽度大于榫眼的长度0.5～1.0mm。
2. 工件截面要求平整光滑，无崩口。
3. 榫头倒角都为2mm，斜度为45°。

图 3-14　餐椅座框

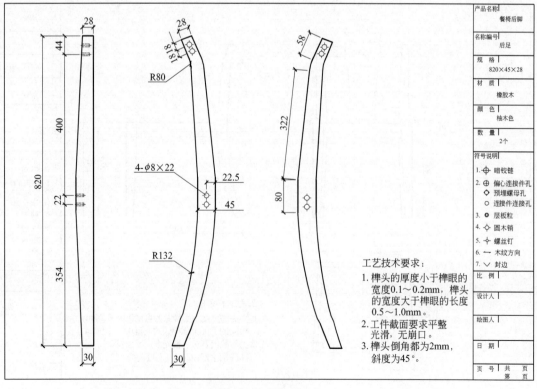

产品名称	
	餐椅后脚
名称编号	
	后足
规 格	
	820×45×28
材 质	
	橡胶木
颜 色	
	柚木色
数 量	
	2个

符号说明
1. ⊕ 暗铰链
2. ⊕ 偏心连接件孔
   ◇ 预埋螺母孔
   ○ 连接件连接孔
3. ◍ 层板粒
4. ◇ 圆木销
5. ✦ 螺丝钉
6. ⟵ 木纹方向
7. ∨ 封边

比 例	
设计人	
绘图人	
日 期	
页 号	共 页
	第 页

工艺技术要求：
1. 榫头的厚度小于榫眼的宽度0.1～0.2mm，榫头的宽度大于榫眼的长度0.5～1.0mm。
2. 工件截面要求平整光滑，无崩口。
3. 榫头倒角都为2mm，斜度为45°。

图 3-15　餐椅后脚

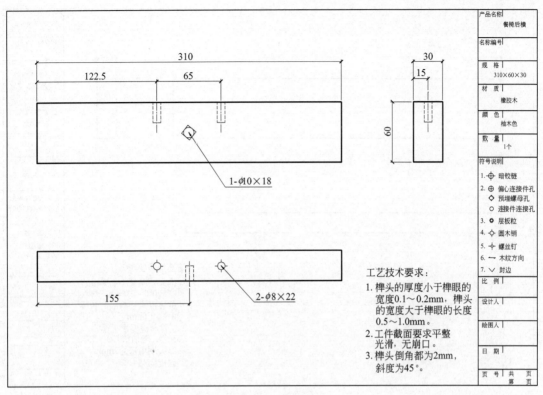

图 3-16 餐椅后横

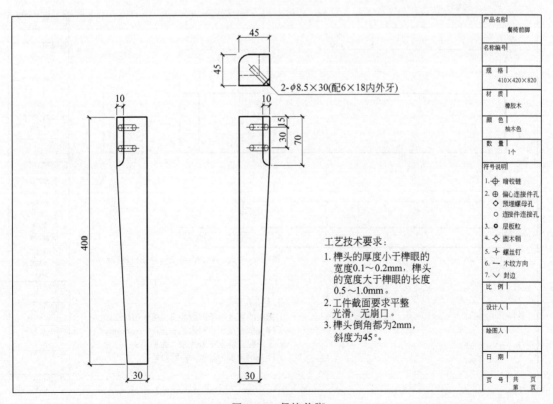

图 3-17 餐椅前脚

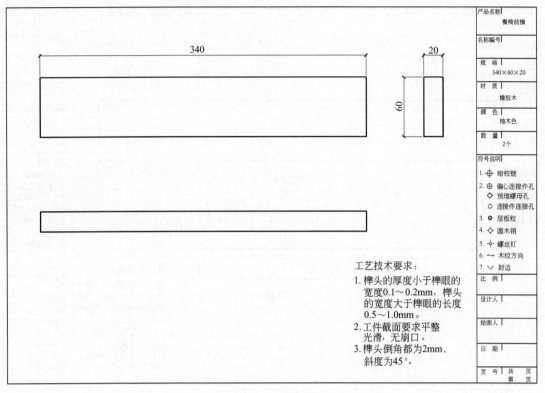

工艺技术要求：
1. 榫头的厚度小于榫眼的宽度0.1～0.2mm，榫头的宽度大于榫眼的长度0.5～1.0mm。
2. 工件截面要求平整光滑，无崩口。
3. 榫头倒角都为2mm，斜度为45°。

产品名称	餐椅前横
名称编号	
规 格	340×60×20
材 质	橡胶木
颜 色	柚木色
数 量	2个
符号说明	
1. 暗铰链	
2. 偏心连接件孔 预埋螺母孔 连接件连接孔	
3. 层板粒	
4. 圆木销	
5. 螺丝钉	
6. 木纹方向	
7. 封边	
比 例	
设计人	
绘图人	
日 期	
页 号 共 页 第 页	

图 3-18　餐椅前横

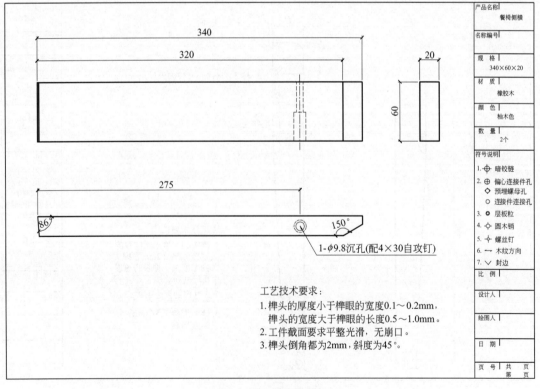

1-φ9.8沉孔(配4×30自攻钉)

工艺技术要求：
1. 榫头的厚度小于榫眼的宽度0.1～0.2mm，榫头的宽度大于榫眼的长度0.5～1.0mm。
2. 工件截面要求平整光滑，无崩口。
3. 榫头倒角都为2mm，斜度为45°。

产品名称	餐椅侧横
名称编号	
规 格	340×60×20
材 质	橡胶木
颜 色	柚木色
数 量	2个
符号说明	
1. 暗铰链	
2. 偏心连接件孔 预埋螺母孔 连接件连接孔	
3. 层板粒	
4. 圆木销	
5. 螺丝钉	
6. 木纹方向	
7. 封边	
比 例	
设计人	
绘图人	
日 期	
页 号 共 页 第 页	

图 3-19　餐椅侧横

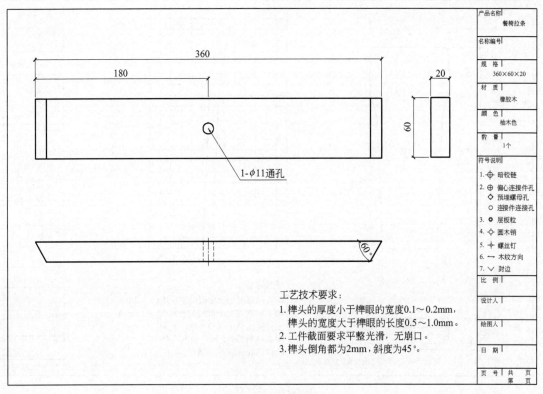

图 3-20　餐椅拉条

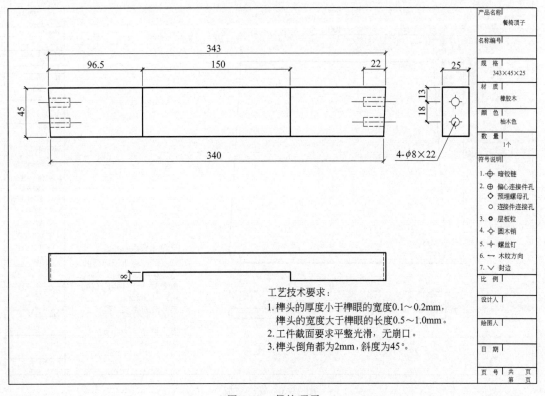

图 3-21　餐椅顶子

71

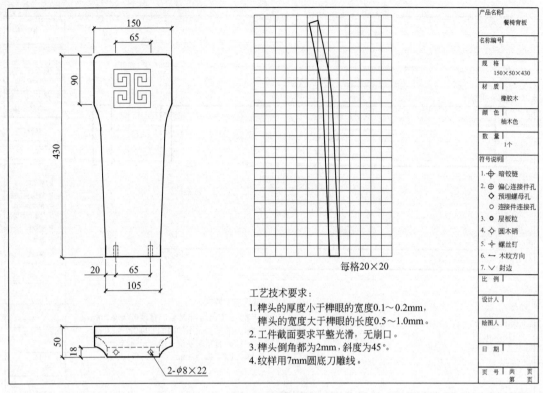

工艺技术要求：
1. 榫头的厚度小于榫眼的宽度0.1～0.2mm，榫头的宽度大于榫眼的长度0.5～1.0mm。
2. 工件截面要求平整光滑，无崩口。
3. 榫头倒角都为2mm，斜度为45°。
4. 纹样用7mm圆底刀雕线。

图 3-22　餐椅背板

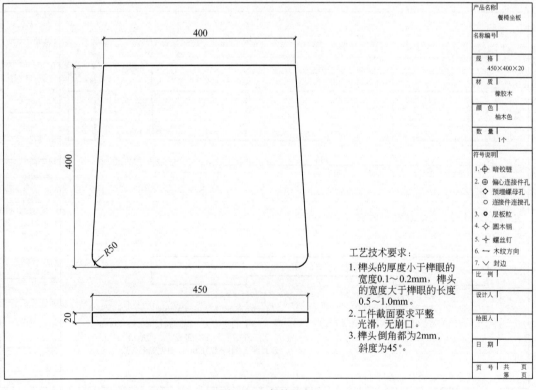

工艺技术要求：
1. 榫头的厚度小于榫眼的宽度0.1～0.2mm，榫头的宽度大于榫眼的长度0.5～1.0mm。
2. 工件截面要求平整光滑，无崩口。
3. 榫头倒角都为2mm，斜度为45°。

图 3-23　餐椅坐板

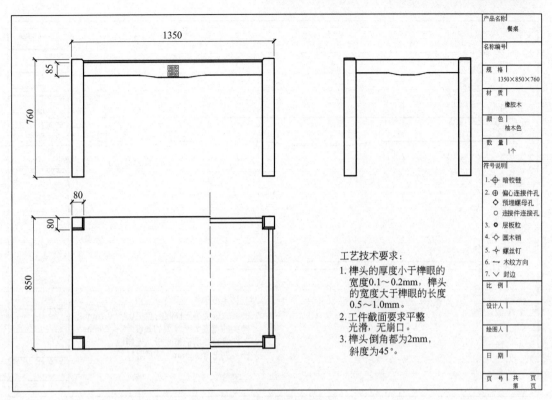

图 3-24 餐桌三视图

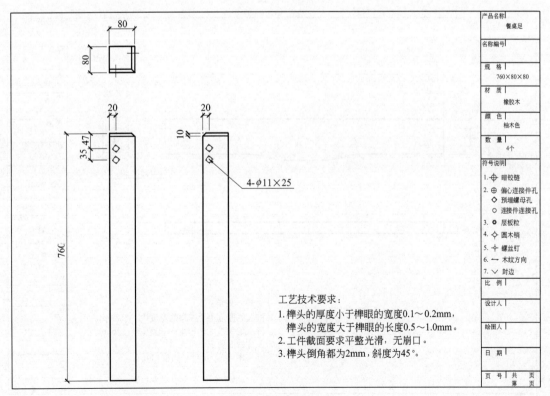

图 3-25 餐桌足

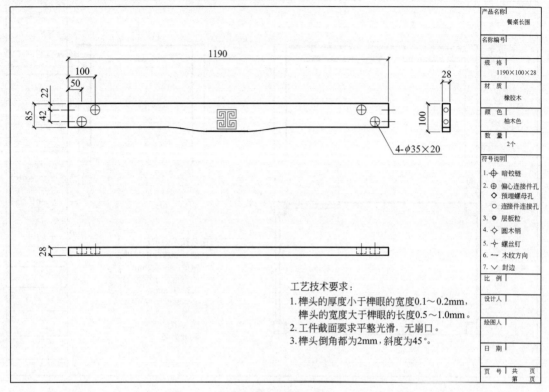

产品名称	餐桌长围
名称编号	
规 格	1190×100×28
材 质	橡胶木
颜 色	柚木色
数 量	2个

符号说明

1. ⊕ 暗铰链
2. ⊕ 偏心连接件孔
   ◇ 预埋螺母孔
   ○ 连接件连接孔
3. ◉ 层板粒
4. ◇ 圆木销
5. ✧ 螺丝钉
6. → 木纹方向
7. ∨ 封边

比 例	
设计人	
绘图人	
日 期	
页 号	共 页
	第 页

工艺技术要求：
1. 榫头的厚度小于榫眼的宽度0.1～0.2mm，
   榫头的宽度大于榫眼的长度0.5～1.0mm。
2. 工件截面要求平整光滑，无崩口。
3. 榫头倒角都为2mm，斜度为45°。

图 3-26　餐桌长围

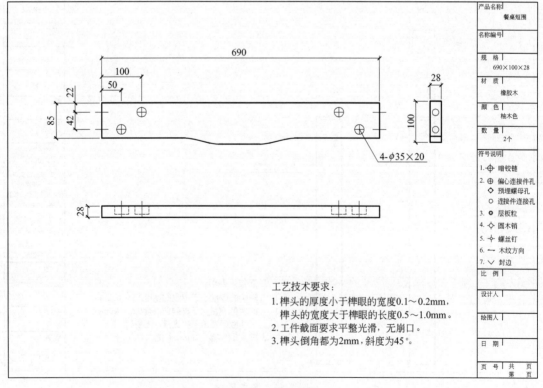

产品名称	餐桌短围
名称编号	
规 格	690×100×28
材 质	橡胶木
颜 色	柚木色
数 量	2个

符号说明

1. ⊕ 暗铰链
2. ⊕ 偏心连接件孔
   ◇ 预埋螺母孔
   ○ 连接件连接孔
3. ◉ 层板粒
4. ◇ 圆木销
5. ✧ 螺丝钉
6. → 木纹方向
7. ∨ 封边

比 例	
设计人	
绘图人	
日 期	
页 号	共 页
	第 页

工艺技术要求：
1. 榫头的厚度小于榫眼的宽度0.1～0.2mm，
   榫头的宽度大于榫眼的长度0.5～1.0mm。
2. 工件截面要求平整光滑，无崩口。
3. 榫头倒角都为2mm，斜度为45°。

图 3-27　餐桌短围

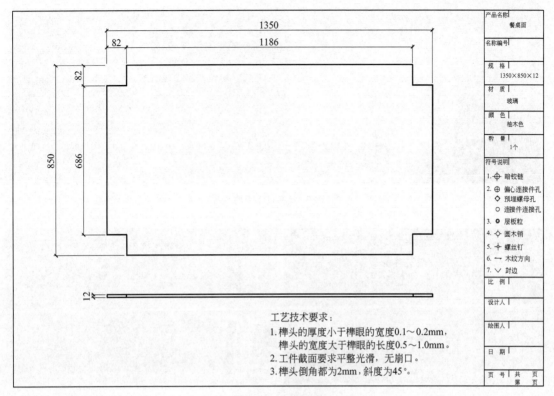

工艺技术要求：
1. 榫头的厚度小于榫眼的宽度0.1～0.2mm，
　榫头的宽度大于榫眼的长度0.5～1.0mm。
2. 工件截面要求平整光滑，无崩口。
3. 榫头倒角都为2mm，斜度为45°。

产品名称	餐桌面
名称编号	
规　格	1350×850×12
材　质	玻璃
颜　色	柚木色
数　量	1个

符号说明
1. ⊕ 暗铰链
2. ⊕ 偏心连接件孔
　◇ 预埋螺母孔
　○ 连接件连接孔
3. ◉ 层板粒
4. ◇ 圆木销
5. ✦ 螺丝钉
6. → 木纹方向
7. ∨ 封边

比　例	
设计人	
绘图人	
日　期	
页　号	共　页
	第　页

图 3-28　餐桌面

3.5　餐桌椅打样

对于实木家具来说，没有曲线造型的零部件生产加工工艺比较简单，只需要用压刨对宽厚进行精确压刨，再用双端锯精确截断即可。对于这套家具，只有椅子的后脚、靠背有一定的造型曲线，这两个部件的制作稍微繁琐。

餐桌椅的各部件都要进行1∶1的放样，制作出模板，以便划线切料。在后续的加工中会多次用到这个模板，具体制作方法是：根据 CAD 工程图按1∶1打印出实际尺寸的部件图纸，然后用胶水粘贴到层板上面，再用带锯挖型，最后砂磨成需要的大样模板。模板的尺寸就是产品的净尺寸，在后面划线的时候要注意留下加工余量，如图 3-29。

（1）后脚的制作

把打印好的纸分段粘贴在一个薄板上，形成一个完整的后脚，然后晾干，如图 3-30。待胶干后，在带锯上按打印线切割，切割时应注意留有 5mm 左右的加工余量，切割完成后得到一个后脚模板毛料，如图 3-31。然后，再在带式砂纸机上砂掉余量，得到精确的后脚模板，如图 3-32。

为了提高实木方材的利用率，在切料前，先把各个方材进行胶拼，以形成较大面积的板材，如图 3-33。

在拼好的板材上面按照事先做好的打样模板划线，如图 3-34。然后用带锯切割出毛料，挖料时也应注意留有加工余量，即可得到切割好的后脚毛料，如图 3-35、图 3-36。接着再次把模板放在后脚上划线，确定出加工余量，为净料加工做好准备，如图 3-37。

图 3-29　1∶1 打印后拼粘

图 3-30　椅子后脚贴纸

图 3-31　切割后脚模板　　　　　　　　　　图 3-32　打磨后脚模板

划好线后，在带锯上切割掉后脚毛料的余量，如图 3-38。

再用平刨床加工基准面，便于下一步精确地进行定厚压刨；压刨机可以精确地调节加工尺寸，在上个工序中加工出了基准面，这样就可以进行精确的定厚压刨，如图 3-39。至此，椅子后脚的侧面厚度加工完成。

压刨后，对后脚进行打磨，去掉毛刺，如图 3-40。然后再用 U 形卡钉把两根后脚固定在一起，有利于两根后脚加工后尺寸一致，如图 3-41。

由于后脚的正面和后面找不到一个合适的加工基准面（因是异形面），因此在打样的过程中全由手工完成。当需要大批量生产时，要定制专门的模具进行铣型，整个过程使用手压式带砂机、立式砂机和平砂机完成。

将固定好的两根后脚按尺寸要求进行打磨加工，得到设计好的形态，如图 3-42。对于后脚的弧线，需要手工调整带式砂纸机砂带的松紧程度，然后在砂带下面垫入已做好的曲线

图 3-33　方材胶拼

图 3-34　按模板划线

图 3-35　切割后脚

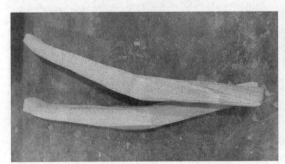

图 3-36　初步切割好的后脚毛料

图 3-37　再次划线

图 3-38　切割毛料划线以外的部分

图 3-39　刨加工基准面

图 3-40　单根精细打磨　　　　　　　　　　　图 3-41　两根后脚固定在一起

图 3-42　两根共同精细打磨

模板，这样就可以打磨出特定的弧线了，如图 3-43。

打磨完成后，需切掉后脚两端的余量，即截断，如图 3-44。一般来说，精截都会采用双端锯一次性截断，由于后足的两端成角度并不平行，因此先划线再用单片纵锯截断。

当长、宽、高三个方向都得到精确尺寸后，才开始划线、钻孔，这样才能保证孔位的准确性，如图 3-45。如果只是一件样品的制作，那么就可以直接根据图纸画线钻孔，如果是大批量生产的话，就要先调节好排钻的位置一次性完成。

（2）靠背制作

该椅子的靠背由背板和顶子组成。背板同样需要制作出打样用的模板，然后才能根据模板划线挖料，如图 3-46、图 3-47 所示。

由于背板稍宽，因此需要两块方材拼粘后才能进一步加工。在拼粘前，必须将两个粘接

图 3-43　垫入弧线模板精细打磨

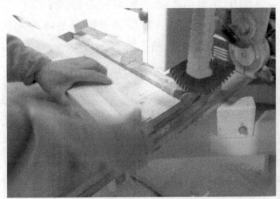

图 3-44　精断

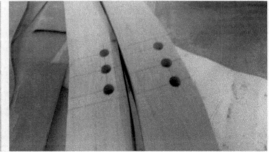

图 3-45　划线钻孔

图 3-46　背板侧面模板

图 3-47 划线挖料

面刨平，然后均匀地涂上拼板胶，再用 F 形夹具固定好即可，待粘接牢固后再进入下一个工序加工，如图 3-48。由于不可能完全拼接平整，所以在挖料的时候必须预留足够的加工余量。这属于二次拼板，而且是先挖后拼，所以预留的加工余量将更加多一点。

图 3-48 靠背拼粘

背板的正面虽然也有造型，但是很规则、对称，可以不用制作放样模板，而采用直接划线挖形的加工方法，如图 3-49、图 3-50。

图 3-49 背板切割　　　　　　　　　　　　　图 3-50 背板打磨

当需要做雕刻时，如果是比较规则并且可以通过计算机用二维图形直接表现的纹样，可以使用雕刻机进行雕刻，如图 3-51。如果是复杂的三维图形，就必须请手艺高超的专业雕刻师傅来雕刻。

顶子的制作相对较容易，只需按尺寸划线后开缺即可，如图 3-52。

（3）桌足制作

图 3-51 雕刻好的背板

图 3-52 顶子开缺

桌足的尺寸为 80mm×80mm，一般不易找到这种规格尺寸的整块方材，都是由几块板材拼厚而成的。

家具企业的原材料基本都是固定的规格料，在使用的时候需要根据实际的需要进行备料。一般备用的毛料尺寸在长度方向预留 10～20mm 的加工余量，厚度、宽度方向预留 5mm 的加工余量，具体数值必须结合企业的加工工艺和加工精度来定。此次打样的餐桌足高 760mm，所以备料的尺寸就是 780mm，可采用定长截断机定出方材长度，如图 3-53。

定长之后，对方材进行平刨和压刨加工，得到单根方材的初步尺寸，如图 3-54～图 3-56所示。

图 3-53　定长

图 3-54　平刨　　　　　　图 3-55　压刨　　　　　　图 3-56　单根方材净料

　　将板材的正反两面压刨平整，以便于涂胶拼粘。大面积涂胶的时候需要用滚涂机才能涂抹均匀，胶水过多或者过少都会影响拼粘的强度。小面积涂胶时，可人工操作（如图 3-57），用拼板胶均匀滚涂于粘接面，然后用夹具固定好，等到牢固后再进行下一步加工，如图 3-58。一般至少需要 4h 才会干燥，并且会因环境温度变化而变化。

图 3-57　人工涂胶　　　　　　　　　图 3-58　夹具固定

把胶拼后的方材进行平刨和压刨，如图 3-59。加工这种没有曲线造型的部件时，基本上都是先刨出加工基准面，再进行精确的定厚压刨。

图 3-59　压刨定厚

由于 4 个桌足必须长短一致，对加工精度要求比较高，为了保证 4 个桌足一样长，所以选择了双端锯一次性进行精断，如图 3-60。

图 3-60　双端锯精断桌足

桌足精加工完成后就可进行钻孔、攻牙了，如图 3-61。对于单件样品，还是采用划线钻孔的方式。桌足与围板采用的是四合一强力连接件（半圆键与丝杆）连接结构，先将内螺纹预埋在桌足上，再用丝杆连接。

（4）桌围制作

围板是经过压刨精确定厚、双端锯精断、带锯挖型和打磨表面毛刺后得到的。然后，钻孔并预埋螺母，雕刻长围上的纹样。其模板的制作、板材的切割、孔位划线和之前部件的做法基本一致，如图 3-62～图 3-66。

采用划线钻孔的方式，分别用不同的钻头钻出半圆键孔和丝杆孔，如图 3-67、图 3-68。

由于天然的木材不可避免地会存在很多缺陷，比如树节、虫眼、开裂等。在制作时，需要去掉这些缺陷，而补烂就是弥补这些缺陷，让产品有个好的表面视觉效果。首先将木材的缺陷用工具掏出来，然后填上木灰和 502 胶水点补即可，如图 3-69。

图 3-61　钻孔攻牙

图 3-62　围板划线

图 3-63　短围切割

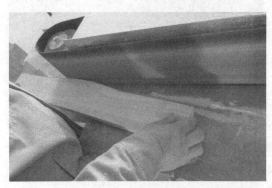

图 3-64　短围打磨

图 3-65　检查打磨情况

图 3-66　孔位划线

图 3-67 钻孔

图 3-68 钻好的孔

图 3-69 围板补烂

　　在细作的过程中，表面的毛刺非常多，在涂装之前必须打磨光滑，在涂装的时候表面才会平整。补烂完成后，就用手提式砂机或者平砂机打磨掉表面的毛刺与补烂之处，如图 3-70。为了防止木材的棱角过于尖锐，还需要对棱边倒圆角，如图 3-71。直径在 5mm 以下的木材可以直接用砂机倒角，超过了就必须用大小相符的刀具来倒角。

　　(5) 部件组装

　　在所有部件加工完成后，就可以根据设计要求将不需要拆装的部分组装。

　　首先组装椅子的后扇（后脚、后横、顶子、背板），用圆榫和胶把后脚与顶子、后脚与

图 3-70　打磨毛刺　　　　　　　　　　　　图 3-71　倒角

后横连接起来，再安装背板，如图 3-72；其次，利用丝杆和螺丝钉把座框（前横、侧横和拉条）与后扇安装到一起，再安装前脚；最后，把坐板安装到座框上，如图 3-73。

图 3-72　椅子后扇组装

　　这时，整个安装过程就基本完成，如图 3-74。部件组装主要是为了检验孔位正确与否以及测试结构的稳定性，便于及时发现问题，对不合理的地方做出调整，为以后投入大批量的生产做准备。

　　（6）涂装

　　实木家具长期暴露在大气当中，会受到氧气、水分、微生物等的侵蚀，造成变色、木材腐朽、湿胀、虫蛀破坏现象。在家具表面形成牢固附着的漆膜，可以有效防止大气、水分、微生物及其他腐蚀介质对家具表面的破坏以及机械损伤，抑制金属的锈蚀，从而达到延长其使用寿命的目的。所以实木家具需要进行表面涂装处理，才会经久耐用。而且油漆的颜色多彩多样、有光泽，不同材质的物件涂上涂料，可得到不同的外观，起到美化生活环境的作用。

　　橡胶木质地比较致密，但有时还是很容易吸水发胀或是失水开裂，所以会做两次底漆一次面漆，每次底漆后会打磨一次。

　　上底漆前要进行泡油，封闭木材的呼吸道，让木头不再失水或吸水，隔绝空气，防潮防虫，在使用的过程中就不会翘曲、开裂了，如图 3-75。泡油之后进行细磨，第一次打磨的

图 3-73　椅子的整体安装

图 3-74　椅子组装完成

时候需要用砂布（平整度级别为 320），如图 3-76。

图 3-75　泡油后

图 3-76　泡油后打磨

　　在喷完一次底漆后还是用粗砂，这时候的工艺要求就比较高了。不能把覆盖的漆膜打磨掉，如果砂穿，就会影响二次底漆的平整度，进而影响到最终的油漆效果。上清漆，再打磨再上清漆再喷成柚木色。

　　至此，整个实木餐桌椅制作完成，得到最终产品，如图 3-77。

图 3-77　实木餐桌椅成品

4 板式家具概述

4.1 板式家具的材料

板式家具，指以人造板为基材，以板件为主体，采用五金连接件或圆棒榫连接装配而成的平板类家具，常用的有胶合板、细木工板、中密度纤维板、刨花板等。人造板具有许多优点，如质地均匀、结构稳定性好、不易变形；表面质量较好，易装饰处理；有较好的物理力学强度，有良好的握钉力及胶合性能，有良好的封边性能、加工性能；幅面大，可按需要加工生产，自动化高效生产，可以做到高产量；节约木材，便于搬运、便于质量监控等。

4.1.1 人造板

（1）胶合板

胶合板是原木经过旋切或刨切成单板，再按相邻层纤维方向相垂直的原则组成奇数层板坯，涂胶热压而制成的人造板，如图4-1。

图 4-1 胶合板

图 4-2 细木工板

为了尽量改善天然木材各向异性的特性，使胶合板特性均匀、形状稳定，一般胶合板在结构上都要遵守两个基本原则：一是对称，二是相邻层单板纤维互相垂直。对称原则就是要求胶合板对称中心平面两侧的单板无论木材性质、单板厚度、层数、纤维方向、含水率等，都应该互相对称。在同一张胶合板中，可以使用单一树种和厚度的单板，也可以使用不同树种和厚度的单板；但对称中心半面内侧任何两层互相对称的单板树种和厚度要一样。所以，胶合板通常都做成三层、五层、七层等奇数层。

胶合板主要有以下特点：板材面积大，容易加工。胶合板厚度小，但强度、硬度较高，耐冲击性、耐久性较好，垂直于板面的握钉力较高。板面平整，收缩性小，避免了实木那种翘曲、开裂等缺陷。

因此，在家具中，胶合板常被制作成大面积的部件，如柜类家具的门板、面板、背板、旁板、顶板、椅子座面、屉底等。对胶合板表面进行饰面加工，还可制成各种装饰胶合板，比如在其表面贴上刨切薄木、纸、塑料、金属及其他饰面材料。用刨切榉木薄木、柚木薄木做饰面的胶合板，可代替珍贵木材应用于中高级家具部件上。单板也可以与钢、锌、铝等金属片材覆合，从而使其强度、刚度、表面硬度都有所提高，常用于汽车和飞机等产品。

（2）细木工板

细木工板是由木芯和上下两层单板（上下各两层）胶合而成的夹心板，细木工板的两面胶粘单板的总厚度不得小于3mm，如图4-2。木芯通常是利用边角料作为原料，加工成一定规格的木条，由拼板机拼接而成，拼接后的木板两面各覆盖两层单板，再经冷、热压机胶压后制成。由于细木工板是特殊的胶合板，所以在生产工艺中也要同时遵循对称原则，以避免板材翘曲变形。

细木工板主要有以下特点：能够充分利用短小料，成本低，板件质量优良。由于它的芯板是小实木条拼成的，两面覆单板，所以它也常作为结构材料，不易翘曲变形，保证了产品的强度。细木工板与实木拼板相比，其结构稳定、不易变形、幅面大、板面美观、力学性能好，并节约了优质木材。与相应厚度的胶合板相比，其耗胶量少，成本低。与刨花板相比，它具有美丽的天然花纹、质轻、握钉性好，易于加工。

因此，它广泛应用于家具制作、缝纫机台板制作和建筑装修行业，如门窗、门套、隔断、假墙、暖气罩、窗帘盒等。

（3）中密度纤维板

中密度纤维板是以木质纤维（如小径原木、加工剩余物、板皮等）或其他植物纤维为原料，经切片、蒸煮、纤维分离、干燥后施加脲醛树脂或其他合成树脂，在加热加压条件下压制而成的一种板材，也可加入其他合适的添加剂以改善板材特性，如图4-3。其密度一般在$500\sim880kg/m^3$，厚度一般为$2\sim30mm$。

图4-3　中密度纤维板

图4-4　刨花板

中纤板可按厚度、特性、适用条件或适用范围分类。按适用条件可分为三类：室内型板，指不具有短期经受水浸渍或高湿度作用的中纤板；防潮型板，指具有短期经受冷水浸渍或高湿度作用的中纤板，适合于室内厨房、卫生间等环境使用；室外型板，指具有经受气候条件的老化作用、水浸泡或在通风场所经受水蒸气的湿热作用的中纤板。

中纤板主要有以下特点：幅面大，加工性能好，利用率高。板材内部构造均匀，性能较好。其抗弯强度为刨花板的两倍，平面抗拉强度、冲击强度、抗吸湿膨胀性均优于刨花板。板面平整光滑，便于用薄木、薄装饰纸等材料进行饰面装饰；板边密实坚固，可直接进行涂饰。中纤板兼具原木和胶合板的优点，机械加工性能和装配性能良好，特别适合锯截、开榫、钻孔、开槽、镂铣成型和磨光等机械加工，对刀具的磨损小，与其他材料的黏接力强，用木螺钉、圆钉接合的强度高。无节疤、腐朽、虫眼等木材的缺陷。原料来源广，制造成本低。

中纤板可用于家具、建筑制品、室内装修、车船隔板以及音响器材等。

（4）刨花板

刨花板又叫微粒板、颗粒板、蔗渣板、碎料板，它是由木材或其他木质纤维素材料（如加工剩余物、小径材、树枝材）制成的碎料，施加胶黏剂后，在热压的作用下胶合成的人造板，如图 4-4。刨花板按产品分低密度（0.25～0.45g/cm²）、中密度（0.45～0.6g/cm²）、高密度（0.6～1.3g/cm²）3 种，但通常生产的多是密度为 0.6～0.7g/cm² 的刨花板。

刨花板的分类方法很多：根据用途，可分为 A 类刨花板（即家具、室内装修等一般用途的刨花板）和 B 类刨花板（即非结构建筑用刨花板）；根据刨花板结构，可分为单层结构刨花板、三层结构刨花板、渐变结构刨花板、定向刨花板、华夫刨花板和模压刨花板；根据刨花板的表面是否经过加工处理，可分为磨光刨花板、未磨光刨花板、浸渍纸饰面刨花板、装饰层压板饰面刨花板、单板饰面刨花板、表面涂饰刨花板和 PVC 饰面刨花板等；根据刨花板所使用的原料，可分为木材刨花板、甘蔗渣刨花板、亚麻屑刨花板、棉秆刨花板、竹材刨花板、水泥刨花板和石膏刨花板；根据刨花板的制造方法，可分为平压刨花板和挤压刨花板。

刨花板主要有以下特点：有良好的吸音和隔音性能；绝热、吸声；内部为交叉错落结构的颗粒状，各方向的性能基本相同，横向承重力好；表面平整、纹理美观、质地均匀、耐污染、耐老化、可进行各种贴面；在生产过程中，用胶量较少，环保系数相对较高；可按需加工成相应厚度及大幅面的板材，裁板方便；但在裁板时容易造成暴齿的现象，所以部分工艺对加工设备要求较高；板件不需干燥，可直接使用；易加工，成本低，运输保存方便；内部为颗粒状结构，不易于铣型；边部毛糙，易吸湿变形，甚至导致边部刨花脱落，影响加工质量；握钉力较低，紧固件不宜多次拆卸；密度通常高于木材，一般较笨重。

因此，刨花板广泛应用于家具、音响设备、建筑装修、火车及汽车车厢等处。

（5）覆面板

覆面板是指将覆面材料和芯层材料胶压制成所需幅面的一种人造板材，通常利用胶合板、细木工板、中纤板、刨花板等板材。根据不同的基材，覆面板分为实心和空心两种。

实心覆面板，简称饰面板，以刨花板、中纤板、细木工板为芯材，在其表面贴薄木、塑料等。为保证覆面板平整不变形，要求基材两面同时进行覆贴，并达到对称平衡。

空心覆面板，简称空心板，一般将木材、刨花板和中纤板制成板条，制作成芯层边框，两面用胶合板或薄型中纤板、刨花板等覆面材料胶合而成。为保证板面平整，具有足够的强度，边框中间需加空心填料，填料可分为方格状、蜂窝状、格条状等多种，如图 4-5 所示。

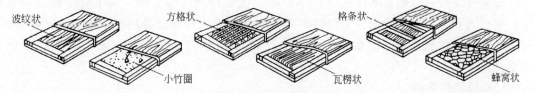

图 4-5　填料不同的空心板

覆面板主要有以下特点：实心覆面板具有较高的强度、不易变形等特点，饰面效果容易调整，因此广泛用于家具制造及建筑行业。空心覆面板的特点有：质量轻，省料，幅面大，尺寸形状稳定性好，有较好的隔音效果和一定强度。可作为家具的柜门、顶板、旁板及活动房屋的屋面板、墙壁板等。但表面抗压强度较低，故常用于制作立面部件。

4.1.2　贴面与封边材料

贴面材料是指对人造板表面进行二次加工，改善外观质量甚至性能的材料。贴面材料的种类很多，常用的有以下几种：

（1）薄木

薄木是指厚度被制成0.1～3mm的天然木材，包括天然薄木、人造薄木、集成薄木、染色薄木、复合薄木。薄木贴面可以让家具具有实木般的表面纹理，同时又能保持板式家具的简洁，由于薄木切割和保持纹理均匀比较麻烦，因此成本较高。

按厚度分：一般将厚度小于0.2mm的称为微薄木；大于0.2mm的称为普通薄木；其中厚度在0.2～0.5mm之间的称为薄型薄木。装饰用薄木厚度一般在0.1～1mm之间。

按制造方法分：①旋切薄木，又称为单板，是用旋切方法得到的。其厚度范围一般为0.5～1mm，其纹理为弦向，表面裂纹较大。②刨切薄木，是用刨切方法得到的。其花纹通直，适于拼成各种图案，厚度一般为0.2～0.25mm，刨制时一般要求多出径向薄木，少出弦向薄木。③锯切薄木，是用锯切方法得到的。薄木表面无裂纹，但锯路损失较大，因此很少采用。

（2）塑料薄膜

塑料薄膜是一种热塑性塑料薄膜，比如聚氯乙烯薄膜、聚丙烯薄膜等。聚氯乙烯薄膜用作家具的贴面材料，可制造模拟木纹，它表面无色差，没有木材虫眼等缺陷。随着聚氯乙烯薄膜的生产技术和贴面工艺的发展，加入凹版印刷、表面压纹等技术，可获得色调柔和、富有立体感的装饰表面，能与天然木材媲美。用聚氯乙烯薄膜还可以采用真空覆塑加工技术对经雕刻、铣型的异型表面进行覆贴，工艺效果较好。聚丙烯薄膜具有耐酸碱、耐水、耐热等性能，高级印刷时可见清晰的浮雕纹理以及嵌进纹理的彩墨，立体感较强。

（3）装饰层积板

装饰层积板是用多种专用纸张经过化学处理后，用高温高压制成的热固性片材，俗称防火板。根据不同的用途，其板材厚度规格较多，通用产品厚度一般在0.6～2.0mm范围内。板面具有各种木纹或图案，光亮平整，色泽鲜艳美观，同时具有较好的耐磨、耐热、耐寒、防火等物理性能；质地坚硬，使用寿命长，表面极易清洗，是一种良好的装饰材料。许多高级房舍的墙壁、屋顶，制作讲究的柜、橱、桌、床，精密仪器的工作台，实验室的实验台、电视机、收音机以及其他广播电讯设备的外壳，大都采用这种新型的装饰板。

（4）印刷装饰纸

印刷装饰纸是印刷有木纹或其他图案的、没有浸渍树脂的纸，用于直接覆贴在基材上，然后再用涂料涂饰表面。可以附在曲面和倒角上，保证家具的整体效果，漆面亮滑，成本低、装饰性能良好。但重复印木纹比较单调，没有立体感，容易损坏起皮，耐磨性不佳。

（5）浸渍胶膜纸

浸渍胶膜纸以浸渍纸为饰面材料，再以刨花板、纤维板等人造板为基材，加工成浸渍胶膜纸饰面人造板。浸渍胶膜纸饰面人造板与实木锯材相比，其原材料要求低、来源广，木材利用率高，产品规格多，加工性能好；表面装饰多样化；表面具有耐磨、耐热、耐水、耐化学污染以及表面光滑易清洗等优良性能。已广泛用于家具制造、车船内部的立面装饰、室内装饰装修等领域中，其中家具制造应用最多，包括办公家具和家庭用家具，如办公桌、书架、餐桌、橱柜、衣柜、隔断等。

（6）其他饰面材料

饰面材料较多，还可用预涂饰装饰纸、纺织品、金属薄板、竹材等进行贴面。

（7）封边材料

家具封边可对家具板材的断面进行保护、装饰、美化，它可以使一件家具显现木纹清晰、色彩缤纷的整体效果。封边材料应与贴面材料协调一致，以上这些贴面材料基本上都可以用于封边。封边材料一般都预先制成条状或做成卷材，背面预先带胶或不带胶。目前，最常用的是 PVC 封边条、三聚氰胺封边条。

PVC 封边条主要适用于密度板、细木工板、胶合板的封边。使用时，可采取手工粘贴或机械粘贴的方法来完成，但以机械粘贴为主，可以提高工作效率。粘贴 PVC 封边条的胶合剂为万能胶和热熔胶、白乳胶，但以热熔胶为好。粘贴中通过机械嵌锁、物理引力、化学键的作用使 PVC 封边条牢固地粘附于木板表面，因此粘贴时对基材边廓的平直度要求很高，一般公差不得大于 0.1mm，板材温度和粘贴工作的环境温度应在 18℃ 为宜。热熔胶的固化时间一般为 30min，但选用低温胶或高温胶要根据封边条的厚度来定。

三聚氰胺封边条的适用范围与 PVC 封边条相似，但最适用于防火板封边。手工、机械封边都行；对热熔胶、万能胶、白乳胶等胶合剂的要求也不高；三聚氰胺封边条对热熔胶、万能胶的渗透性比 PVC 强，与板材粘贴时要减少胶量涂层。机械封边时，机械涂胶的运行速度为 30～50m/min，胶层涂布均匀，网纹清晰，这样既可以保证粘贴质量，又可提高工作效率。

另外，目前还大量用塑料、合金等材料制成 T 形、L 形、半圆形等各种形状的封边条，使用时直接嵌在板件侧边。

4.2 板式家具的接合方式与结构

4.2.1 配件及接合方式

（1）连接件及接合方式

连接件是一种可多次拆装的配件，主要用于板式家具部件之间的连接。通过连接件连接家具部件，解决了板材之间锁紧问题；接合方式隐蔽，从外表面看不到三合一连接件；减少了黏合剂的使用，更加环保。

连接件的形式多样，主要有偏心连接件、带膨胀销的偏心连接件、悬挂式连接件、永久性连接件、台面板连接件、背板连接件、柜边连接件、连接螺丝等，而最常用的是偏心连接件，其材料有钢、锌合金及工程塑料等。

① 三合一偏心连接件　偏心连接件安装牢固，拆装方便，因此应用广泛。常用的三合一偏心连接件由偏心轮、连接杆、预埋螺母组成，如图 4-6。偏心轮的直径主要有 10mm、12mm、15mm、25mm 等规格，其中 15mm 这种规格应用较多。

连接杆的一端是螺纹，可旋入预埋螺母中，而另一端通过板件的端部通孔，接在开有凸轮曲线槽内，当顺时针拧转偏心轮时，连接杆在凸轮曲线槽内被提升，两个部件即可被垂直连接，如图 4-7。

除了三合一偏心连接件外，还有其他的一些偏心连接件，如图 4-8。图中左边 2 个为带

偏心轮　连接杆　预埋螺母

图 4-6　普通偏心连接件

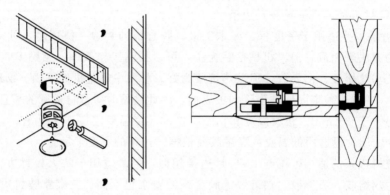

图 4-7　三合一偏心连接件的接合方式

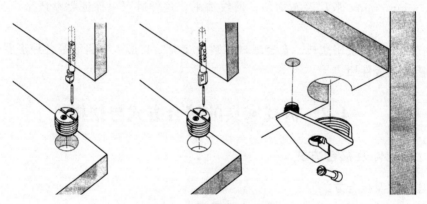

图 4-8　其他偏心连接件

膨胀销的偏心连接件，它由旋转紧固件、尾龙套壳、尼龙倒刺件和锁紧销组成。

②　其他连接件及接合方式　由于家具各不相同，在零部件进行接合时，可以根据具体的需要选择不同的连接件，如图 4-9、图 4-10、图 4-11。

（2）铰链及接合方式

铰链用于连接两个活动部件，控制柜门、箱盖等部件的开合。铰链的种类繁多，使用较多的有暗铰链、铝合金门框铰链、翻门铰链、折叠门铰链和玻璃门铰链等。

铰链由铰杯、铰壁、底座三部分组成，如图 4-12。铰杯常采用锌合金压铸而成，也可用钢板冲压以及尼龙；铰壁与铰杯相仿；底座常用锌合金压铸（镀镍）和尼龙。

①　暗铰链　暗铰链，也称杯状暗铰链，样式很多，通常根据铰臂样式将其分为直臂暗铰链、小（中）曲臂暗铰链和大曲臂暗铰链，如图 4-13。它分别适用于全盖门、半盖门和内嵌门，如图 4-14。

暗铰链主要以 $\phi35$ 及 $\phi26$ 杯径为主，开启角度一般在 $90°\sim180°$。欧洲、日本的企业还

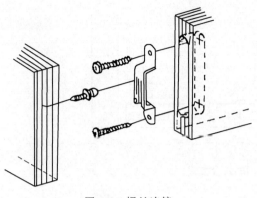

图 4-9　螺丝连接

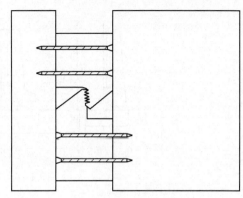

图 4-10　悬挂式连接

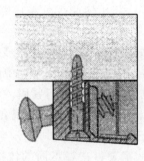
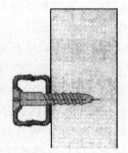

图 4-11　其他接合方式

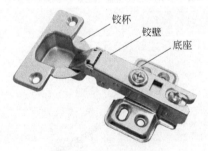

铰杯　铰壁　底座

图 4-12　铰链的组成

(a) 直臂暗铰链　　　　　(b) 小(中)曲臂暗铰链　　　　　(c) 大曲臂暗铰链

图 4-13　铰臂形式

生产一些特型的暗铰链，以适应门与旁板非 90°并闭形式（如角框）的设计要求。为适应一些特种门的需要，铰杯直径还有加大到 $\phi 40$ 的。

全盖门：门全部覆盖住柜体侧板，两者之间有一定间隙，以免打开门时产生碰撞。

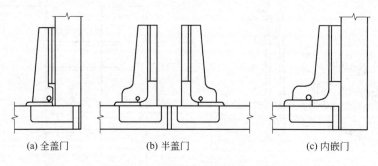

(a) 全盖门　　　　　(b) 半盖门　　　　　(c) 内嵌门

图 4-14　暗铰链与门的接合方式

半盖门：两扇门共用一块柜体侧板，它们之间有一个最小间隙，每扇门的覆盖距离减小，需要采用中曲臂铰链。

内嵌门：门位于柜体内部，在柜体侧板旁，它也需要有一个间隙，以便于门安全地打开，需要采用大曲臂铰链。

铰杯与门连接时，除预钻盲孔嵌装铰杯外，主要通过铰杯两侧耳片上的安装孔与门连接。当门的长度达到要求安装 3 个或更多铰链时，中间的暗铰也可用不带耳片的塑料铰杯，以降低成本，并用螺钉或带倒齿的尼龙塞进行紧固。对于刨花板或纤维板的门采用 $\phi3.5$ 的刨花板专用螺钉或 $\phi6$ 的螺钉，事先要预钻 $\phi5$ 系统孔。底座与旁板连接方式也相似，但标准的方式是采用 $\phi6$ 的螺钉装于 $\phi5$ 的系统孔中。

② 其他铰链　根据不同的需要，选择不同的铰链来连接家具的各个部件，如图 4-15、图 4-16 所示。

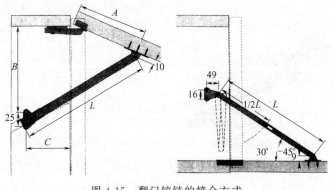

图 4-15　翻门铰链的接合方式

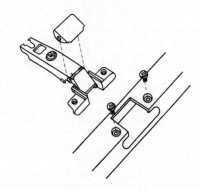

图 4-16　铝合金铰链

（3）滑动装置及接合方式

① 抽屉滑道装置　现代家具中，抽屉一般都通过金属滑动装置与旁板接合，其种类较多，如图 4-17、图 4-18。抽屉与旁板接合时，一般采用适合于 32mm 系统的滑道。根据滑动的方式不同，它又分为滚轮式、滚珠式、齿轮式。

滚轮式滑道为第一代的静音式抽屉滑轨，在新一代的家具上已经慢慢被滚珠滑轨所代替。滚轮滑轨结构较为简单，由一个滑轮、两根轨道构成，能够应对日常的推拉需要，但承重力较差，也不具备缓冲与反弹功能，常用于电脑键盘抽屉、轻型抽屉上。

滚珠式滑道基本上是两节、三节的金属滑轨，较常见的是安装在抽屉侧面的结构，安装较为简单，并且节省空间。质量好的钢珠滑轨能够保证推拉顺滑，承重力大，此种滑轨可具

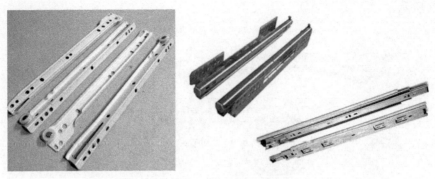

图 4-17 抽屉滑道

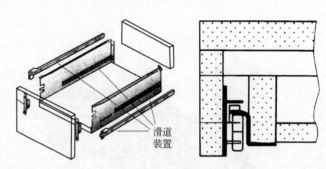

滑道
装置

图 4-18 滑道装置

有缓冲关闭或按压反弹开启功能。

齿轮式滑道有隐藏式滑轨、骑马抽滑轨等滑轨类型，属于中高档的滑轨，使用齿轮结构从而使滑轨非常顺滑和同步，此类滑轨也具有缓冲关闭或按压反弹开启功能，多用于中高档的家具上，价格比较贵。

② 移门装置　家具的门，除了转动开启的，还有平移开启（如图 4-19）、折叠平移等多种开启方式。

移门配件基本由滑轮、滑轨和限位装置等组成，如图 4-20。根据承载能力和安装方式的不同，有多种结构形式。

图 4-19 移门

图 4-20 移门配件

（4）锁及接合方式

锁主要用于门和抽屉等部件的固定，以保证存放物品的安全，锁的样式很多，可以根据不同的需要选择不同类型的锁，如图 4-21。一般情况下，采用螺丝把锁安装在门板或面板上，旋转锁芯锁门板时，锁舌伸出，嵌入到门套或面板的孔洞中，锁的结构如图 4-22 所示。

图 4-21　不同类型的锁

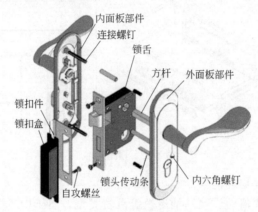

图 4-22　锁的结构

（5）支承件及接合方式

支承件主要用于对搁板、挂衣杆等支承，如图 4-23、图 4-24。

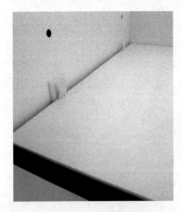

图 4-23　支承搁板

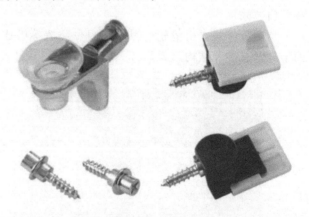

图 4-24　层板销

支承件同连接件一样，也方便拆装，可起到很好的接合作用，实现功能，如图 4-25。如可调支脚，用螺丝把它与底板接合到一起，然后调节下端的螺杆，即可调整家具的高度。又如层板销，连接时，首先在旁板开小孔或者预埋螺母，再把支承件带螺纹的一端旋入旁板，然后把隔板或其他面板放在上面，一般情况下，需要安装四个支承件，这时，就可以使面板和旁板有效地接合在一起了。

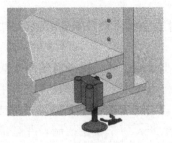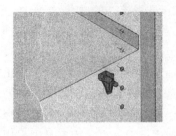

图 4-25 可调支脚与层板销支承

（6）拉手及接合方式

拉手是抽屉、门开合时用的零件，并具有一定的装饰作用，如图 4-26。拉手的主要材料有钢、铜、锌合金、铸铁、尼龙、塑料、木材、大理石、瓷器等，表面常进行镀铬、镀镍、喷涂、镀金、真空镀膜等，使其美观性、耐久度都得到了提高。

拉手一般采用机螺丝或自攻螺丝连接，接合时，先将拉手置于面板前面，再从后面上螺丝进行固定。其孔距标准符合 32mm 系统，包括整模数或半模数。

（7）脚轮、脚座及接合方式

脚轮与脚座基本安装在柜子、床、沙发等家具的底部。前者便于灵活移动，也起到了一定的支承作用，而后者用于位置固定的场合，如图 4-27。脚轮、脚座与家具接合时，一般也采用螺丝固定。

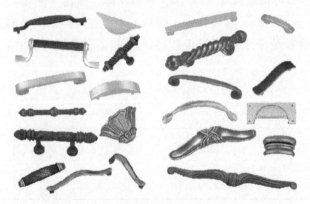

图 4-26　拉手　　　　　　　　　　　　图 4-27　脚轮与脚座

4.2.2　"32mm" 系统

板式家具摒弃了实木家具中复杂的榫卯结构，采用了更为简洁的接合方式，即采用现代家具五金件与圆棒榫进行连接。

欧洲兴起的工业革命带来了机械化、自动化，大批量生产成为了现实。而后欧洲人又提出"现代工业设计应采用集体创作、标准化与模数化"的思想，这对 32mm 系统家具设计起到了一定的影响。随着人体工学、材料学等新兴学科的出现与发展，刨花板、塑料贴面板开始应用于家具生产，五金连接件也有所发展。于是设计制造者产生了对当时柜类家具进行"模数化生产"的想法，这种模数化的想法进而变成 32mm 设计系统的现实。经过发展，"32mm 系统"在实践中诞生，并成为世界板式家具的通用体系，现代板式家具结构设计被要求按"32mm 系统"规范执行。

（1）"32mm系统"的含义

"32mm系统"是指一种新型的结构形式与制造体系，"32mm"是指板件上前后、上下两孔之间的距离是32mm或32mm的整数倍。

对于这种家具结构形式，国际上也出现了一些专用名词，比如自装配家具。其最大的特点是产品就是板件，可以通过购买不同的板件自行组装成不同款式的家具，用户不仅仅是消费者，同时也参与设计。因此，板件的标准化、系列化、互换性应是板式家具结构设计的重点。另外，在生产上，自装配家具因采用标准化生产，便于质量控制，并且提高了加工精度及生产率；在包装储运上，采用板件包装堆放，有效地利用了储运空间，减少了破损、难以搬运等问题。

（2）孔距为32mm的原因

① 排钻床的传动分为三种，即齿轮转动、带转动和链转动。其中齿轮转动精度较高，如果两个钻头轴线距小于30mm，将会极大影响到钻轴轴承的使用寿命。

② 英制尺寸单位中5/4in换算成国际单位为31.75mm，取整数即为32mm。

③ 就其数值而言$32=2^5$，可以作完全整数倍的数值，即它可以不断被2整除，这样的数值，具有很强的实用性。

④ 1市尺＝333.33mm，1ft＝304.8mm，32的10倍正好处于300～350。

⑤ 建筑行业推行30mm模数，32mm作为家具模数与之很接近。

（3）"32mm系统"的设计准则

"32mm系统"以旁板的设计为核心。旁板是家具中最主要的骨架部件，顶板（面板）、底板、搁板、背板以及抽屉轨道都必须与旁板接合。在设计中，旁板上主要有两种不同类型的孔，即系统孔、结构孔，如图4-28。前者是用于装配门板、搁板、抽屉等零部件的孔，后者是组装柜类家具框架所需的接合孔。

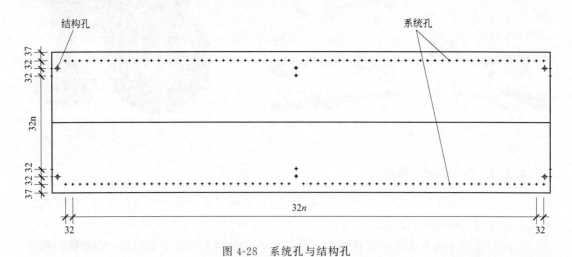

图4-28 系统孔与结构孔

① 系统孔 系统孔一般设在垂直坐标上，分别位于旁板前沿和后沿。若采用盖门，前轴线到旁板前沿的距离为37mm（或28mm）；若采用嵌门，距离应为37mm（或28mm）与门板的厚度之和。前后轴线之间及其辅助线之间均应保持32mm整数倍距离。通用系统孔孔径为5mm，孔深度为13mm。

② 结构孔 结构孔一般设在水平坐标上。上沿第一排结构孔与板端的距离及孔径根据

板件的结构形式与选用配件具体确定。当系统孔用作结构孔时，其孔径根据选用的配件要求而定，一般有 5mm、8mm、12mm、15mm、25mm 等。

4.2.3　板式家具的安装结构

板式家具的安装一般利用五金件，在 4.2.1 中提到了板式家具常用的配件及其接合方式，除此之外，圆棒榫也是板式家具安装中常用到的配件。由于板式家具的产品众多，本节仅以柜体家具为例介绍其安装结构。

（1）柜体框架的安装结构

柜体框架的安装结构是指柜体家具的旁板、顶板、底板等主要部件之间的接合关系。板式家具的柜体框架常用三合一偏心连接件和圆棒榫同时接合，如图 4-29、图 4-30。

图 4-29　插入圆榫接合　　　　　　　　图 4-30　偏心连接件连接顶板与旁板

（2）隔板的安装结构

隔板与顶板、底板常采用圆榫和连接件接合，安装时一般在隔板的两端及顶板、底板的相应位置钻孔，插入圆榫前要在圆榫上涂胶。孔的数量要根据柜体的实际情况决定。

（3）背板的安装结构

柜体家具中的背板除了用于封闭柜体后面外，还可以增加柜体的稳定性。有些柜体后面还开有通风孔，避免物品受潮，如图 4-31。背板的安装结构可采用不同的方式，如图 4-32。

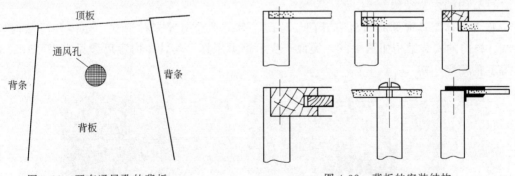

图 4-31　开有通风孔的背板　　　　　　图 4-32　背板的安装结构

（4）搁板的安装结构

搁板主要用于分层存放物品，是一种水平板件，可用销、角尺、圆棒榫等作为支承件，如图 4-33～图 4-36。活动搁板可根据所存放物品的情况来调整间距，比较灵活。

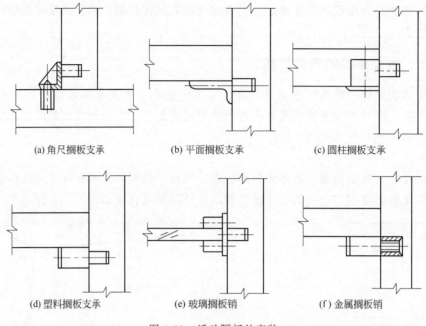

(a) 角尺搁板支承　　(b) 平面搁板支承　　(c) 圆柱搁板支承

(d) 塑料搁板支承　　(e) 玻璃搁板销　　(f) 金属搁板销

图 4-33　活动隔板的安装

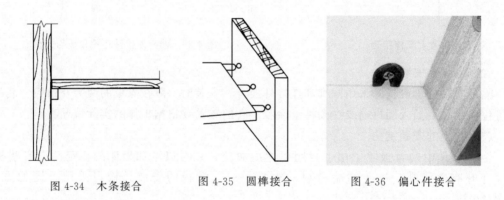

图 4-34　木条接合　　　图 4-35　圆榫接合　　　图 4-36　偏心件接合

（5）门的安装结构

板式柜体家具常见的门也有开门、移门、翻门、卷门等多种形式，柜体开门结构如图 4-37。柜门的安装结构如图 4-38。类似于实木柜类家具，其具体内容可参见本书"1.2.3 实木家具的安装结构"。

图 4-37　开门结构

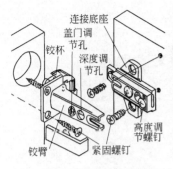
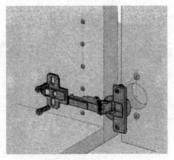
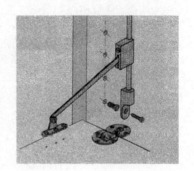

连接底座
盖门调节孔
铰杯
深度调节孔
高度调节螺钉
铰臂
紧固螺钉

图 4-38　柜门的安装结构

（6）抽屉的安装结构

板式家具中的抽屉框架，基本上是由五金连接件接合而成的，如图 4-39。绝大多数抽屉都是在柜体滑道上滑动，按其滑动方式又主要分为托底式、悬挂式等，因采用机械滑动导向装置，所以抽屉滑动轻便灵活。托底式抽屉安装如图 4-40，悬挂式抽屉安装如图 4-41，抽屉安装过程如图 4-42。

图 4-39　抽屉实物

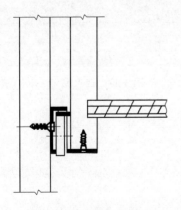
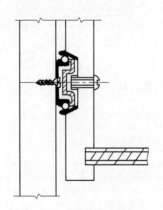

图 4-40　托底式抽屉安装　　　　　图 4-41　悬挂式抽屉安装

除以上主要结构之外，柜类家具还有挂衣棍、拉手、垫脚等配件。挂衣棍放在衣棍座上，而衣棍座一般通过木螺钉固定在旁板上，如图 4-43、图 4-44。

103

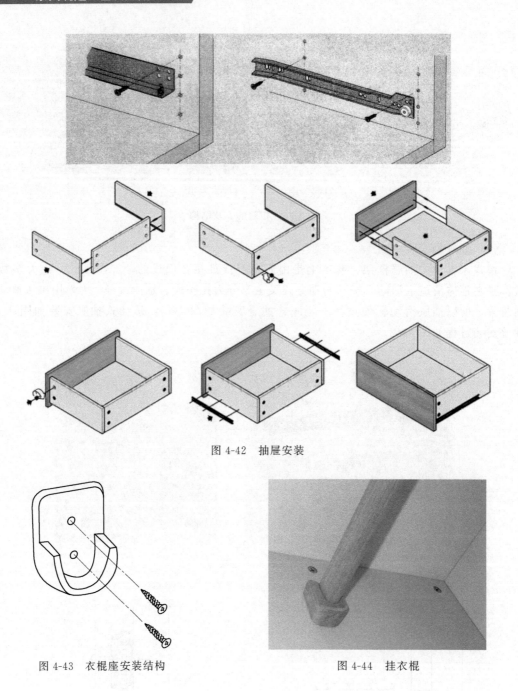

图 4-42　抽屉安装

图 4-43　衣棍座安装结构

图 4-44　挂衣棍

5 板式家具制造工艺

板式家具的零部件按其结构分类，可以分为实心覆面板零部件和空心覆面板零部件两种。其生产工艺大致包括配料、涂胶、组坯、胶压、裁边、封边、加工成型边、加工孔、铣槽和表面修整等工序，其工艺流程如图 5-1、图 5-2。

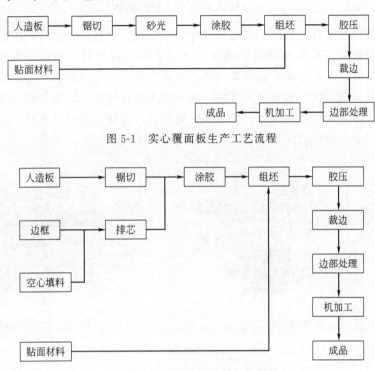

图 5-1　实心覆面板生产工艺流程

图 5-2　空心覆面板生产工艺流程

5.1　板式家具配料

5.1.1　裁板下料

由于实心板式部件的基材幅面较大，因此必须经过锯截、配置才能制成各种板式部件规格。板式家具的基材除空心板外，其他板材如中纤板、细木工板、刨花板等可直接按照家具部件的尺寸规格锯裁，用得较多的是中纤板。

为了提高基材的利用率，首先要设计好裁板图，配足零部件的数量，定好规格，还要考虑基材的纤维方向等，制定出一套合理的锯截方案。目前，常用的裁板方法有两种，分别是单一裁板法和综合裁板法，如图 5-3。

（1）单一裁板法

单一裁板法是在基材上按照同一种规格尺寸进行裁板。在大批量生产或生产的零部件规格比较单一时，一般采用单一裁板法。

（2）综合裁板法

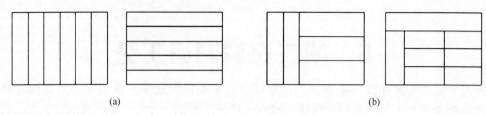

图 5-3　人造板的裁板方法

（a）单一裁板法；（b）综合裁板法

综合裁板法是在基材上按照不同规格尺寸进行裁板，这样可以充分利用原料。

板式家具裁板，一般采用精密推台锯、卧式精密裁板锯进行锯裁，如图 5-4、图 5-5。使用时正确调整机器，并且锯片或锯条的锯齿不要太大，进给速度要适当，否则会产生部件边缘崩裂的现象。在现代板式家具生产中，裁板方式是直接在人造板上裁出净料，因此裁板锯的精度和工艺条件等直接影响到家具零部件的精度。大幅面基材进锯时，应平进平出，每次开料不超过三层，锯割后应置于干燥处堆放，同时要将工艺卡写准确。

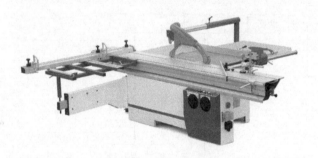

图 5-4　精密推台锯

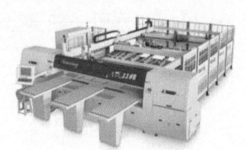

图 5-5　卧式精密裁板锯

5.1.2　定厚砂光

在实心板式家具生产时，人造板基材厚度尺寸的偏差，往往不能符合覆面工艺的要求。因此，在人造板基材被锯截成规格尺寸后都必须经过一次或多次的砂磨，使其表面平整光洁，厚度尺寸达到覆面加工的要求。砂光机使用 $60\sim80$ 粒度砂带进行加工，效果较好。通过定厚砂光，可以磨去基材表面强度薄弱层或蜡层，磨去基材表面的各种污染，以提高基材的化学活性，利于胶贴。砂光加工一般采用宽带式砂光机，如图 5-6、图 5-7。

图 5-6　宽带式砂光机

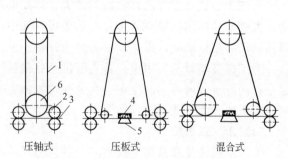

压轴式　　　　压板式　　　　混合式

图 5-7　宽带式砂光机内部结构示意图

1—砂带；2—进料辊；3—板件；4—压板；5—支承板；6—压辊

在进行定厚砂光时，应采用加工精度较高、加工量大的砂光设备，要连续进料，砂光机不能中途停机，不然表面会产生凹坑。人造板两面砂削量要均衡，以保证基板表面与内在质量，并有利于以后的表面二次加工。在砂光过程中，板件每次单面砂削量不得超过 0.5mm，砂光后的板件厚度公差应控制在 ±0.1mm 范围。

5.2 板式家具部件胶合

5.2.1 实心板式部件覆面工艺

对实心板式部件贴面，可以增强其美观性，改变材料表面性能和特征，使基材的表面具有较好的耐磨性、耐热性和耐腐蚀性等，同时可以改善和提高材料的强度和尺寸稳定性。

板式家具部件贴面主要包括三个部分，基材、饰面材料、胶黏剂。基材一般使用中纤维、刨花板、胶合板等作为芯层材料。如果基材被加工成异型面，可采用真空模压机对其进行模压处理。饰面材料有胶合板、单板、薄木及塑料等，塑料饰面层材料有三聚氰胺塑料贴面板、聚氯乙烯塑料薄膜（PVC）等。常用的胶黏剂有以下几种。

① 聚醋酸乙烯酯乳液胶（乳白胶） 乳白胶可常温固化、固化较快、黏接强度较高，黏接层具有较好的韧性和耐久性且不易老化。它是以水为分散剂，使用安全、无毒、不燃、清洗方便，常温固化，对木材、纸张和织物有很好的黏着力、胶接强度高，固化后的胶层无色透明、韧性好，不污染被黏接物；乳液稳定性好，储存期可达半年以上。因此，广泛地用于印刷装订和家具制造，用作纸张、木材、布、皮革、陶瓷等的黏合剂，还可作酚醛树脂、脲醛树脂等黏合剂的改性剂，用于制造聚醋酸乙烯乳胶漆等。其缺点是耐水性和耐湿性差，易在潮湿空气中吸湿，在高温下使用会产生蠕变现象，使胶接强度下降；在 $-5℃$ 以下储存易冻结，使乳液受到破坏。

② 脲醛树脂胶黏剂 脲醛树脂是尿素与甲醛在催化剂作用下，缩聚成初期脲醛树脂，然后再在固化剂或助剂作用下，形成不溶、不熔的末期热固性树脂。固化后的脲醛树脂颜色比酚醛树脂浅，呈半透明状，耐弱酸、弱碱，绝缘性能好，耐磨性极佳，它是胶黏剂中用量最大的品种。特别是在木材加工业各种人造板的制造中，脲醛树脂及其改性产品占胶黏剂总用量的 90% 左右。然而，其遇强酸、强碱易分解，耐候性较差，初黏差、收缩大、脆性大、不耐水、易老化，用脲醛树脂生产的人造板在制造和使用过程中存在着甲醛释放的问题，因此必须对其进行改性。

③ 环氧树脂胶黏剂 环氧类胶黏剂主要由环氧树脂和固化剂两大部分组成。为改善某些性能，满足不同用途还可以加入增韧剂、稀释剂、促进剂、偶联剂等辅助材料，加入固化剂，可形成体型结构的热固性树脂，变成不溶、不熔的坚硬固体。由于环氧胶黏剂的黏接强度高、耐腐、收缩性小、稳定性好、绝缘性和机械强度都很高，通用性强，曾有"万能胶"、"大力胶"之称，在汽车、航空航天、机械、建筑、化工、轻工、电子电器以及日常生活等领域得到广泛的应用。

④ 热熔性树脂胶黏剂 热熔胶是一种可塑性的黏合剂，在一定温度范围内其物理状态随温度改变而改变，而化学特性不变，其无毒无味，属环保型化学产品。热熔胶胶合迅速，适合连续化、自动化生产。热熔胶最大缺点是耐热性差，使用温度过高会因胶层软化而影响胶合强度。另外，润湿性差，难以大面积涂饰，需要配备溶胶设备方可使用。热熔胶对各种

材料有较强的黏合力，除能用于纸张、木材等多孔性物质外，对塑料、金属等也可进行胶合。在家具工业中主要用于封边、指接和小面积贴面。因其产品本身是固体，便于包装、运输、存储、无溶剂、无污染、无毒性；并因其生产工艺简单，附加值高，黏合强度大、黏合速度快等优点而备受青睐。

⑤ 橡胶类胶黏剂　橡胶类胶黏剂是以橡胶为主体并添加其他助剂制得的一种压敏性胶，能在常温下靠接触压力来进行瞬间胶合。常用的是氯丁橡胶胶黏剂，它具有很高的极性，因此对极性物质的胶合性能良好。氯丁橡胶具有很好的耐水性、耐候性、耐药物性和耐油性，有较高的耐冲击强度、剥离强度和弹性，可用于金属、皮革、织物、塑料、木材等材料的胶合。在家具制造中主要用于板式零部件的贴面和软体家具的胶合，以及木材与塑料、木材与金属的胶合。但是氯丁橡胶多为溶剂型，具有毒性较大、易燃等缺点。

(1) 薄木的贴面工艺

薄木的贴面是将纹理美观的天然木质薄木贴在人造板板面上的一种工艺方法，其工艺流程如图 5-8。

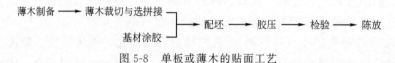

图 5-8　单板或薄木的贴面工艺

① 薄木裁切　薄木常用刨切法、旋切法、锯制法加工出来，加工时要求具有极高的直线性和平行性，使薄木在拼缝时确保拼缝的严密性。如果用剪切机锯切，需要根据部件尺寸和纹理要求按最佳锯切方案进行，应尽量除去薄木上的开裂和变色等缺陷，准确定位锯口位置，锯切成要求的尺寸。

② 薄木拼接　现在常用的拼缝方法有四种，即纸带纵向拼缝、无纸带纵向拼缝、"之"形胶线拼缝和点状胶滴拼缝。单板或薄木拼缝主要是在单板或薄木拼缝机上完成，如图 5-9、图 5-10。

图 5-9　拼缝机

图 5-10　手提式拼缝机

为了提高薄木的利用率，一般采用薄木端接机对其接长，其工作原理是将薄木横向送入端接机中，采用齿形冲齿刀具或直角冲刀对薄木的端部进行加工，在涂胶后将薄木的端部结合在一起。

③ 基材涂胶　在薄木贴面时，利用胶黏剂进行涂胶。涂胶量要根据基材种类及薄木厚度来确定，贴面厚度小于 0.4mm 时，基材的涂胶量为 $100 \sim 120 g/m^2$；贴面厚度大于 0.4mm 时，基材的涂胶量为 $120 \sim 150 g/m^2$。以中纤板和刨花板为基材时，涂胶量应为

$150\sim200g/m^2$。

④ 配坯 基材的两面都应进行配坯、贴面，使其不发生翘曲。两面胶贴的薄木，其树种、含水率、厚度以及纹理等应该一致，使其两面应力平衡。

⑤ 胶压 薄木贴面可采用冷压法或热压法，一般使用冷压机或热压机（图 5-11、图 5-12）来完成。

图 5-11 热压机

图 5-12 涂胶机

⑥ 检验与陈放 经检验合格后，贴完面的基材在加工前须陈放 24h 以上，以消除内应力。

（2）聚氯乙烯塑料薄膜（PVC）的贴面工艺

同薄木的贴面类似，是将纹理美观的花纹贴在人造板板面上的一种工艺方法，其工艺流程如图 5-13。

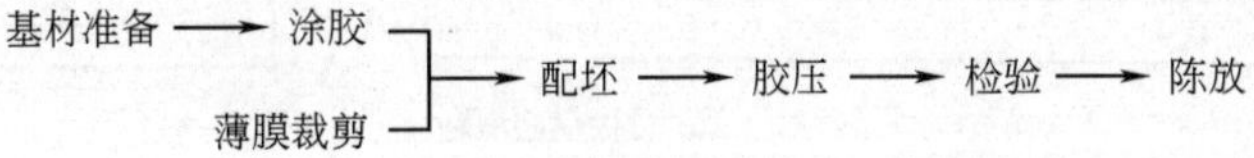

基材准备 ⟶ 涂胶

薄膜裁剪 ⟶ 配坯 ⟶ 胶压 ⟶ 检验 ⟶ 陈放

图 5-13 聚氯乙烯塑料薄膜的贴面工艺

① 基材准备 首先准备好表面平整光洁的中纤板、刨花板等人造板，厚度公差应尽量小。薄膜花纹要与基材长度方向一致。

② 涂胶与配坯 基材的涂胶采用涂胶机，涂胶量为 $120\sim170g/m^3$。涂胶后，将聚氯乙烯塑料薄膜铺放在基材上，铺放时不应出现气泡，以备胶压使用。

③ 胶压 胶压可以采用冷压法和热压法。冷压是在室温下的胶压，加压时间为 $4\sim8h$。热压可以采用辊压法，一般辊压压力为 $0.3\sim0.6MPa$，压辊温度为 $70\sim80℃$，该法生产效率高，适合大规模生产，还可采用真空模压法。

（3）装饰板的贴面工艺

装饰板的贴面工艺与薄木类似，贴面加工时，装饰板的含水率应控制在 $4\%\sim5\%$，基材的含水率应控制在 $6\%\sim8\%$。因此，应对装饰板和基材的含水率进行处理，使板材的内应力平衡，减少翘曲，达到使用要求。

除了利用上述几种材料贴面外，还有预油漆纸、装饰纸、金属薄板、竹板、纺织品等材料可以贴面，其加工工艺不尽相同。

5.2.2 空心板式部件覆面工艺

（1）边框制备

边框材料常用木材、中纤板和刨花板。制备时，要同一树种的木材，含水率不宜大于

15%，且宽度不宜过大，控制在40～50mm为宜，以免翘曲变形。

边框可采用直角榫接合、榫槽接合和Ⅱ形钉接合等。直角榫接合的木框，牢固稳定，但在装成木框后需刨平，以去除纵横方材间厚度偏差。榫槽接合的木框，刚度较差，但加工方便，在纵向方材上开槽后，只要精度符合要求，就不用再刨平木框，可直接合框配坯。Ⅱ形钉接合的边框，经刨削、锯截加工出纵、横方材，用气钉枪钉成框架，加工最简便。用中纤板、刨花板制作框架时，应先把材料锯成条状，精截后用Ⅱ形钉合框。

(2) 空心填料

空心填料有栅状、格状、蜂窝状、波状、网状和卷状等多种形式，如图5-14，其中使用最多是格状。

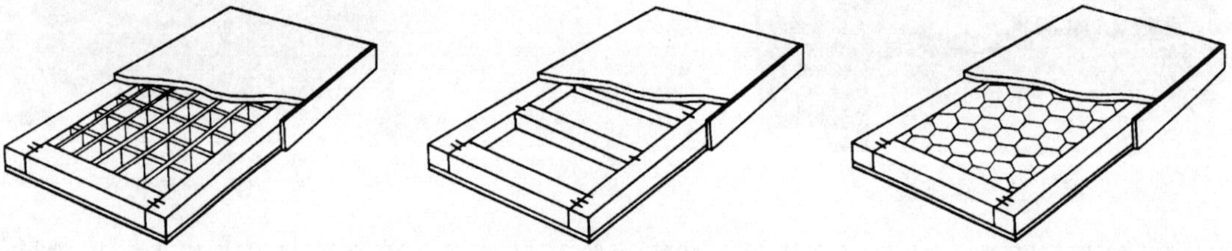

(a) 格状空心填料　　(b) 栅状空心填料　　(c) 蜂窝状空心填料

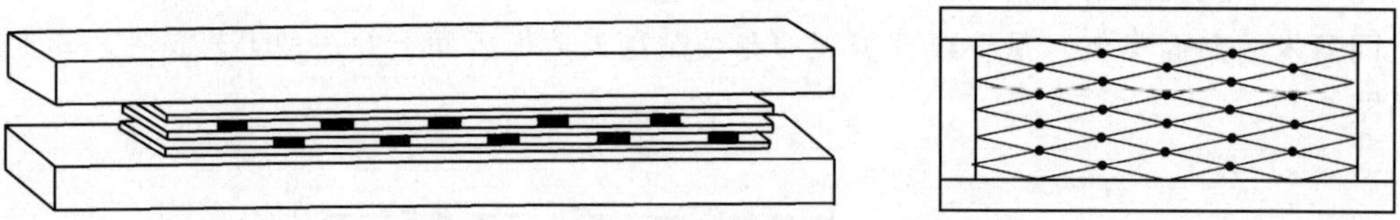

(d) 网状空心填料

图5-14　空芯填料

① 格状空心填料　用胶合板条或纤维板条经切口，纵横交错卡成格状芯材，称卡格芯板。

首先，将胶合板或纤维板边角料锯成宽度一致的窄板，其宽度应与边框厚度相等或小于边框厚度的0.2mm，长度与边框内腔相应。然后，在多片锯机上开出切口，切口间的距离等于方格的尺寸，但不得大于覆面材料厚度的20倍，以免覆面层下陷；切口的深度为条宽的1/2，可再增加1mm，确保板条可以卡下去。最后，按要求加工好后，把它们交错插合成格状填料，放入木框内即可。

② 栅状空心填料　用木条、中纤板条、刨花板条等条状材料作框架内撑档，与边框纵向方材间用Ⅱ形钉或榫槽接合。撑档的数量、位置、尺寸要根据覆面材料厚度、撑档间距以及部件使用位置来确定，见表5-1。用作桌面、柜面板等需受垂直载荷且通常采用抛光装饰的板件，其间距应取表中的下限值。

表5-1　不同覆面材料撑档间距

空心板种类	覆面材料	撑档间距/mm
单包镶	三层胶合板	90～130
	五层胶合板	110～160
双包镶	三层胶合板	75～90
	五层胶合板	100～150

③ 蜂窝状空心填料　用100～120g的牛皮纸、纱管纸或草浆纸作原料，在纸的正反面作条状涂胶，涂胶宽度与条间距离相等，涂胶后叠加成堆，再加压使之固化。然后在切纸机上按芯层材料厚度剪切成大小一致的条状，经张拉定型后形成排列整齐的六角形蜂窝状空心填料。其高度应稍大于木框高度2.6～3.2mm，两侧弯折1.3～1.6mm，以增大与覆面材料间的胶合面积，提高胶合强度。蜂窝状孔径规格按六角形内切圆直径表示，常用直径为9.5mm、13mm、19mm，孔径过大则强度降低；孔径小，强度高但用纸量加大。

④ 网状空心填料　网状空心填料制作芯板时，木框不用预装配，也不需槽榫接合。在纵向方向上，方材宽度按芯板厚度的倍数下料，长度与板式部件长度一样，纵向方材厚度为木框中方材的宽度。首先，制作一个盒状样模，其长度等于板式部件的长度，宽度等于木框厚度的倍数尺寸与加工余量之和；然后，按要求把倍数毛料放入样模，经胶液固化后，刨平芯板平面。

5.3　板式家具部件弯曲

5.3.1　薄板胶合弯曲

薄板胶合弯曲工艺是指将涂过胶的薄板按要求配成一定厚度的板坯，放到模具中后通过加压弯曲、胶合和定型制得弯曲零部件的加工工艺，如图5-15。

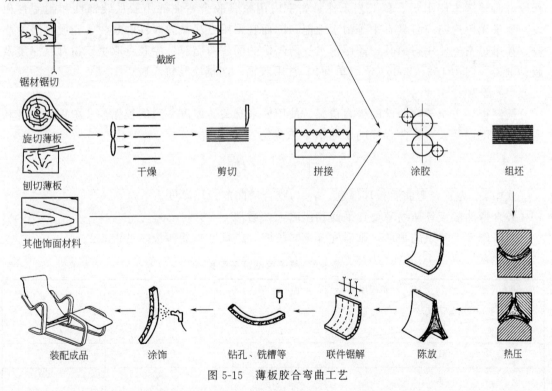

图 5-15　薄板胶合弯曲工艺

该工艺可以制作不同曲率半径、形状各异的零部件，其线条流畅，简洁明快；结构上可以拆装、折叠，制造工艺简单；与实木弯曲工艺相比，其形状稳定性更好，同时可节约木材。

薄板胶合弯曲件的生产工艺可以分为：薄板准备、涂胶与配坯、胶合弯曲成型、部件陈放、部件加工等工序。

5.3.1.1 薄板准备

薄板的树种一般不受限制，选择应根据制品的尺寸、形状、使用要求等来确定。用作旋切单板的树种一般有水曲柳、桦木、柞木、椴木、柳桉、马尾松、杨木等；用作刨切单板的树种有水曲柳、柚木等优质、花纹美观的较珍贵的树种；将毛竹削成一定规格的竹片，胶合弯曲后用在家具上也很受欢迎。家具中的悬臂椅要求强度高、弹性好，可以选用桦木、水曲柳等树种；对建筑构件来说，一般尺寸较大、零部件厚度大，可以用松木、柳桉等树种。

单板胶合弯曲件的表层和芯层树种可相同或不同。在保证弯曲件的强度和弹性的前提下，其板坯表面可以配置纹理美丽的刨切薄木，芯层用普通树种的旋切单板。

旋切薄板和刨切薄板在切削前均需进行蒸煮软化处理，加工厚度应均匀，表面平整光洁。一般情况下，刨切薄木的厚度为 0.3～1mm，旋切单板厚度为 1～3mm。旋切单板也可利用干燥好的碎小单板裁截成要求的规格尺寸，边缘剪切整齐。作为芯层的旋切单板，可以先拼接后涂胶组坯，也可在排坯同时对齐拼接。刨切单板可剪切成要求的尺寸，再用拼缝机或胶纸带将其连接成整张板，以便于排坯胶压。两种单板的含水率一般都控制在6％～12％。

5.3.1.2 涂胶与配坯

（1）涂胶

胶合弯曲的胶黏剂主要有三聚氰胺改性脲醛树脂胶、有脲醛树脂胶、酚醛树脂胶等，选择胶种时要考虑使用要求和工艺条件。如室内用家具胶合弯曲件用胶从装饰性和耐湿性出发，要求无色透明，且具有中等耐水性能，因而宜采用三聚氰胺改性脲醛树、脂胶脲醛树脂胶；如果是室外使用得家具，需用耐水、耐气候的酚醛树脂胶。涂胶量取决于树种、厚度及胶粘剂，一般为 150～200g/m² （单面），常用双辊、四辊涂胶机涂胶。

（2）配坯

配制板坯方式与弯曲件的受力情况、使用要求有关。厚度一致的板坯，按单板的厚度和弯曲件厚度以及胶合弯曲板坯的压缩率 y 来确定。

$$y=\left(1-\frac{h_1}{h_2}\right)\times100\%$$

式中 h_1 为胶合弯曲后板坯厚度；h_2 为胶合弯曲前板坯厚度。

胶合弯曲的板坯压缩率要比平面胶压时大，通常 $y=8\%～30\%$。

对于厚度不一致的板坯，则需配置不同长度（或宽度）的薄板，见表5-2。

表 5-2　椅子后腿板坯配置　　　　　　　　单位：mm

胶合件厚度 单板宽度　　　　单板厚度	1.15	1.5	2.2
1000	27	22	15
450	13	10	7
180	1	1	—

各层单板纤维的配置方向与胶合弯曲零件使用时受力方向有关，有以下三种方法。

平行配置：各层单板的纤维方向一致，顺纹抗压强度大，适用于承受垂直反面压力的部件，如桌椅腿、扶手等。

交叉配置：相邻层单板纤维方向互相垂直，具有较高的强度，适用于承受垂直板面压力的部件，如椅背及大面积的部件。

混合配置：一个部件中既有平行配置又有交叉配置，适合于形状复杂的部件，如椅背、座、椅腿一体的部件。

胶合弯曲件的厚度根据用途确定，如家具的弯曲骨架部件厚度通常为22mm、24mm、26mm、28mm、30mm，而起支承作用的薄件厚度为9mm、12mm、15mm。

5.3.1.3 胶合弯曲成型

胶合弯曲成型是使放在模具中的板坯在外力作用下产生弯曲变形，并使胶黏剂在单板变形状态固化，制成所需的胶合弯曲件。胶合弯曲件的形状有很多种，比如U形、L形、半圆形、圆弧形、梯形等各种不规则弯曲形状。形状不同，所用的胶合弯曲设备必须有相应形状的模具和加压机构，同时还需加热以加速胶黏剂的固化。

（1）胶合弯曲方法

目前，常用胶合弯曲方式主要有硬模胶合弯曲、软模胶合弯曲两种。根据部件的形状不同，又有一次加压和分段加压之分。

① 硬模胶合弯曲　硬模胶合弯曲是由一个阳模和一个阴模组成的一对硬模进行加压弯曲，如图5-16。阳模的表面形状与零件的凹面相吻合，阴模的表面形状和零件的凸面相配合，阴阳模之间的距离应等于零件的厚度。硬模可用金属模、木材或水泥制成，成批大量生产时采用金属模，内通蒸汽；木材硬模及水泥硬模则用于小批生产，可用低压电或高频加热。

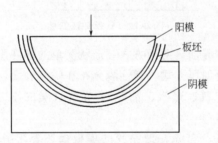

图5-16　硬模一次加压弯曲

硬模一次加压胶合弯曲加压方便、结构简单、使用寿命长。但由于硬模加压全靠上下两个模子挤压作用，压力作用方向与受压面不垂直，压力不够均匀。因此，对深度较大的凹型部件最好采用分段加压方式。其阳模仍为整体，阴模则由底板、右压板和左压板三部分组成。

弯曲前，底板升高，板坯已置于底板上，如图5-17(a)；此时，开动液压泵或压缩空气泵，将板坯压向阴模底部，如图5-17(b)；压住后，阳模、板坯和阴模一起下降，如图5-17(c)；开动侧向压板并加压，把板坯弯曲成所要求的U形零件，如图5-17(d)。胶液固化后，按相反顺序退回压板，卸下弯曲零件。这种方法可用冷压或热压，压力为1～1.2MPa。

在硬模加压过程中，约有70％的压力用于压缩单板坯和克服单板间摩擦力，只有30％左右的压力用于加压弯曲板坯。因此，胶合弯曲所需压力应比单压部件大得多。

② 软模胶合弯曲　软模胶合弯曲是用橡胶袋、橡胶管或尼龙带等柔性材料制作成软模，代替一个硬模作压模，另一个硬模作样模来进行加工。加压弯曲时，往软模中通入加热和加

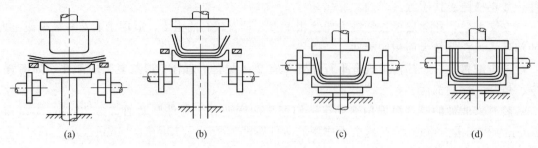

图 5-17　分段加压设备

压介质，比如压缩空气、蒸汽、热水和热油等。在压力作用下，使板坯弯曲贴向样模。这种方法可以使各处受力均匀，但橡胶袋易磨损、设备较复杂，因此主要用于形状复杂、尺寸较大的胶合弯曲部件。

　　如图 5-18 所示，以橡胶袋作软模加压弯曲，样模放在加压筒内，板坯放在样模上面，盖上橡胶袋，关闭筒盖并锁紧；然后向橡胶袋中通入压缩空气或蒸汽，使板坯贴向样模，进行胶合弯曲，在压力的作用下保持到胶层固化为止。

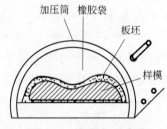

图 5-18　软模加压弯曲

　　压模又有单囊加压和多囊加压两种方式。形状简单的部件用单囊加压方式，形状复杂或弯曲深度较大的部件用多囊加压方式。弹性囊分布在阴模表面，在加压弯曲过程中，往弹性囊中通入加压介质（压缩空气、蒸汽、油等），在弹性囊的压力作用下，使板坯贴向阳模，板坯各个部位所受压力均匀。

　　单囊加压压模如图 5-19。首先，把涂胶的单板板坯装在阴模上；然后，下降阳模，使板坯弯曲；最后，从管道把工作气体（或液体）通到弹性囊里，使板坯贴向阳模，并在弯曲件上均匀地加压。

　　多囊加压压模如图 5-20。首先，往水平位置的弹性囊中通入加压介质；然后，再陆续依次往其他部位通入加压介质，这样就可以把板坯中的空气赶出来，实现牢固胶合的目的。如果加压顺序不当，则会使板坯起皱。

　　③ 环形部件胶合弯曲　在家具中经常遇到环形弯曲件，比如椅座圈、桌子望板等，其弯曲度为 360°。对于这类零部件的弯曲，常用的加压方法有以下两种。

　　连续缠卷法：主要用于弯曲圆筒形部件，把薄板卷缠而成，如图 5-21（a）。

　　压模内外加压法：在胶合弯曲前，按部件的弯曲半径和厚度确定板坯的长度和层数，把板坯各层涂胶后放入内外压模间，拧紧外圈螺栓，再从内部向外加压，使板坯在压力下弯曲并紧贴在外模内表面，保持压力到定型为止，再松开外圈螺栓，取出零件，如图 5-21（b）。

　　（2）加热方式

　　胶合弯曲时可采取冷压和热压两种方式，但冷压时间较长、效率低，所以通常采用热压

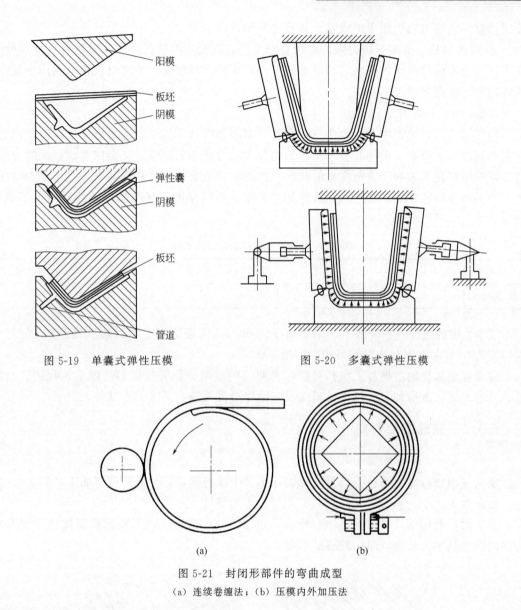

图 5-19 单囊式弹性压模

图 5-20 多囊式弹性压模

图 5-21 封闭形部件的弯曲成型

（a）连续卷缠法；（b）压模内外加压法

成型的方法。热压成型时，在加压的同时加热，能加速胶液的固化，提高生产率。加热的方式有多种，根据需要采取合理的加热方式。

① 蒸汽加热 蒸汽加热采用金属压模或成型的金属压板，内有蒸汽孔道，蒸汽热能通过模具和压板传递给胶合弯曲的部件，蒸汽温度一般为 100～150℃。模具一般采用铝合金，胶合弯曲件成品的尺寸、形状精度较高，模具使用寿命长，运行费用较低，适宜大批生产。因此，蒸汽加热应用非常普遍。

② 低压电加热 在模具表面的金属带上通入低压电流，使金属带发热，把热能传递给单板和胶层，加热固化，其热压温度为 100～120℃。常用不锈钢或低碳钢作金属带，适合于宽度较小部件的胶合弯曲。

③ 高频介质加热 热量由介质（木材、其他绝缘材料）内部产生，加热速度快、效率高且均匀，其热压温度为 100～125℃。一般只需几分钟就可以使胶固化，胶合质量好，通常与木模配合使用。由于木模精度稍差、强度较低、易变形，因此在使用约 1000 次后就需

及时修整。这种方法适用于小批量、多品种零部件的生产。

④ 微波加热　微波穿透力强，将胶合弯曲件放在箱体内照射微波，很快就可加热胶合。它不受胶合弯曲件形状的限制，可以加热不同厚度的成型制品，不需电极板，适用于复杂形状零部件的胶合弯曲。

5.3.1.4　部件陈放与加工

胶压弯曲后，部件中存在内应力，当胶合弯曲部件从压机中取出时会产生伸展，使弯曲角度和形状发生改变。但随着板坯中水分的蒸发、含水率的降低，又会回复到原来的胶压状态，甚至出现比要求的弯曲角度小的状况。因此，一般需要将弯曲板坯在室温下放置 4～10 天，使形状充分稳定后，再进入后续的加工工序。不同厚度的弯曲部件陈放时间也不相同，见表 5-3。

表 5-3　不同厚度的弯曲部件陈放时间

部件厚度/mm	4	6	10	14	18	22
陈放时间/d	1	2	6	11	20	27

表 5-3 中的数据是在常温下，相对湿度为 60% 的实验数据。如果温度提高到 50℃，相对湿度为 55% 时，则陈放时间可相应缩短 10%。

胶合弯曲部件的后期加工包括对胶合弯曲后的成型板坯进行锯剖、截头、裁边、铣槽、钻孔及磨光等，最后加工成尺寸、精度及表面粗糙度等符合要求的零部件。

5.3.2　锯槽胶合弯曲

5.3.2.1　横向锯槽胶合弯曲

横向锯槽胶合弯曲是在人造板的内侧锯出多个横向槽口，经过加压弯曲工艺制成曲线部件。在家具生产中，主要用于制作曲率半径较小的部件。

加工时，利用锯片横向锯出多个槽口，如图 5-22；然后通过工具或机器加压弯曲而成，弯曲时应先从中间开始，向两侧逐渐弯曲。

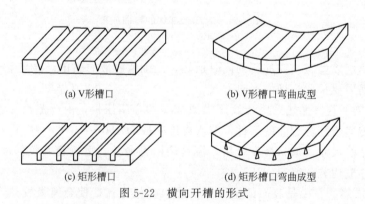

(a) V形槽口　　　　　　　　　　　(b) V形槽口弯曲成型

(c) 矩形槽口　　　　　　　　　　　(d) 矩形槽口弯曲成型

图 5-22　横向开槽的形式

槽口的深度为人造板厚度的 2/3～3/4；槽口的深度与弯曲半径有关，弯曲半径越小，槽口就要锯深一些；如果间距小，深度就需要增加，以免弯曲后在外侧表面出现弯折的痕迹。V 形槽和 U 形槽见图 5-23。与 V 形槽相比，U 形槽加工更加容易，但是胶接面更少，胶合强度降低。当边部矩形槽口较大时，应采用加入涂胶的楔形木块以增加强度。另外，为了增加制品的美观性，可以在横向槽口内部贴一层单板、薄木或其他装饰材料。

通过这种工艺，生产出了一些折板家具，一般先生产出框架，然后再安装构成家具的其他零部件制成家具，比如柜类家具的框架部分，但其强度较低，不利于大型柜类的生产，因此仅在一些小型的装饰柜、床头柜等家具中使用。生产中常以 PVC 为主要的饰面层材料，锯槽时不能锯到饰面层材料上，但开槽不到位，又将难以折叠。

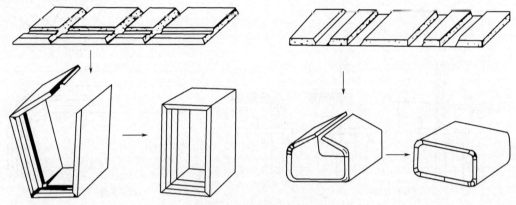

图 5-23　V 形槽和 U 形槽

5.3.2.2　纵向锯槽胶合弯曲

纵向锯槽胶合弯曲是在方材毛料的一端顺着木纹方向锯出多个纵向槽口，经过加压弯曲工艺制成曲线部件。在家具生产中，主要用于制作桌腿、椅腿等部件。

加工时，首先在立式铣床上安装一组锯片，在方材的一端沿着木材纹理方向锯出多个距离相等的纵向锯槽；然后将涂胶的单板插入槽中，如图 5-24(a)；再通过手工弯曲或机械弯曲等方式进行胶合弯曲，如图 5-24(b)、(c)；最后，待胶黏剂充分固化，即制成弯曲工件，如图 5-24(d)。

需注意的是弯曲部件的曲率半径越小，锯成的木材层厚度就小，即是锯口的数量增多；反之，木材层厚度大，曲率半径就大。另外，锯槽间隙要比插入槽口中的单板厚 0.1～0.2mm，这样便于涂胶和胶合弯曲；如果槽口很小，只有 0.1mm 左右时，就需要插入薄板了。

这种方式也可采用热压和冷压，加工简单。但方材被弯曲部分的侧面具有胶层的条纹，影响美观性，且只适用于方材的单向弯曲或端部弯曲，生产效率低、劳动强度大，仅适合于小批量方材毛料的弯曲。

5.3.2.3　碎料模压成型

碎料模压成型工艺是将木质碎料混以合成树脂胶黏剂，加热加压，一次模压制成各种形状的部件或制品的工艺。

模压成型能压成各种形状、尺寸的零部件，如圆弧形、曲面、带有沟槽、孔眼等部件，以及门扇、箱盒、腿架等立体部件等；模压零部件的表面用薄木或其他各种饰面材料贴面，具有良好的装饰性能；其密度大、稳定、不易变形；模压时，可预留出孔槽或压入各种连接件，以便于和其他零件接合，组装成产品，因此可以减少甚至省掉成型加工和开槽钻孔等工序，从而缩短生产周期；充分利用碎小材料，提高了木材利用率。

（1）碎料准备

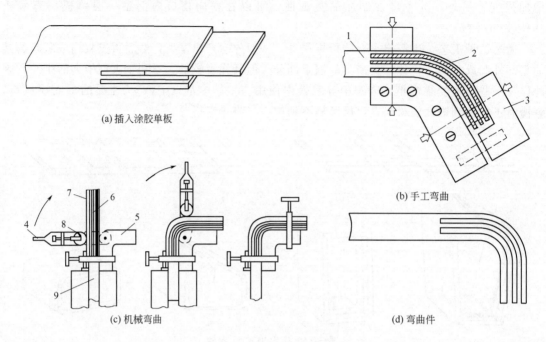

(a) 插入涂胶单板

(b) 手工弯曲

(c) 机械弯曲

(d) 弯曲件

图 5-24　纵向开槽胶合弯曲

1—工件；2—涂胶单板；3—夹具；4—手柄；5—模具；6—工件
弯曲部分；7—金属带；8—压辊；9—工件下端

在家具生产中，碎料模压成型所用的原材料可用小径木、边角料、农业废弃物及竹材等作原材料，经过削片、刨片、打磨、筛选和干燥而成。同一树种的碎料或不同树种的碎料可以混合均匀后使用，其含水率一般要求在 2%～6%。

（2）施胶

施胶就是用拌胶机将胶粘剂与碎料混合，把胶粘剂及其他各种添加剂（如固化剂、防水剂、防腐剂等）充分搅拌，使其充分接触以提高模压件的力学性能。室内使用的家具模压部件常用脲醛树脂胶；在较湿环境下使用的家具，应采用脲醛树脂和三聚氰胺树脂的混合胶液，配比为 3∶1～2∶1；室外使用的家具模压件多数采用酚醛树脂胶或脲醛树脂胶加异氰酸酯的混合液，其混合比例为 2.5∶1。一般家具用模压部件的含胶量为 8%～10%，具体要根据制品的用途和力学性能要求而定。

（3）铺装预压

铺装预压是保证热压后的碎料模压成型部件的厚度、密度及尺寸上要求的工序。铺装要均匀，保证其密度、强度和表面质量都符合要求，要预留安装孔或放置各种连接件，以便顺利地和其他部件装配成家具。铺装完毕后，还需要在室温下预压，使板坯密实后再移至压模机中，与表面敷设饰面材料一起热压。

（4）模压成型

压模可分为预压模和热压模，使用单层压模机压模可以使预压和热压同时进行，其铺装和饰面的设备、工序有多种，铺模、饰面和模压成型生产线如图 5-25。用多层压模机压模时要与预压机配套进行，先在预压机中冷却成型后，再送入热压机中，并在其表面铺设上饰面材料作进一步热压，待胶液固化后模压成制品。

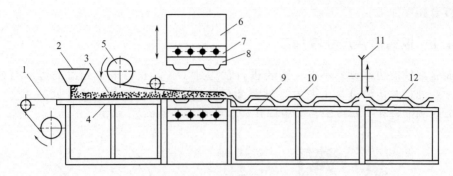

图 5-25 铺模、饰面和模压成型生产线

1—传送带；2—铺装机；3—拌胶碎料；4—铺装工作台；
5—饰面材料；6—单层压机；7—热压板；8—压模；9—卸料
工作台；10—压成联件；11—锯截机构；12—模压制品

目前，碎料模压成型主要有密封式加热模压法、箱体模压法和平面模压法三种方法，其工艺流程类似，但胶黏剂的用量、压力、温度和时间不同，如图 5-26～图 5-28。

图 5-26 密封式加热模压法

碎料 ⟶ 拌胶 ⟶ 预压 ⟶ 模压成型 ⟶ 除去挤出物 ⟶ 加工 ⟶ 涂饰

胶黏剂　　　　　　　　　6～10MPa
(5%～15%)　　　　　　　140～180℃
　　　　　　　　　　　　1～5min

图 5-27 箱体模压法

　　　　　　　　　　　　饰面层

碎料 ⟶ 拌胶 ⟶ 预压 ⟶ 模压成型 ⟶ 除去挤出物 ⟶ 加工 ⟶ 涂饰

胶黏剂　　　　　　　　　2～10MPa
(5%～20%)　　　　　　　135～180℃
　　　　　　　　　　　　1～10min

图 5-28 平面模压法

（5）模压成型件加工

碎料经过模压后，形成了成型件，但在模压时一些碎料被挤出，因此必须去除这些碎料，并需要磨光侧边，去除毛刺，保持边缘的清洁。对模压时没有饰面的部件或用单板、薄木等材料作表面层时，模压后还须磨光表面和对表面进行涂饰处理。

5.4 板式家具的部件加工

板式部件经过贴面胶压后，还需要进行尺寸精加工、边部处理、表面磨光、钻圆榫孔和连接件接合孔等加工。

5.4.1 板式部件尺寸精加工

贴面后部件的边部参差不齐，需要进行裁边加工，以获得平整光滑的边部与精确的长度、宽度。部件裁边的设备主要有带推车的单面裁边机和双面裁边机，见图5-29。这些设备都需安装刻痕锯片，刻痕锯片与主锯片的配置方式如图5-30所示。

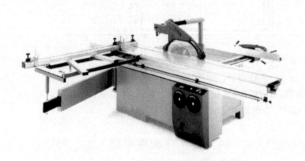

图5-29 精密裁边圆锯机

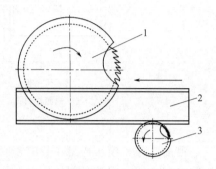

图5-30 刻痕锯片与主锯片的配置方式
1—主锯片；2—板件；3—刻痕锯片

刻痕锯片位于主锯片的下方前端，锯片厚度跟主锯片锯口宽度相同，并处于同一切面上，两锯片旋转方向相反。裁边时，先经刻痕锯片在部件的背面锯出一条深约1～2mm切槽，切断部件背面的纤维，以免主锯片切割时产生撕裂或崩裂现象。由于刻痕锯片锯齿在部件背面的切削方向跟部件的进给方向是一致的，即刻痕锯片锯齿的切削力跟部件底面相平行，因而不会产生撕裂或崩裂缺陷；而主锯片锯齿的切削方向跟部件的进给方向相垂直，即切削力与部件底面相垂直产生向下的分力，因而当主锯片锯齿在锯切部件底面时，因其纤维的刚度不足，在这个向下的分力作用下而产生撕裂或崩裂的缺陷。

5.4.2 板式部件边部处理工艺

板式部件经过裁边后，边部显出覆面材料和芯料的接缝或孔隙，不仅影响美观性，并且在使用过程中，由于湿度变化，会产生缩胀和变形现象；另外，还可能引起脱胶、开裂、剥落等缺陷，特别是刨花板。因此，需要对板式部件的边部进行处理，保证制品质量。目前，板式部件边部处理方法有封边法、包边法、涂饰法和镶边法等。

5.4.2.1 封边法

封边法是用薄木条、单板条、木条、三聚氰胺塑料封边条、有色金属条、PVC条、预浸油漆纸封边条等材料，与胶黏剂胶合在零部件边部的一种处理方法。基材主要是中密度纤维板、刨花板和细木工板等。封边要求结合牢固、密封，表面平整光洁、无胶痕，形状正确、尺寸精确。根据封边的形状或方式不同，可分为直线封边、曲线封边、异型封边。

（1）直线封边

直线封边一般采用直线封边机进行加工，如图5-31。先进的板件封边设备都是按多工位、通过式原则构成的自动联合机，在这种机床上集中了多种加工工序，板件顺序通过，它可以对覆面基材的边部进行预铣、胶合、裁端、粗修边、精修边、刮边、抛光等，实现全自动封边，如图5-32。

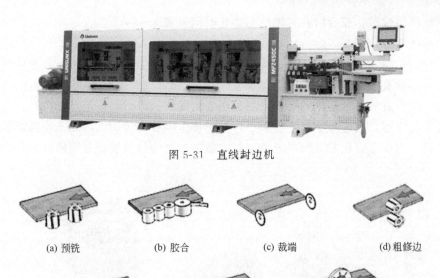

图 5-31　直线封边机

(a) 预铣	(b) 胶合	(c) 裁端	(d) 粗修边
(e) 精修边	(f) 刮边	(g) 抛光	

图 5-32　直线封边机工作示意图

如图 5-33 所示，为直线封边机的结构示意图。板件 8 由双链挡块 10 进给，经定位基准后由上压紧机构 7 压紧。真空吸盘或推送器等专门装置，从封边料仓 9 中将最外边的一块封边条随板料同时推出，并经过涂胶装置 6 涂胶，然后使之和板件边缘挤压叠合。根据被加工板材、封边材料和胶黏剂的品种可以进行涂胶量的调整。热压辊 11 对封边材料加热压，使之和板件牢固结合。之后，板件在进给过程中完成以下工序：锯架 4 和 5 对板件封边条进行前后齐头，由上水平铣刀 3 和下水平铣刀 12 对板件厚度方向多余的封边条铣削，倒棱机构 1 和 2 对封边条进行上下棱角加工，砂架 13 对封边条表面进行磨削加工。

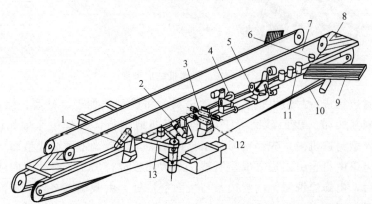

图 5-33　直线封边机结构示意图

1、2—倒棱机构；3—上水平铣刀；4、5—锯架；6—涂胶装置；7—上压紧机构；8—板件；9—料仓；
10—挡块；11—热压辊；12—下水平铣刀；13—砂架

封边用的塑料条厚度为 0.4～0.8mm，薄木条、单板条、装饰板条等材料的厚度一般为 0.4～1.0mm，长度余量为 50～60mm。封边条的宽度比覆面板侧边宽大 3～5mm，胶黏剂常用聚氨酯热熔性胶，胶合后在常温中的固化时间只需 3～5s。

（2）曲线封边

曲线封边是指对覆面板弯曲形边部的封边，如图 5-34。若封边材料为塑料封边带、薄木条时，可用曲直线封边机进行封边，如图 5-35。曲直线封边机既可以封曲线边，又可以封直线边，但封直线边效率低，所以一般只用来封曲线边。封曲线形零部件时，受封边机上封边头直径的限制，内弯曲半径不能太小，一般加工半径应大于 25mm。胶黏剂要用快速固化的胶黏剂，因成型面比曲直线更复杂，封边条易产生弹性恢复形变而脱胶，所以通常选用热熔胶。

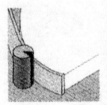　　　　

図 5-34　曲线封边示意图　　　　　　　　　図 5-35　曲直线封边机

（3）异型封边

随着审美要求、工艺技术的不断提高，家具零部件边部的直线形型面已不能满足家具造型的需要，一些异形型面使家具造型更加美观。异型封边是指覆面板成型面的封边，成型面的样式很多，如图 5-36。芯料一般用刨花板、纤维板的覆面板，有的直接加工为成型面后进行封边处理。封边材料多为 PVC 封边带，也可用刨切薄木或装饰板条。

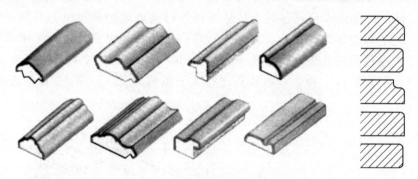

图 5-36　覆面板的成型面

利用异型封边机进行封边可以实施自动进料，将成型面加工、砂磨、涂胶、压辊加压、表面修整、截断封边带、表面砂磨等工序连续不断地进行，其封边原理如图 5-37。首先，将覆面板送入异型封边机内，先经铣刀加工出成型面，经砂光带磨光成型面，涂胶辊对其涂胶；然后，封边条由料仓引出进入成型压辊，跟覆面板进行加压胶合，并向前推进，直至全部封边好；最后，由修边铣刀铣削封边条与板面交接处，由截端锯将封边带截断。如果封边材料为薄木，还需用砂光机将成型面砂磨光滑。

对于不同成型面的形状，需利用各种压辊进行加压胶合，如图 5-38。

5.4.2.2　包边法

包边法是指用覆面材料对芯料进行覆面的同时进行封边处理，即覆面材料与封边材料为一体，覆面材料的幅面尺寸大于芯料的幅面尺寸，将周边多余的材料弯过来用于封边，如图

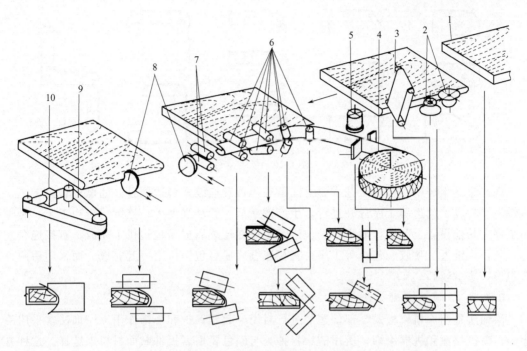

图 5-37　异型封边机的工作原理

1—板式部件；2—铣刀头；3—砂光带；4—封边带；5—涂胶辊；6—型面压辊组；

7—修边刀头；8—截端锯；9—修边砂带；10—压板

图 5-38　不同成型面封边示意图

5-39。包边材料常用的有三聚氰胺塑料贴面板、三聚氰胺浸渍纸、单板和 PVC 等，胶种为改性的 PVAc 胶。包边型面有多种，如图 5-40。

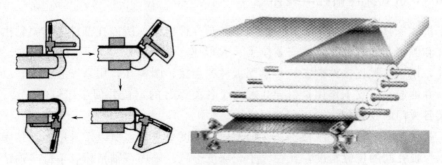

图 5-39　包边工作原理示意

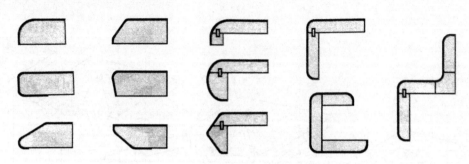

图 5-40　包边型面

现代家具生产中，包边工艺主要有间歇式包边和连续式包边两种。间歇式包边工艺，是将铣型、喷胶、包边等工序分开进行，生产效率低，劳动强度大；连续式包边工艺，是将铣型工序在其他设备上完成，而喷胶、包边等工序在连续后成型包边机上完成；直接连续式包边工艺，将铣型、喷胶、包边等工序在直接连续后成型包边机上一起完成。而采用后两种工艺包边，质量较高。

5.4.2.3　其他边部处理方法

涂饰法是用涂料将板式零部件边部进行封闭，起到保护和装饰作用。涂饰法常采用手工涂饰、喷枪喷涂和机器涂饰，所用的涂料种类与颜色要根据板件贴面材料来选择。这种方法加工简单，但是对刨花板处理后装饰效果较差，并且容易脱落。

镶边法是在板式家具零部件的边部镶嵌木条、有色金属条或塑料条等材料的一种处理方法，如图 5-41。木条镶边，常采用榫槽或圆棒榫、胶相结合的方法，将木条制成榫簧或开圆孔，在覆面板被封边的面上加工出榫槽或多个圆孔，然后把榫簧或圆棒榫插进榫槽或圆孔中，通过胶黏剂的胶接作用，将木条镶嵌在板式部件边部。有色金属条和塑料条的镶边是将镶边条制成倒刺，再在板式零部件的边部开出榫簧，将镶边条嵌入其边部。封边后，需要夹具适当加压夹紧，以增加接合强度，待胶固化后卸下。

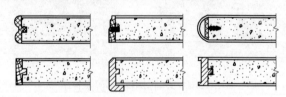

图 5-41　镶边的方式

5.4.3　板式部件钻孔与装件

由于板式家具部件之间一般采用连接件和圆棒榫连接，所以在部件上需要钻出各种连接件结合孔和圆榫孔；另外，还要安装拉手、衣棍座、铰链等配件，所以还要加工相应的孔。连接件孔，用于各类连接件的安装，紧固板件的连接；圆榫孔，用来安装圆榫，以定位各个零部件，并能起一定支承作用；引导孔，用于各类螺钉的定位并便于螺钉的安装；铰链孔，用于安装各类门的铰链。

由于板件钻孔数目多、规格不一、加工尺寸精度要求高，所以常采用多轴钻床加工。这样，可以保证孔间的位置精度，孔径大小、深度一致。采用多轴钻床有单排多轴钻床、多排多轴钻床。单排多轴钻床的钻座仅有一排组成，如图 5-42。当零部件的孔位能排在一排时，可以一次完成钻孔工作，否则需多次钻孔，由于多次钻孔变换了加工基准，因此零部件孔位的相对精度较低，仅适合于一些小型的生产企业或用于多排钻的辅助钻孔需要。常见的单排钻类型有垂直单排钻、水平单排钻和万能单排钻。

为保证精度和质量，现代板式家具零部件的钻孔一般采用多排多轴钻床来完成，如图5-43、图5-44。钻头之间的距离为 32mm，仅有少数国家使用其他模数的钻头间距。

图 5-42　单排钻

图 5-43　多排钻

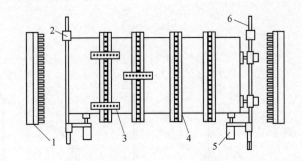

图 5-44　多排钻结构示意图

1—水平钻排；2—后挡块；3—排钻转 90°；4—垂直钻排；5—挡板；6—侧挡板

钻孔完成后，还要向部分孔内安装预埋螺母等配件，以便组装板件。然后对部件表面凹凸、毛刺、压痕、木屑、灰尘和油渍等进行处理，对于贴面材料为胶合板、薄木、单板的覆面板，其表面及边部还需进行修整处理，以提高光洁度。最后把成套部件进行包装、储存。

6 板式衣柜的工艺文件

本章以家具企业的一个"五门衣柜"为例来介绍板式家具的工艺文件，包括外形图、工艺流程、材料清单、配件清单和加工图。

6.1 五门衣柜外形图

该衣柜主要由顶板、底板、左右旁板、左右中立板、隔板、背板、门板、抽屉、裤架及前后露脚组成，如图 6-1～图 6-4。

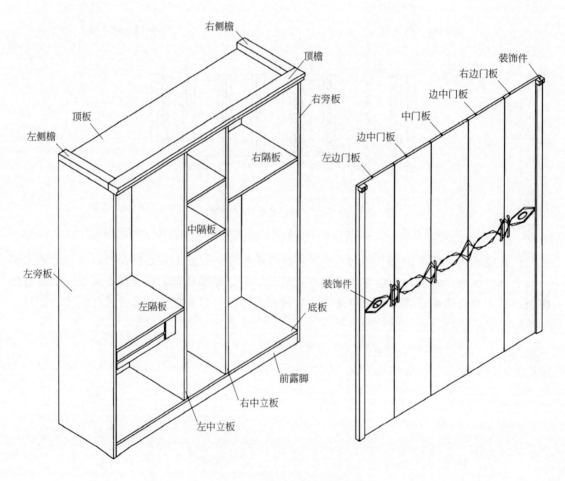

图 6-1 五门衣柜整体外形图

衣柜以"32mm 系统"为准则进行设计，精确尺寸需微调。其整体尺寸为 1990mm×598mm×2241mm，主要使用双面三胺板，封边厚度为 0.5mm。

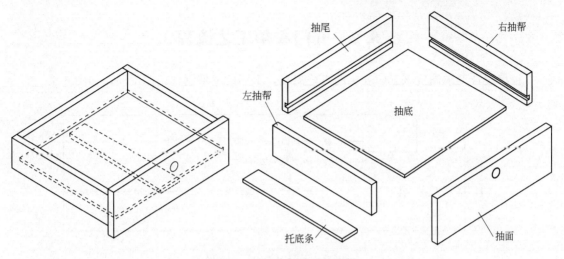

图 6-2 五门衣柜抽屉外形图

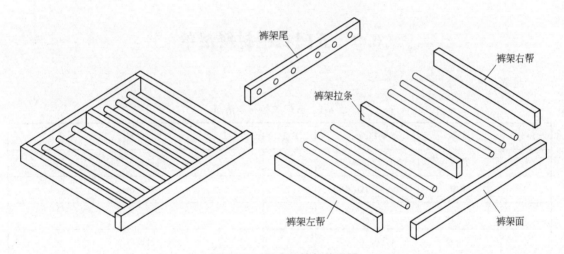

图 6-3 五门衣柜裤架外形图

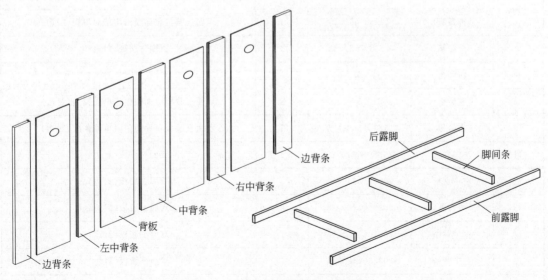

图 6-4 五门衣柜背部与底座外形图

6.2　五门衣柜工艺流程

根据设计要求制定该五门衣柜的工艺流程，不同的部件制作工序不同，如图 6-5。

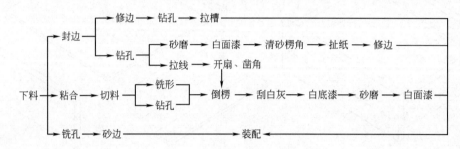

图 6-5　五门衣柜的工艺流程

6.3　五门衣柜材料清单

见表 6-1。

表 6-1　五门衣柜材料清单

序号	名称	规格/mm	数量	材料
1	顶板	1958×550×15	1	双面三胺板（封边）
2	顶檐	1990×120×60	1	素板白漆
3	左侧檐	478×80×60	1	素板白漆
4	右侧檐	478×80×60	1	素板白漆
5	底板	1958×550×15	1	双面三胺板（封边）
6	前露脚	1958×65×15	1	双面三胺板单面喷白漆单面覆膜（封边）
7	后露脚	1958×65×15	1	双面三胺板（封边）
8	脚间条	504×65×15	3	双面三胺板（封边）
9	左旁板	2181×550×15	1	双面三胺板单面喷白漆单面覆膜（封边）
10	右旁板	2181×550×15	1	双面三胺板单面喷白漆单面覆膜（封边）
11	左中立板	2085×534×15	1	双面三胺板（封边）
12	右中立板	2085×534×15	1	双面三胺板（封边）
13	边背条	2085×148×15	2	双面三胺板（封边）
14	左中背条	2085×148×15	1	双面三胺板（封边）
15	右中背条	2085×148×15	1	双面三胺板（封边）
16	中背条	2085×206×15	1	双面三胺板（封边）

续表

序号	名称	规格/mm	数量	材料
17	左背板	2095×300×5	1	双面三胺板
18	右背板	2095×300×5	3	双面三胺板
19	左隔板	773×529×25	1	单面三胺板双夹层(封边)
20	右隔板	773×529×25	1	单面三胺板双夹层(封边)
21	中隔板	382×529×15	2	双面三胺板(封边)
22	抽左侧板	400×228×15	1	双面三胺板(封边)
23	抽右侧板	400×228×15	1	双面三胺板(封边)
24	抽左挡板	228×60×15	1	双面三胺板(封边)
25	抽右挡板	228×60×15	1	双面三胺板(封边)
26	抽拉条	654×78×15	1	双面三胺板(封边)
27	抽面	648×138×15	1	双面三胺板(封边)
28	左抽帮	400×98×15	1	双面三胺板(封边)
29	右抽帮	400×98×15	1	双面三胺板(封边)
30	抽尾	598×98×15	1	双面三胺板(封边)
31	抽底	608×390×5	1	双面三胺板
32	托底条	380×60×12	1	双面三胺板(封边)
33	裤架面	648×62×15	1	双面三胺板(封边)
34	裤架左帮	400×60×15	1	双面三胺板(封边)
35	裤架右帮	400×60×15	1	双面三胺板(封边)
36	裤架尾	598×60×15	1	双面三胺板(封边)
37	裤架拉条	380×60×15	1	双面三胺板(封边)
38	左边门板	2113×396×27	1	双面三胺板+素板单面喷白漆单面覆膜
39	右边门板	2113×396×27	1	双面三胺板+素板单面喷白漆单面覆膜
40	边中门板	2113×396×18	2	双面三胺板单面喷白漆单面覆膜
41	中门板	2113×396×18	1	双面三胺板单面喷白漆单面覆膜
42	裤架杆	ϕ15×395	6	倒毛刺
43	衣架杆1	长765	2	倒毛刺
44	衣架杆2	长374	1	倒毛刺

6.4 五门衣柜配件清单

见表 6-2。

表 6-2 五门衣柜配件清单

序号	配件名称	规格/mm	数量	单位	安装	装袋	装箱	备注
1	大二合一	28.5	88	套		88		
2	小二合一	20	4	套		4		
3	木销 1	$\phi 8 \times 30$	36	个		36		
4	木销 2	$\phi 8 \times 40$	4	个		4		
5	轨道	长 400	2	付			2	
6	拉手	孔距 192	5	个			5	
7	脚钉	$\phi 13 \times 5$	18	个	18			装前、后露脚 8，脚间条 6，旁板 4
8	胶预埋	$\phi 10 \times 10$	11	个	11			装顶檐 7、侧檐 4
9	装饰件 1	$46 \times 27 \times 20$	2	个		2		装门板
10	装饰件 2	$150 \times 80 \times 5$	2	个		2		装门板
11	装饰件 3	$132 \times 63 \times 13.5$	2	个		2		装门板与装饰件 2 配套
12	层板托		20	套		20		
13	衣通耳		6	个		6		
14	衣架杆 1	长 765	2	根		2		
15	衣架杆 2	长 374	1	根		1		
16	裤架杆	$\phi 15 \times 395$ 砂白	6	根		6		
17	透气孔	$\phi 68$ 夹板厚 5	4	个		4		
18	抽屉锁	$\phi 20$	1	把		1		
19	自攻钉垫片	$\phi 12 \times 1.5$	10	个		10		装拉手
20	直臂铰链	$\phi 35$	8	套		8		装边门板
21	中曲臂铰链	$\phi 35$	12	套		12		装中门板
22	平头螺杆 1	$M6 \times 25$	11	根		11		装顶檐 7、侧檐 4
23	平头螺杆 2	$M4 \times 25$	10	根		10		装拉手
24	自攻钉 1	$M4 \times 14$	40	根		40		装铰链
25	自攻钉 2	$M3.5 \times 14$	28	根		28		装道轨 16，衣通耳 12
26	自攻钉 3	$M4 \times 20$	4	根		4		装抽屉锁
27	码钉	F15	10	根	10			木工车间用

6.5 五门衣柜加工图

五门衣柜加工图清楚地表达了各个部件上面的孔位，体现了其结构（加工图顺序按照材料清单的序号排列），如图 6-6～图 6-38。

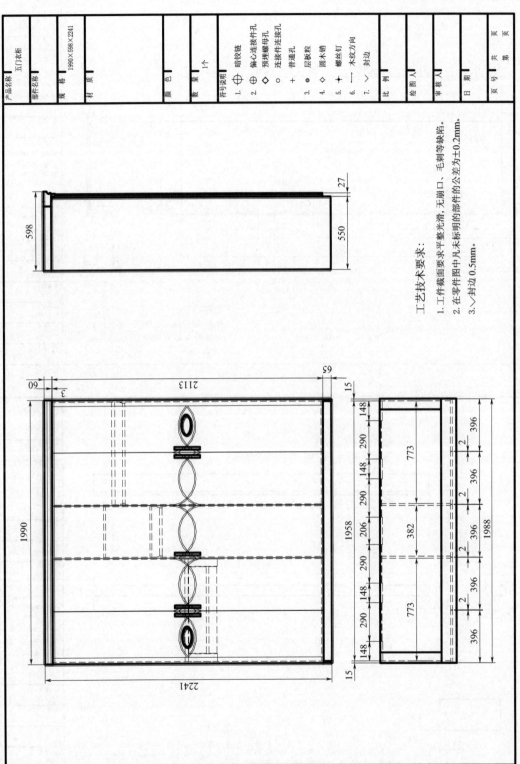

图 6-6　五门衣柜三视图

工艺技术要求：

1. 工件截面要求平整光滑，无崩口、毛刺等缺陷。
2. 在零件图中凡未标明的部件的公差为±0.2mm。
3. ∨ 封边 0.5mm。

产品名称	五门衣柜
部件名称	
规　格	1990×598×2241
材　质	
颜　色	
数　量	1个
符号说明	1. ⊕ 暗铰链 2. ⊕ 偏心连接件孔　◇ 预埋螺母孔　○ 连接件连接孔　+ 普通孔 3. ◉ 层板粒 4. ◇ 圆木销 5. + 螺丝钉 6. — 木纹方向 7. ∨ 封边
比　例	
绘图人	
审核人	
日　期	
页　号	第　页　共　页

131

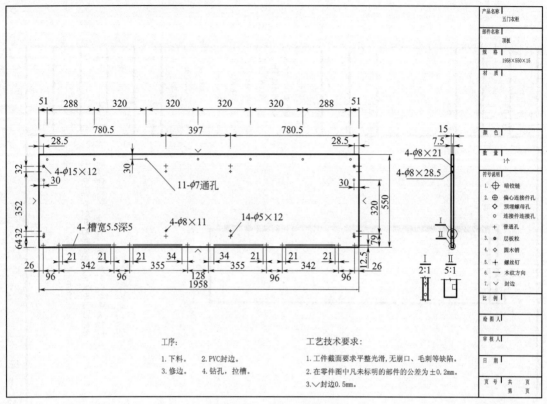

图 6-7 顶板加工图

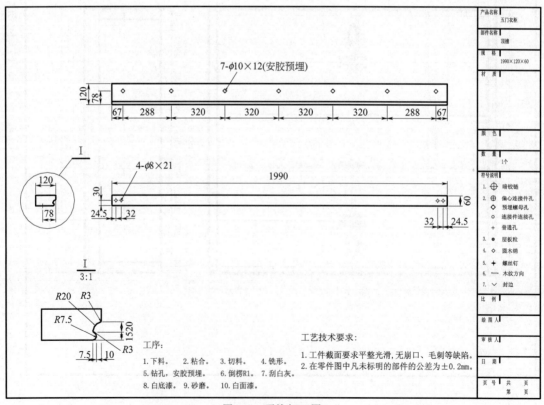

图 6-8 顶檐加工图

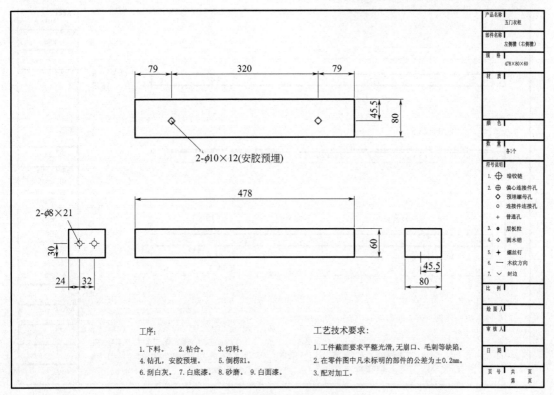

工序:

1. 下料。 2. 粘合。 3. 切料。
4. 钻孔，安胶预埋。 5. 倒楞R1。
6. 刮白灰。 7. 白底漆。 8. 砂磨。 9. 白面漆。

工艺技术要求:

1. 工件截面要求平整光滑，无崩口、毛刺等缺陷。
2. 在零件图中凡未标明的部件的公差为±0.2mm。
3. 配对加工。

图 6-9 左侧檐（右侧檐）加工图

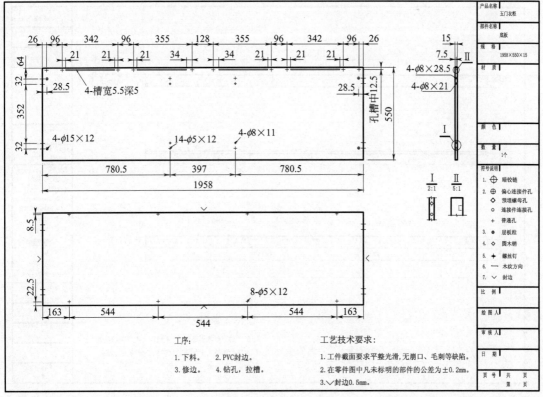

工序:

1. 下料。 2. PVC封边。
3. 修边。 4. 钻孔，拉槽。

工艺技术要求:

1. 工件截面要求平整光滑，无崩口、毛刺等缺陷。
2. 在零件图中凡未标明的部件的公差为±0.2mm。
3. ∨封边0.5mm。

图 6-10 底板加工图

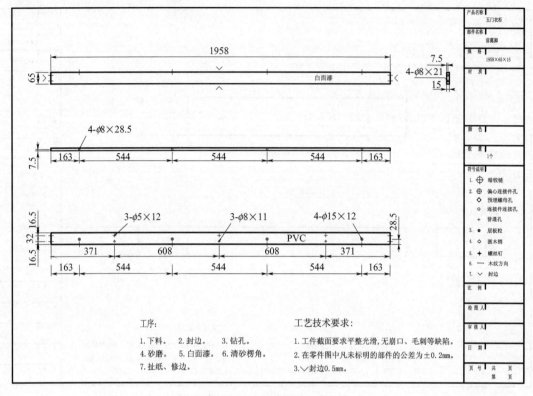

图 6-11　前露脚加工图

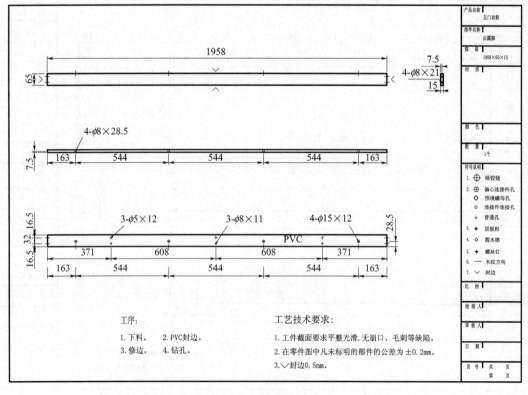

图 6-12　后露脚加工图

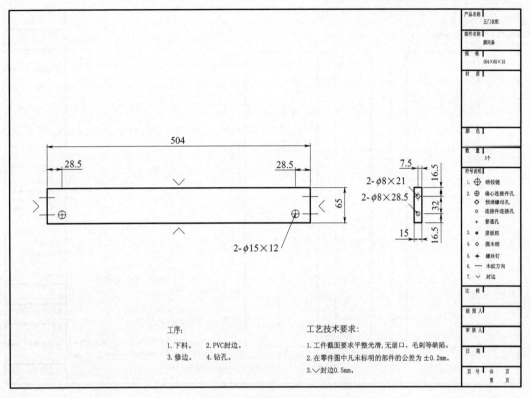

图 6-13　脚间条加工图

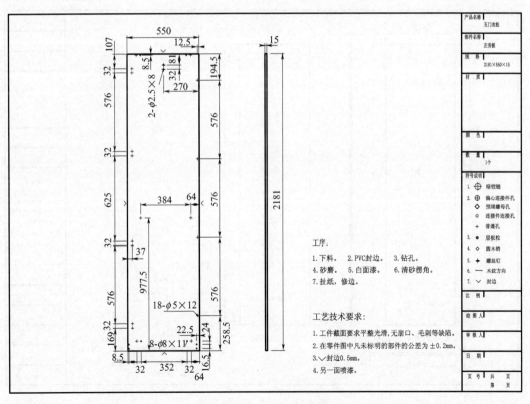

图 6-14　左旁板加工图

135

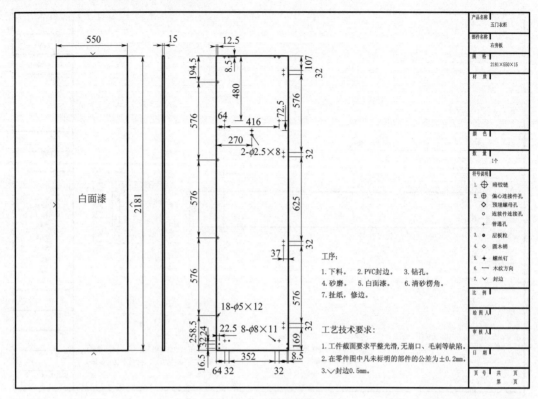

图 6-15　右旁板加工图

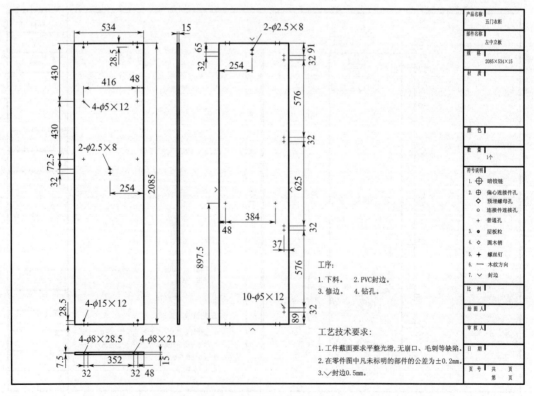

图 6-16　左中立板加工图

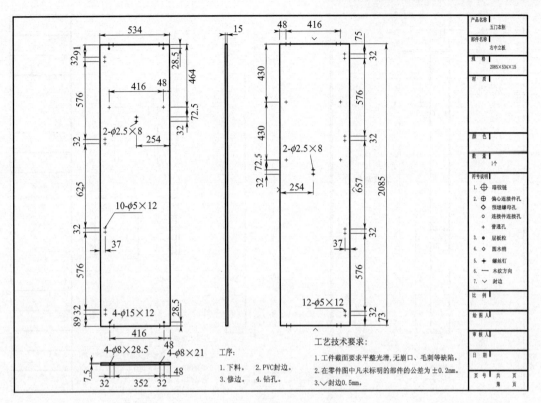

图 6-17 右中立板加工图

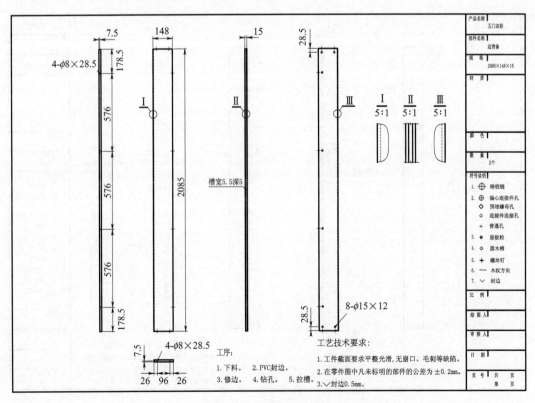

图 6-18 边背条加工图

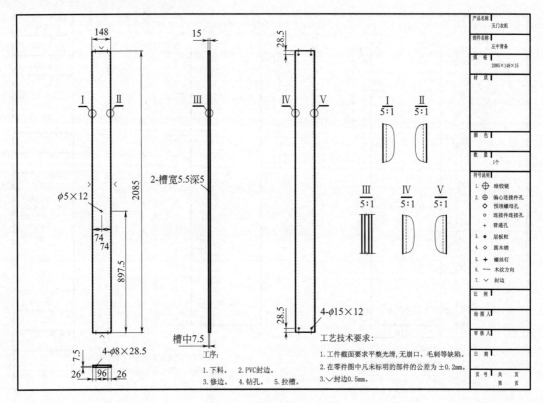

图 6-19 左中背条加工图

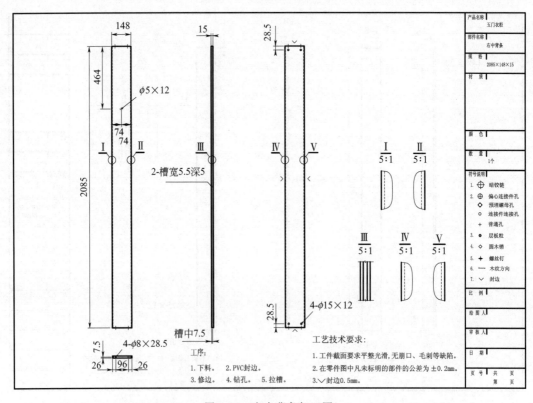

图 6-20 右中背条加工图

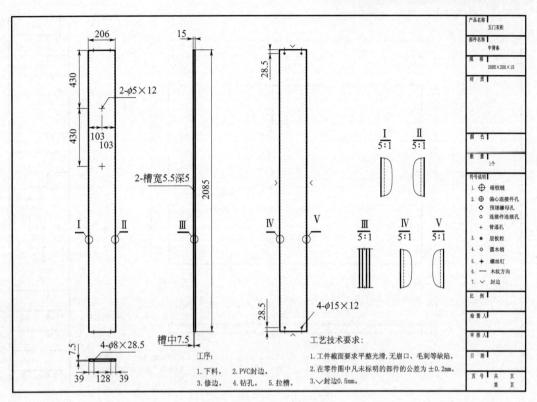

图 6-21 中背条加工图

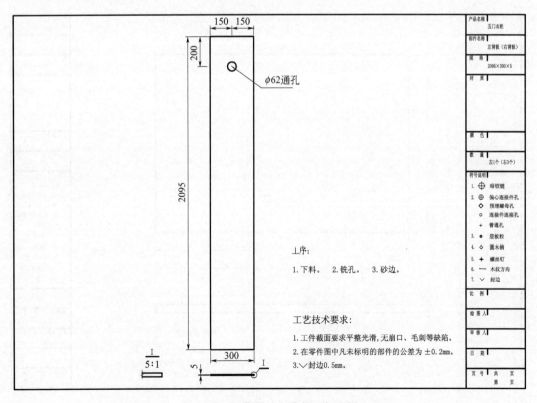

图 6-22 左背板（右背板）加工图

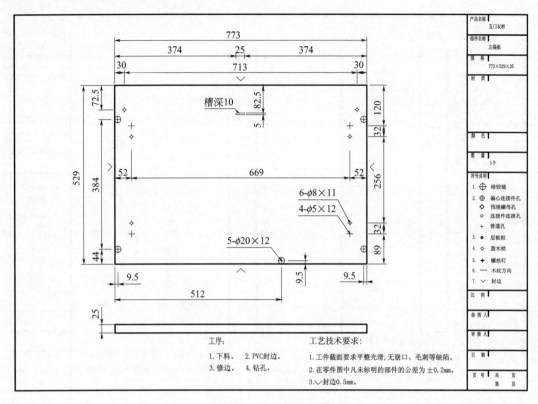

图 6-23　左隔板加工图

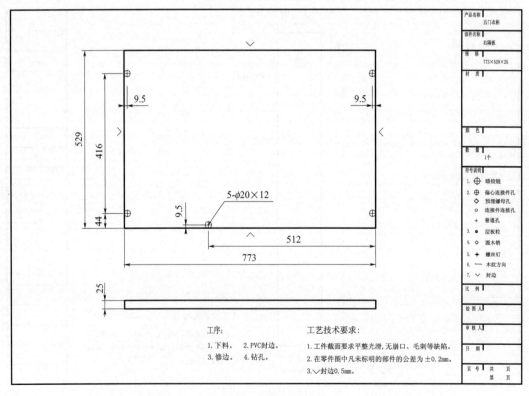

图 6-24　右隔板加工图

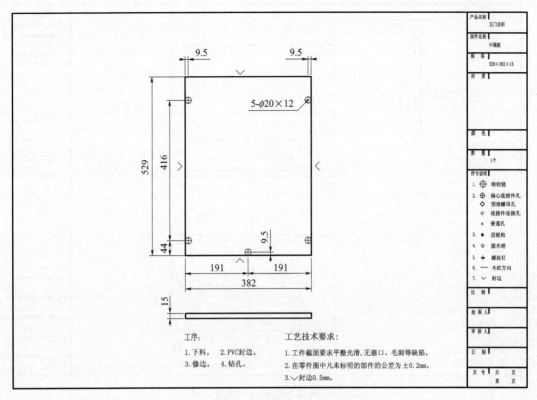

图 6-25　中隔板加工图

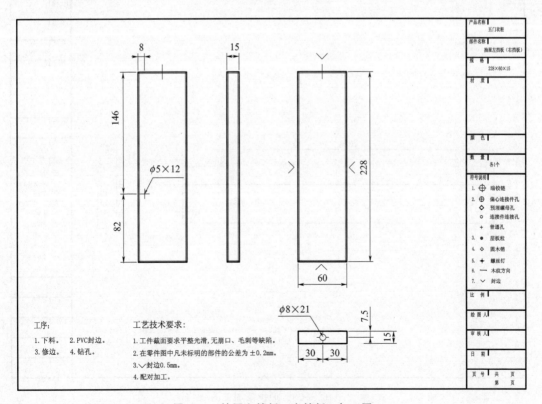

图 6-26　抽屉左挡板（右挡板）加工图

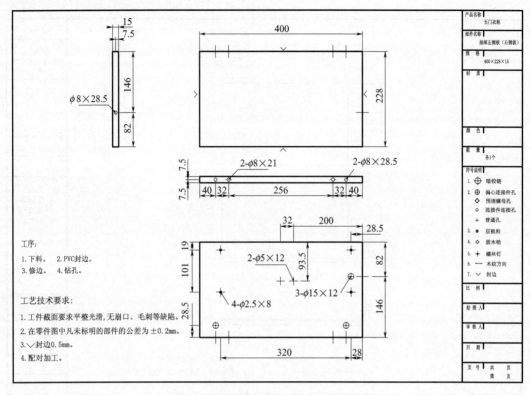

图 6-27　抽屉左侧板（右侧板）加工图

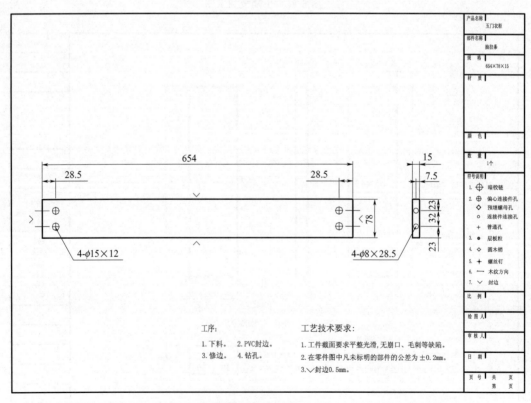

图 6-28　抽拉条加工图

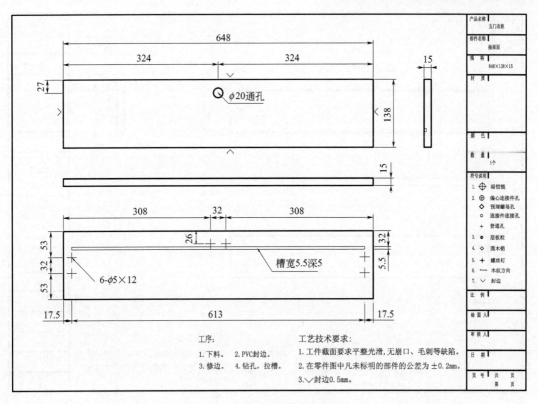

图 6-29 抽屉面加工图

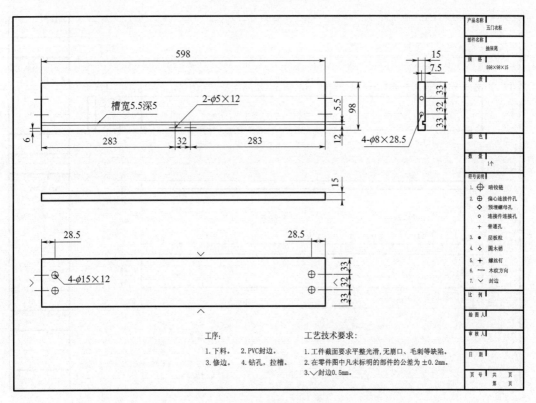

图 6-30 抽屉尾加工图

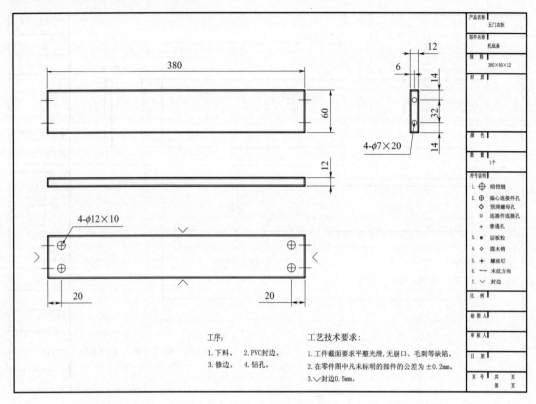

工序：
1. 下料。　2. PVC封边。
3. 修边。　4. 钻孔。

工艺技术要求：
1. 工件截面要求平整光滑,无崩口、毛刺等缺陷。
2. 在零件图中凡未标明的部件的公差为±0.2mm。
3. ∨封边0.5mm。

图 6-31　托底条加工图

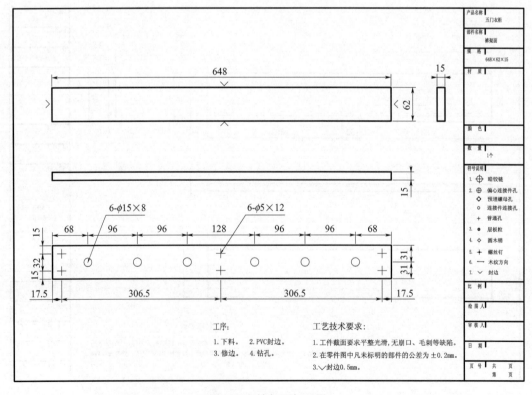

工序：
1. 下料。　2. PVC封边。
3. 修边。　4. 钻孔。

工艺技术要求：
1. 工件截面要求平整光滑,无崩口、毛刺等缺陷。
2. 在零件图中凡未标明的部件的公差为±0.2mm。
3. ∨封边0.5mm。

图 6-32　裤架面加工图

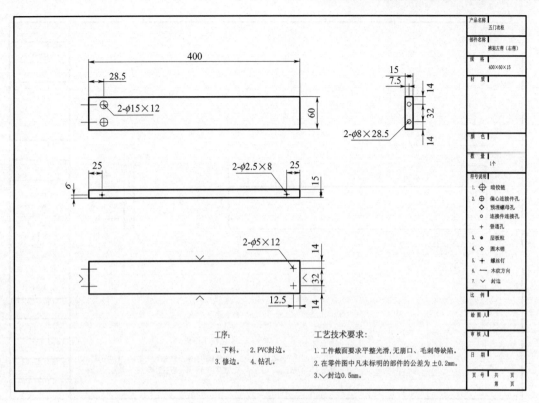

图 6-33　裤架左帮（右帮）加工图

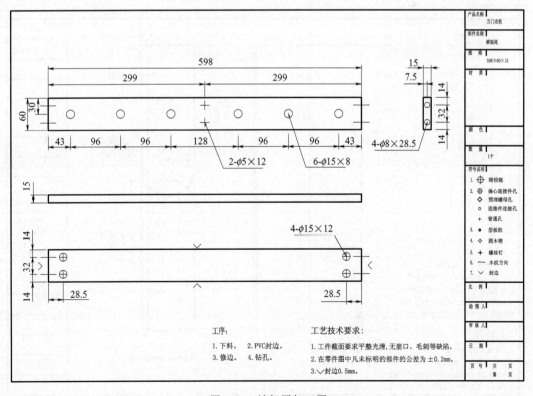

图 6-34　裤架尾加工图

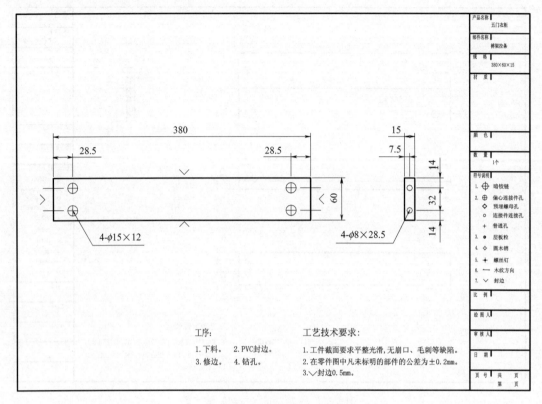

图 6-35 裤架拉条加工图

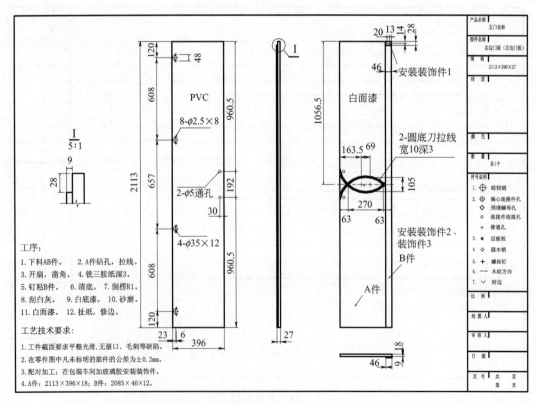

图 6-36 右边门板（左边门板）加工图

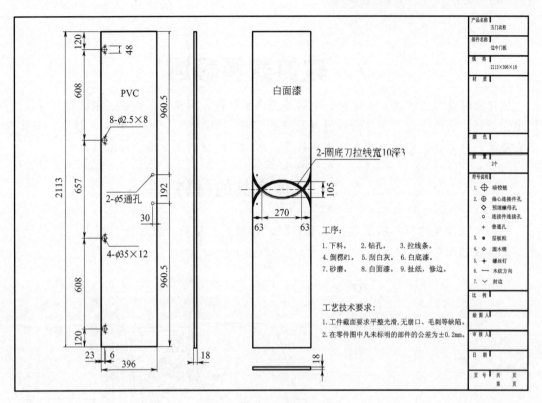

图 6-37　边中门板加工图

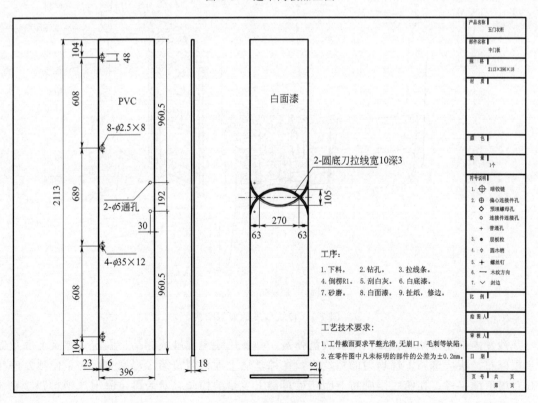

图 6-38　中门板加工图

7 软体家具概述

软体家具是指以实木、人造板、金属等为框架材料，用弹簧、绷带、泡沫塑料等作为弹性填充材料，表面以皮、布等面料包覆制成的家具，如沙发、床垫、软椅、软凳、软坐垫、软靠垫等，此外还有充气与充水软体家具等。本章以沙发为例介绍软件家具。

7.1 软体家具的材料

制造传统沙发的材料主要包括框架材料、弹簧、软垫物、钉、绳、绷带、底布及面料等，其组成如图 7-1。

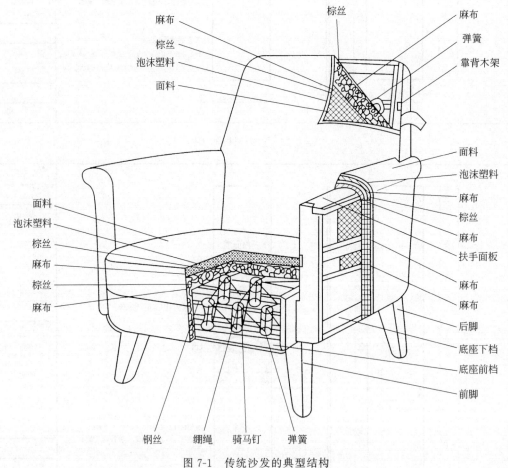

图 7-1 传统沙发的典型结构

沙发内部是木架，弹簧档上面放盘弹簧。弹簧用绷绳或鞋线绷结、固定。弹簧上面覆盖头层麻布，头层麻布上铺均匀的棕丝层，在棕丝层上面再包覆第二层麻布。为了使沙发座身和背面更加平整，在第二层麻布上面还可再铺上少量的棕丝，然后再包覆泡沫塑料，沙发的表面是面料。

现代沙发制作也延续使用了传统沙发的很多材料，但在很多现代沙发中，泡沫塑料取代了盘簧，利用蛇簧与绷带打底，在上面放置泡沫塑料作为主要的软垫物，如图 7-2。

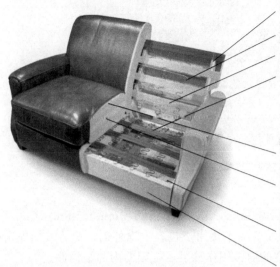

木框架（东北落叶松比一般的松木要硬，不易变形，咬钉牢固）

25 锰蛇型弹簧（S 形簧），可以使沙发具有更高的回弹性和抗老化性能

普通弹性绷带，一般用于靠背，保证了底部弹簧平均受力

高弹性绷带，一般用于坐垫，保证了底部弹簧平均受力

绒丝，在海绵层上，为了增加沙发的柔软性、舒适性，一般都会使用这种丝棉，其蓬松柔软、裁制方便、不易变形。厚度可根据不同款式运用

高密度回弹海绵，座垫海绵在 35 密度以上，靠背和扶手 25 密度以上，其他在 20 密度以上

底架、靠背架、扶手架，主要以气钉枪 45°斜钉组装固定，木结合部 X 形打钉，方形架以三角木定型，条木间由连接木牢固。主要部位再用铁钉加固

胶合板，用于木架的辅助结构

图 7-2　现代沙发的典型结构

7.1.1　框架材料

软体家具常用的框架材料为木材。沙发不仅要能承受静载荷，而且还要能承受动载荷和冲击载荷。因此，沙发木支架要求坚韧、牢固、耐用。木支架的用材，要具有较高的强度和较好的握钉力。这样，沙发在长期落坐、反复受力的情况下，钉着牢固，绳子、面料等不会松弛起浮，整个结构也不易松动，从而保证沙发的使用效果和寿命。

（1）天然木材

沙发常用的材种有水曲柳、檫木、榆木、株树、柞木、色木、桦木、槐木、香椿、红松、柳桉木、柚木等。花纹美观的材料一般用于实木沙发架和包木沙发可见木材处，较差的用于包木沙发木支架；受力较大的部件，应该挑选质地坚硬、弹性好的木料。沙发木支架用材还需经干燥处理，否则会使沙发本身受潮发霉或变形，影响寿命和美观。欧式实木沙发如图 7-3 所示。

图 7-3　欧式实木沙发

（2）人造板

沙发常用的人造板有胶合板、刨花板、纤维板等，国内以胶合板为主，欧洲以定向刨花板为主（欧洲的技术比较成熟，性价比高于国内）。人造板主要起造型的作用（如图 7-4），

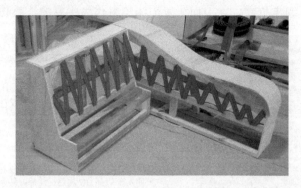

图 7-4 用人造板进行造型

要求材料具有足够的握钉力和强度。

胶合板材料的幅面一般为 1220mm × 2400mm，厚度规格为 3mm、5mm、9mm、12mm、15mm。在软体家具中，3mm 厚度的胶合板主要用于包裹木框外侧，为后续的贴海绵提供基准面和成型面；9mm、12mm 等厚度的通常用作沙发木框架的内部结构件。

（3）金属

金属是软体家具中的常用材料，通常为管材、板材、线材或型材等形式，除用作软体家具的框架结构材料外，还具有很好的装饰性。金属材料强度高、弹性好、韧性强，可以进行焊、锻、铸、车削等加工，可以任意弯曲成不同形状。金属框架沙发见图 7-5。

图 7-5 金属框架沙发

7.1.2 弹簧

弹簧是用钢丝经高温处理并涂上防腐蚀物质制成的，具有多种钢丝号与一系列规格。弹簧是软体家具重要的弹性元件，弹簧提供的舒适程度与其软度有关，而软度又取决于钢丝号或弹簧中腰绕圈的宽度，即盘芯直径。常用的弹簧有圆柱形螺旋弹簧、圆锥形螺旋弹簧、中凹型螺旋弹簧、蛇形螺旋弹簧、拉簧等多种，如图 7-6。

（1）圆柱形螺旋弹簧

圆柱形螺旋弹簧是一种高质量的弹簧，它具有高质量弹簧特性，每个圆柱形螺旋弹簧独立缝制于无纺布袋中，并由热熔胶组装而成。每个弹簧体都可以分别动作、独立支承。弹簧由一定直径的碳素弹簧钢丝盘绕而成，常见弹簧的自由高度为 120～125mm。

（2）圆锥形螺旋弹簧

圆锥形螺旋弹簧又称宝塔弹簧、喇叭弹簧，它可分为等螺旋角、等节距、等应力三种形式。其体积小、载荷大、变刚度，广泛用于空间小、载荷大的场合和减震装置。使用时大头

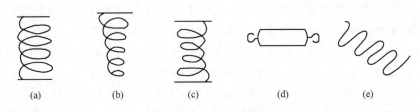

图 7-6 各类弹簧

(a) 圆柱形螺旋弹簧；(b) 圆锥形螺旋弹簧；(c) 中凹型螺旋弹簧；(d) 拉簧；(e) 蛇形弹簧

朝上，小头钉固在骨架上。这样可节约弹簧钢丝用料，但稳定性较差。常用钢丝穿扎成弹性垫子，适用于汽车和沙发坐垫等。

（3）中凹型螺旋弹簧

中凹型螺旋弹簧在软体家具中应用广泛，其外形像沙漏，两端是圆柱形，越往中部越细。中凹型螺旋弹簧荷载大、缓冲性能好，多用作压缩弹簧，广泛应用于沙发生产中。它也是最常使用的床垫弹簧，连接式弹簧床垫就是以中凹型螺旋弹簧为主体，两面用螺旋穿簧和专用铁卡（边框钢丝）将所有个体弹簧串联在一起，是弹簧软床垫的传统制作方式。中凹型螺旋弹簧的自由高度代表其大小规格，每一规格又分 3 个硬度等级，即硬级、中级和软级，不同等级级别取决于弹簧中部的圈直径，硬级弹簧的圈直径最小，软级弹簧的圈直径最大。

（4）拉簧

软体家具中使用的拉簧，一般用直径为 2mm 的 70# 钢丝绕制，其外径为 12mm，长度根据需要而定制。拉簧常与蛇簧配合使用，也可单独作沙发或沙发椅的靠背弹簧。

（5）蛇簧

蛇簧，又称弓簧。作为沙发底座用的蛇簧，代替木材方料，其钢丝直径需大于 3.2mm；作为沙发靠背弹簧，钢丝直径需大于 2.8mm，多由 3～3.5mm 的碳素钢制成。蛇簧的宽度一般为 50～60mm。蛇簧可单独作为沙发底座及靠背弹簧，常跟泡沫塑料等软垫物配合使用。

（6）穿簧

穿簧一般用直径为 1.2～1.6mm 的 70# 碳素钢丝，绕成的圈径比被穿弹簧的圈径略大一点，其间隙在 2mm 内。弹簧床垫中的螺旋弹簧一般依靠穿簧连接成整体。在绕制穿簧的过程中，将弹簧床垫中相邻螺旋弹簧的上、下圈分别纵横交错地连接成床垫弹簧芯。

（7）连续型钢丝弹簧

连续型钢丝弹簧应用于弹簧床垫的制作，由一根或数根弹簧钢丝绕制成弹性整体。不需要独立的、打结的或袋式的弹簧，它由无结点的螺旋式钢丝连续地形成整个床网的宽度和长度。这种弹簧形式没有应力集中，整体寿命大大增强，提高了床垫耐久度；另外，连续型钢丝弹簧交叉排列，增大了弹簧的覆盖率，增强了对人体的承托力，提高了床垫的舒适度；床芯经过了整体热处理，消除了每一部分的内应力，弹性更均匀，确保长期使用不会局部塌陷。

7.1.3　软垫物

软垫物主要包括泡沫塑料、棉花、棕丝、椰壳衣丝等具有一定弹性与柔软性的材料。

（1）泡沫塑料

软体家具生产中，使用较多的泡沫塑料是聚氨酯泡沫塑料和聚醚泡沫塑料，其中软质聚氨酯泡沫塑料用得较多。泡沫塑料是一种充满气体、具有封边性松孔结构（孔壁互不相通）或连孔性松孔结构（孔腔相通）的新型轻质塑料。气泡的形式大都是将树脂加入发泡剂制取的。其特点是质轻、绝热、绝电、耐腐蚀，强度、弹性和浮力较好。

① 海绵　海绵，又称软质聚氨酯泡沫。海绵规格较多，具有较好的弹性，可代替弹簧的功能。它在很大程度上省去了按传统工艺那样包绑弹簧的复杂工艺。海绵通常可以分为高回弹海绵、低回弹海绵、特殊绵、特硬绵、超软绵等；另外还可以分为防火海绵与非防火海绵。

用于沙发填充的海绵主要分三类：一是常规海绵，是由常规聚醚和 TDI 为主体制成的海绵，回弹性、柔软性、透气性较好；二是高回弹海绵是一种活性聚磷和 TDI 为主体制成的海绵，具有优良的力学性能，弹性较好，压缩负荷大，耐燃性、透气性好；三是乱孔海绵，是一种内孔径大小不一的与天然海藻相仿的海绵，其弹性好，压缩回弹时具有极好的缓冲性。

海绵在沙发的制作过程中，主要应用在坐垫、靠垫及扶手上，通常由几层海绵组成，以达到沙发造型及舒适性要求，最外层海绵要求其性能最好。海绵如图 7-7、图 7-8 所示。

图 7-7　厂房里堆积的海绵　　　　　　　图 7-8　造型好的海绵

② 杜邦棉　杜邦棉是一种多层纤维结构的化纤材料，它能以较轻的重量达到较好的填充效果。在沙发生产工艺中，常应用于海绵与布料之间的填充。它的弹性较好，并可以使沙发表面具有良好的质感，使用料包扎得饱满平稳，质地柔软、滑润、耐磨；另外，在沙发扪皮过程中，对于沙发边角等需要修补的部位能起良好的填充与造型作用。

③ 乳胶海绵　乳胶海绵是乳胶经过发泡处理后所形成的富有弹性的白色泡沫物体。它具有橡胶特性、弹力极好、回弹性好、不会变形等特点。乳胶海绵的弹性比聚氨酯泡沫塑料大，密度也比泡沫塑料高。较厚的乳胶海绵为了减轻重量，背面制成圆柱形凹孔。乳胶海绵由于价格较贵，一般用于高级软体家具。

④ 定型棉　定型棉由聚氨酸材料经发泡剂等多种添加剂混合，压挤入简易模具加温即可压出不同形状的海绵，它适合转椅沙发坐垫、背棉，也有少量扶手也用定型棉做。海绵弹性硬度可调整，依产品不同部位进行调整。一般座棉硬度较高、密度较大，背棉次之，枕棉最软。

（2）棕丝及其类似的软垫物

棕丝具有较强的柔韧性与抗拉强度、不吸潮、耐腐蚀、透气性好、耐久度高等优点，所以一直是我国弹簧软体家具中主要的软垫物。与棕丝材料相类似的软垫物有椰壳衣丝、麻丝、笋壳丝、藤丝等。

棕纤维（图 7-9）弹性材料密度均匀、弹性适中；透气、透水性能较好；不生虫、无毒；吸收声波、坐卧回弹无声；具有良好的隔热及绝热性能，用棕纤维弹性材料制作的床垫具有冬暖夏凉的功能；具有良好的亲油拒水性能，可作为污水处理的材料。

亚麻丝（图 7-10）是将亚麻杆辊轧加工成发状纤维，亚麻丝便宜，易加工，但易被压实成块，回弹性低，常用于作质量较好填料的底层。剑麻丝的性能与亚麻丝相似，可用于椅凳座面、扶手和靠背；同时，由于剑麻丝回弹性能较好，可作为软体家具的优质填料底层材料使用。国外有用合成橡胶乳液浸渍椰子皮纤维制成一种橡胶浸渍椰丝填料，具有防霉、防臭功能，也用作家具绝热层，一般用于床垫、汽车或飞机坐垫中。

图 7-9　棕丝

图 7-10　亚麻丝

（3）棉花

棉花主要作为弹簧软体家具的填充物，铺垫于面料下面，以使用料包扎得饱满平稳、质地柔软、滑润、耐磨，弹性较好。但随着泡沫塑料的应用，棉花逐渐被取代。

7.1.4　绷带与底布

（1）绷带

绷带是由粗麻线等材料制成约为 50mm 宽的带子，常成纵横交错钉绷在沙发、沙发椅、沙发凳的底座及靠背上，然后将弹簧缝固于上面。由于绷带具有一定弹性与承载能力，所以也可以将其他软垫物直接固定于其上，制成软体家具，如图 7-11。

黄麻绷带：黄麻绷带的颜色为黄褐色到棕褐色，优质黄麻绷带的编织很紧密，可承受230～270kg 的重量。

棉布绷带：棉布绷带的宽度规格较多，它不如黄麻绷带结实，不能用来作底座支撑。它能承受的重量没有黄麻绷带大，棉布绷带适用于扶手和靠背。

塑料绷带：塑料绷带是一种装饰性绷带，用于可见之处。它不仅作为绷带，还可直接用来作为座面。宽度规格较多，有多种颜色，耐候性好，广泛用于室外家具。

橡胶绷带：固定方法较简单，也容易损坏，多用于低档家具。常见的固定方法有钉固定、金属卡板固定和槽榫固定。

钢绷带：钢绷带常见宽度有 16mm、19mm、25mm，其中 19mm 宽度用得较多。钢绷带没有黄麻绷带那种回弹能力，为了改善支承力，可作为附加支承，一般用于价格便宜的家具中。钢绷带常用钉子固定在框架上，带波纹的绷带便于安装弹簧。

（2）底布

底布有麻布、棉布、化纤布等多种。沙发专用麻布的幅面一般为 1140mm。弹簧软体家具一般需要分别在弹簧及棕丝上各钉蒙一层麻布，沙发扶手需要钉蒙两层麻布。棉布与化纤布一般用作靠背后面、底座下面的遮盖布，起防尘作用，同时也作为面料的拉手布、塞头布

图 7-11　绷带

图 7-12　底布

及其里衬布，以满足制作工艺与质量的要求，底布如图 7-12。

① 麻布　麻布是一种以黄麻纤维为主的粗纤维高强度织物，根据单位长度的重量来分级。麻布在软体家具中有三个重要功能：在弹簧结构家具中用来覆盖弹簧；在非弹簧结构家具中用来覆盖绷带，并用作基底；用来制作软子口。

② 棉布　棉布用在填料与面料之间的附加保护层，使用绒面织物时，使其免受填料摩擦。

7.1.5　钉

软体家具所用的钉主要有圆钉、木螺钉、骑马钉、鞋钉、气枪钉、泡钉等，如图 7-13。

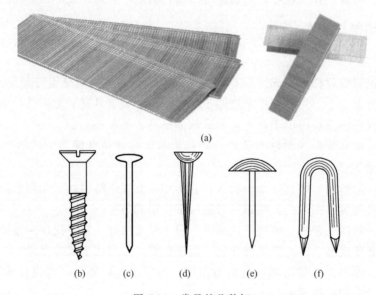

(a)

(b)　　　(c)　　　(d)　　　(e)　　　(f)

图 7-13　常见的几种钉

(a) 气枪钉；(b) 木螺钉；(c) 圆钉；(d) 鞋钉；(e) 泡钉；(f) 骑马钉

① 气枪钉　直钉常用于连接沙发的木质框架，Ⅱ形钉主要用于固定软体家具中的底带、底布、面料。使用气钉枪钉制，生产效率高，应用普遍。

② 木螺钉　按其头部的形状可分为沉头木螺钉、半沉头木螺钉、圆头木螺钉。主要用于沙发骨架的连接。

③ 圆钉　主要用于钉制沙发的骨架。

④ 鞋钉　又名秋皮钉，主要用于钉固软体家具中的绷带、绷绳、麻布、面料等。钉身呈方锥形，钉尖易敲弯转脚，表面经处理后不易生锈。一般固定蜡绷绳选用 19mm 或 16mm，固定麻布和固料选用 13mm。

⑤ 漆泡钉　简称泡钉，由于钉的帽头涂有各种颜色的色漆，故俗称漆泡钉，主要用于钉固软体家具的面料与防尘布。由于钉帽露在外表，易脱漆生锈，所以应尽量少用或用在软体家具的背面、不显眼之处，现代沙发已很少使用此钉。一般钉帽直径为 9~11mm、钉杆长 15~20mm、钉杆直径 1.5~2mm。

⑥ 骑马钉　又名 U 形钉，主要用于钉固软体家具中的各种弹簧、钢丝，也可用于固定绷绳。骑马钉的长度规格有五种，制作沙发常用的骑马钉一般选用 20mm 或 25mm。

7.1.6　绳（线）

（1）蜡绷绳

蜡绷绳又称绷绳，又名吊棕绳，由优质棉纱制成，并涂上蜡，其直径为 3~4mm。能防潮、防腐，使用寿命长。主要用于绷扎圆锥形、双圆锥形、圆柱形螺旋弹簧，以使每个弹簧对底座或靠背保持垂直位置，并互相连接成牢固的整体，以获得适合的柔软度，并使之受力均匀。

（2）细纱绳

细纱绳，又称纱线，主要用来使弹簧跟紧蒙在弹簧上的麻布缝连在一起；并用于缝接夹在头层麻布与二层麻布中间的棕丝层，使三者紧密连接，避免棕丝产生滑移；还用于第二层麻布四周的锁边，使周边轮廓平直。

（3）嵌绳

嵌绳，用于沙发表面层面与面交线处的嵌线部分，以使棱角线条更分明、突出和美观。嵌绳与绷绳粗细基本一样，只是不需要上蜡，较为柔软。

7.1.7　蒙面材料

软体家具的蒙面材料可以是各类皮革或棉、毛、化纤织品，也可用各类人造革。

（1）动物皮革

动物皮革通常是用来制作高级软体家具的面料，主要有牛皮、羊皮、猪皮等多种。因皮革的透气性、弹性、耐磨性、耐脏性、牢固性、触摸感及质感等都比较好，故备受青睐。三者相比，牛皮的力学强度高，羊皮柔韧性较好，猪皮毛孔较粗糙。动物皮革是高级产品的面料，一般不会产生污染。但在加工过程中，使用了含苯胺、乙酰胺的色素，含甲醛的胶黏剂和尼龙线，这些都会对环境造成污染。

（2）人造皮革

随着仿真技术水平的提高，一些人造皮革酷似动物皮革，真假难分，有的质感比动物皮革还要好，因而应用相当广泛。人造皮革虽清洗方便、耐磨性好，但不透气、不吸汗，使用不舒服，易发脆龟裂，使用期限较短，只能作为中、低级沙发的面料。

（3）织物

织物用于制作各种布艺沙发，常用的有棉纤维、麻革纤维、腈纶纤维、尼龙纤维、涤纶纤维等。多数沙发纺织物的质感、透气性、柔韧性、保暖性都比较好，价格合适，已逐渐成为沙发面料的主流。

7.1.8　钢丝

钢丝主要用于软凳、沙发、床垫等的软边处，起固定和连接弹簧的作用，使边沿弹簧和中间弹簧相互牵制配合，以达到成品的边沿挺直和富有弹性的目的。

7.2　软体家具的结构

7.2.1　沙发框架结构的类型

沙发的框架结构是受力的主要部件，其质量的好坏直接影响到沙发的使用寿命。随着沙发制造工艺及材料的发展和人们审美需求的提升，沙发的样式也越来越多。根据不同的需求，家具企业利用不同的材料来制作沙发的框架结构。

（1）木质框架结构沙发

木质框架沙发主要分为两类，一种是采用纯实木构建框架，另一种是实木和胶合板共同制作框架。用纯实木制作的框架可以进行雕刻、镶嵌等装饰。现代沙发的造型相对比较简洁，色彩素雅，时代感强，生产工艺相对比较简单，较易采用规模化生产方式，如图7-14。这类沙发的结构常采用榫卯方式，并结合五金连接件接合各零部件。

随着现代沙发制作工艺的发展以及审美的提升，沙发的造型越来越多样化，而其造型在很大程度上取决于沙发框架的造型结构。因此，人造板在沙发框架制作中得到广泛的应用。如图7-15所示，沙发靠背的弧形及曲面都是通过胶合板制作出来的。这类沙发的结构一般都以实木为框架，人造板辅助并造型。

图7-14　实木框架沙发

图7-15　实木与人造板结合的框架结构

（2）金属框架结构沙发

金属框架沙发质量较轻，结构稳定，框架不易损伤，造型丰富多变。金属框架根据其结构形式多样，可分为固定式、拆装式、折叠式、伸缩式等。

固定式：通过焊接或铆接将零部件接合在一起。这种结构受力及稳定性较好，有利于造型设计，但表面处理不便。固定式框架结构的不足是占用空间大，不利于运输，如图7-16。

伸缩式：以铆钉连接或螺丝连接为主，把产品的各杆件连接起来。根据使用需要，通过滑道装置，可以把沙发伸长。如图7-17所示，沙发座位可以向外伸出，再把靠背放平，即可当软床使用，不用时又往回缩。

图 7-16　固定式金属框架沙发

图 7-17　伸缩式金属框架沙发

拆装式：产品部件之间用螺栓、螺母连接，或者部件利用金属管材制作，以大管套小管，用螺钉连接固定。拆装式框架结构的零部件可在电镀后连接，便于运输。

折叠式：可分为折动式与叠积式。折动式是运用连杆机构的原理，以铆钉连接为主，把产品的各杆件连接起来。叠积式则兼具固定、折叠式框架的长处，除具有外形美观、牢固度高的优点外，还可充分利用空间，便于运输。

（3）塑料框架结构沙发

塑料框架通常是经过模塑成型而形成（如图 7-18），其造型新颖、色彩鲜艳、轻便实用，受到很多年轻人的青睐。塑料成型就是将不同形态的原料按不同方式制成所需形状的坯体，常用的工艺有注射成型、挤出成型、压制成型、吹塑成型等。由于其成型工艺的特性，这类沙发的结构比较固定，很多都不能拆装。

图 7-18　塑料框架沙发

（4）竹藤框架结构沙发

竹藤家具线条流畅、经久耐用、清新淡雅、温馨静谧并带有大自然的气息。竹材、藤条均为天然材料，绿色环保，生长周期短，产量高，可再生，不影响生态。竹藤家具在加工过程中采用特种胶黏剂，不会对人体有害。竹藤可生产出造型丰富的家具，可利用藤皮、藤芯等缠绕家具主骨架编织出各式花纹，也可搭配其他材质使用。用竹藤材料做沙发的框架，既保持了竹藤特有的质感和性能，又克服了易干裂变形的不足。藤编单座沙发如图7-19。

图 7-19　藤编单座沙发

7.2.2　沙发结构的组成

7.2.2.1　外部结构

沙发的外部结构是由靠背、座位、扶手和沙发脚等构成，如图7-20。

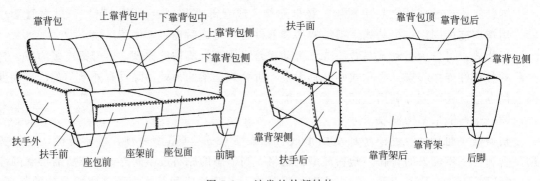

图 7-20　沙发的外部结构

① 靠背　又称沙发屏。由靠背包和靠背架组成，靠背包包括上靠背包、下靠背包、靠背包侧、靠背包中、靠背包顶、靠背包底、靠背包后以及靠背包内等；靠背架包括靠背架后、靠背架侧、靠背架顶、靠背架底等。

② 座位　分为座包、座架两部分。

③ 扶手　也分扶手架和扶手包两部分。扶手包括扶手前、扶手后、扶手外、扶手内以及扶手面等。

④ 沙发脚　用来支承整张沙发，分为前脚和后脚。

成品沙发的外形和尺寸由沙发的框架结构和尺寸、软层结构和尺寸等起着决定性作用。沙发外部的基本尺寸见表7-1。

表 7-1　沙发的外部基本尺寸　　　　　　　　　　　　　单位：mm

左前宽	座深	座前高	扶手高	背高
≥480	480～600	360～420	≤250	≥600

7.2.2.2　内部结构

沙发是坐类家具，受力较大，这就要求它具有足够的使用强度，尤其是要确保骨架的强度。与实木和板式家具一样，木质沙发框架也是由多个零部件组合而成的，常采用榫接合、木螺钉接合、圆钉接合以及连接件接合等多种接合方式。框架常采用枪钉、圆钉、木螺钉的接合，工艺简单，成本低。如果用榫接合，多用明榫接合，因明榫的制作简单，强度较高，外有面料遮盖，不影响美观。

（1）木质框架

① 沙发框架　如图 7-21。沙发木质框架结构的零部件通过枪钉、直角榫、钢钉、木螺钉接合为一个整体。沙发框架零部件所用的木材对质量要求不高，但要有足够的强度、握钉力等，以保证其结构牢固，并便于其他材料组装。

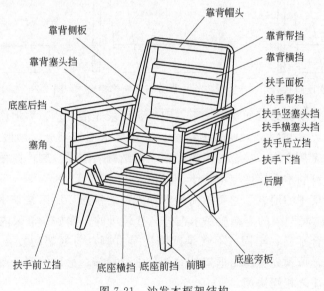

图 7-21　沙发木框架结构

② 沙发底座与脚的明榫接合结构　如图 7-22。在脚的上端加工出单肩双榫，与底座骨架接合后，其中一个榫头在底座骨架前梃的内侧，形成明榫夹槽接合结构，并用塞角加固。此种接合结构强度高、稳定性好。

③ 沙发底座与脚的暗榫接合结构　如图 7-23。此种接合结构与上述明榫接合基本相同，只是采用暗榫接合结构，虽然榫端不外露、较美观，但加工较复杂，故在沙发骨架接合中应用较少。

④ 沙发靠背与底座的钉接合结构　如图 7-24。靠背与底座的侧面板进行搭接，利用木螺钉牢固接合为一体，这种接合结构简单、牢固。

⑤ 沙发靠背与底座的榫接合结构　如图 7-25。采用榫接合结构，接合强度大，稳定性能好，但由于加工工艺较复杂，所以不如钉接合应用广泛。

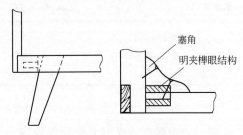

图 7-22　沙发底座与脚的明榫接合结构

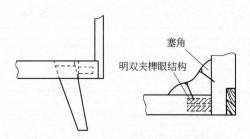

图 7-23　沙发底座与脚的暗榫接合结构

⑥ 沙发底座旁板与靠背旁板的接合结构　如图 7-26。在底座骨架旁板的后端加工出斜形缺口，将靠背骨架旁板的下端加工成与斜形缺口相吻合的斜面。装配时，将靠背骨架旁板下端斜面放入底座骨架旁板后面的斜形缺口上，并对整齐；然后在其内侧接口处放一块小木板，用木螺钉使之牢固地接合成一个整体。此种接合方法与图 7-24 所示的搭接相比，其工艺稍复杂，且稳定性也差些，故应用并不广泛。

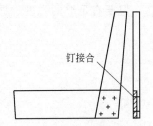

图 7-24　靠背与底座钉接合

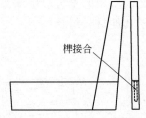

图 7-25　靠背与底座榫接合

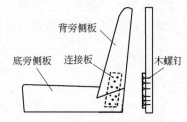

图 7-26　底座旁板与靠背旁板接合

沙发木质框架外露部分，如实木扶手、腿等，要求光洁平整、需加涂饰，接合处应尽量隐蔽，结构与木质家具相同，采用暗榫接合；被包覆木框架部分，如底座框架、靠背框架等，可稍微粗糙、无须涂饰，接合处不需隐蔽，但结构须牢固、制作简便，可用圆钉、木螺钉、明榫接合，持钉的木框厚度应不小于 25mm。

沙发脚是受力集中的地方，它要承受沙发和人体的重量，所以常采用螺栓连接。螺栓规格一般为 10mm，常将圆头的一端放在木框外，拧螺母的一端放在框架内侧，并且两端均须放垫圈。为了使接合平稳、牢固，不管是圆脚还是方脚，与框架的接合面都必须加工成平面。脚在安装之前，可预先将露出框架外的部分进行涂饰，涂饰的颜色要根据准备使用的沙发面料颜色而定，使之相互协调。

沙发座框和靠背框架的连接，如果采用榫接合，需涂胶加固或在框架内侧加钉一块 10～20mm 厚的木板，以增加强度。这部分的接合还可以采用半榫搭接、木螺钉、枪钉固定。框架板件的厚度一般为 20～30mm，不能太厚，以免增加沙发自重，且浪费材料；但也不能小于 20mm，以免影响强度，造成损坏。木框架对粗糙度的要求不高，只要刨平即可。

（2）其他辅助结构

木质框架接合完成后，需在上面铺弹簧、绷带（松紧带）、底布、海绵等组成，如图7-27、图 7-28。

① 蛇簧　弹性欠佳，主要用来承力，比较舒适，如图 7-29。

② 绷带与底布　为了增强舒适性，一般会在蛇簧之间穿插绷带，然后在其上面铺底布，便于贴覆薄海绵或放置软垫。

③ 海绵　木架不同位置所用的海绵是不一样的，靠背受的力较小，可用低密度、比较

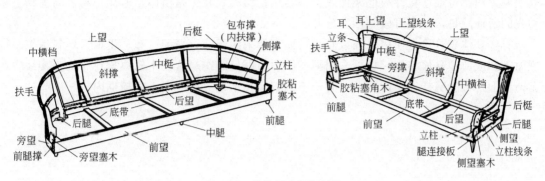

图 7-27　其他实木框架结构

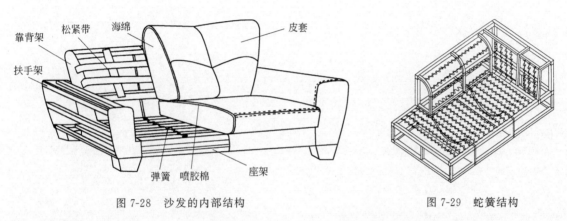

图 7-28　沙发的内部结构　　　　　图 7-29　蛇簧结构

柔软或者超软的海绵；扶手位置所受的力较大，可用中等密度的海绵、软或中软的海绵；座位承受人的重量，受力最大，要用高密度、弹性好的海绵，也可用弹簧坐垫或者公仔棉（互不相连、弹性很好）。

④ 坐垫　在高级软体家具中，常采用螺旋弹簧制作整体式坐垫，在弹簧上包覆棕丝、棉花、泡沫塑料、海绵和装饰面料，其弹性佳、坐感舒适，如图 7-30；也可制成袋包弹簧，方便与沙发分开，如图 7-31。普通沙发一般没有用这种弹簧，而用泡沫塑料。其弹性与舒适性均不如螺旋弹簧和蛇簧，但省工、省料，这种软垫用泡沫塑料与面料制成，有整体式、嵌入式和移动式软垫等种类。整体式软包与弹簧结构相同，只是以厚型泡沫塑料等代替弹簧；嵌入式软包是在支架或底板上用厚型泡沫塑料等蒙面而成的底胎软垫，可以固定在坐具

图 7-30　整体式坐垫

图 7-31　袋包弹簧坐垫

框架上，用螺钉或连接件与框架做成拆卸结构；移动式软包是由厚型泡沫塑料等与面料直接构成的活动软垫，一般可以与沙发分开。

有些软体家具没有使用海绵或软垫，而直接采用藤编、绳编、布、皮革、塑料编织、棕绷面等制成薄型软体结构，也可采用薄型海绵与面料制作。这些半软体材料有的直接编织在座椅框上，有的缝挂在座椅框上，有的单独编织在木框上后再嵌入座椅框内。

8　软体家具制造工艺

沙发是典型的软体家具。不同类型的沙发，其框架结构、制作材料和生产工艺均不相同。目前，沙发的框架结构材料还是以木质为主，典型的木质框架沙发制作工艺流程如图 8-1。

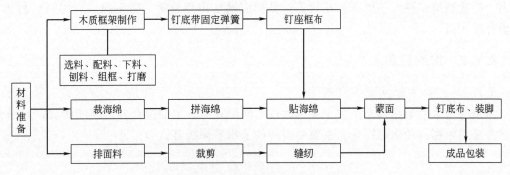

图 8-1　典型的木质框架沙发制作工艺流程

8.1　木质框架制作

沙发框架制作的主要工序包括选料、配料、下料、刨料、组框、打磨。加工时，需严格按各个工序的要求进行，才能保证框架制作质量。

8.1.1　材料准备

（1）选料

选料要根据沙发的设计标准挑选木质材料。对于外露部位，应选择纹理美观、质地较好的实木材料，有节疤等缺陷的木料应安排在不可见的位置；受力较大的部件，需挑选木质坚硬、弹性较好的木料；弯曲的零件，尽量采用与之匹配的弯曲木材；人造板的选择，要保证其具有足够的强度与握钉力。总之，在保证质量的前提下，尽量做到充分利用并节约材料。

（2）配料

配料一般先配框架中较长、较大和主要部件的材料，再配较短、较小和次要部件的材料。锯截时，材料要留有一定的加工余量，以免太短造成浪费。一般情况下，部件长度的加工余量应按设计尺寸多留 10mm 左右，宽度和厚度的加工余量应按设计尺寸放宽、放厚5mm 左右。

（3）下料

实木下料时，直线形的木料可在圆锯机上切割加工；如果有弯曲件，但没有合适的弯曲木材，也可直接锯制弯曲件，或采用方材弯曲或胶合弯曲的方法制作。在实际生产时，弯曲件常用细木工带锯机锯制，但木材利用率较低，并且会造成木材的纤维被切断，致使加工的零部件强度降低；另外，纤维端头暴露在外面，铣削质量和装饰质量比较差。而方材的胶合弯曲可以克服以上缺点，被广泛应用。胶合弯曲时，芯层材料的等级低于面层材料，可制成形状复杂的曲线形零件，也可以进行多向弯曲，形状稳定性比较好，生产工艺相对简单，操作容易，可以节约优质木材。

人造板下料时，应先制作好放样用的样模，再把样模放在人造板上划线，然后利用带锯机等设备按画好的线进行下料。

（4）刨料

有些沙发使用的实木框架是外露的，因此必须使其表面光滑、平整。很多框架都是长方形木料，因此可以通过刨削方式进行加工，顺着木纹方向刨削。刨光后，有些外框架需要加工出一些成型槽、榫头、榫眼、花纹等，可相应地选用镂铣机、雕刻机、开榫机进行加工，最后打磨光滑。

8.1.2 框架钉制

8.1.2.1 实木沙发框架钉制

沙发的实木框架结构是由多个零部件按不同形式与一定的接合方式装配而成，如图8-2。大部分采用木螺钉和圆钉接合，主要受力部件采用明榫接合。

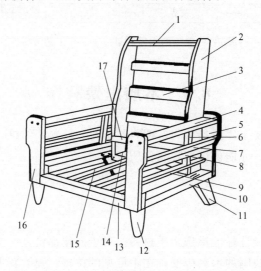

图 8-2 整体式包木沙发框架结构

1—靠背上横档；2—靠背侧立板；3—靠背中横档；4—扶手上档；5—扶手后立柱；6—扶手塞头立档；
7—外扶手上贴档；8—外扶手下贴档；9—扶手下横档；10—座侧板；11—后脚；12—前脚；
13—座前档；14—座后档；15—底座弹簧固定档；16—扶手前立柱；17—靠背下横档

1）靠背上横档　主要用于头颈部枕靠和放软体材料，使沙发上端部位平直柔软。一般应低于靠背侧立板顶端 20～30mm，厚度取 20～30mm，宽度要根据靠背侧立柱上端的宽度而定。如果沙发靠背有弧度，靠背上横档也要有弧度。

2）靠背侧立板　主要用来连接座框，并起支承、定型作用，形状要根据沙发侧面的造型而定。侧立柱厚度一般为20～25mm，宽度根据背后侧面形状而定。顶端到扶手处应做倒角，以便包制时用钉加固。靠背的样式有多种，如图 8-3。

3）靠背中横档　主要用来组装靠背，并支承固定弹簧、海绵等辅材，其厚度一般为20～25mm，通常在靠背侧立板后面缩进 5～10mm。

4）扶手上档　主要用来连接扶手的前后立柱，并放置泡沫塑料或弹簧，在蒙皮后使扶

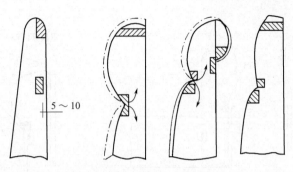

图 8-3 沙发靠背结构（单位：mm）

手饱满、富有弹性，方便放手。一般沙发的扶手上档厚度为 20～25mm，宽度按扶手立柱宽度配制。若在扶手上档上面放泡沫塑料，需比扶手立柱顶端低 20mm 左右；若在上面放盘簧，需比扶手立柱顶端低 50～60mm。

5）扶手后立柱　主要用来连接座框下端和靠背侧立板，并使扶手成形，扶手后立柱形状应根据扶手形状而定。扶手后立柱里侧（与靠背侧立板相接处）需要开 10mm×40mm 的缺口，以便给扶手蒙皮，见图 8-4。

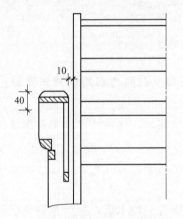

图 8-4　扶手后立柱结构（单位：mm）

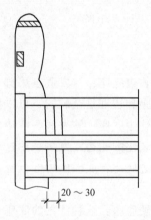

图 8-5　扶手立档（单位：mm）

6）扶手塞头立档　在包制沙发扶手时，用于绷紧麻布、面料和着钉等，又称钉布档。尺寸一般为 20mm×30mm。它位于扶手上档与扶手下横档之中，并与扶手上档和扶手下档的里边平齐，而且比靠背侧立板往前 20～30mm，如图 8-5。

7）外扶手上贴档　主要起拱面成形的作用，以保证扶手的结构，一般取 30mm 左右的木方，长短与扶手板相同。

8）外扶手下贴档　主要用来钉里、外扶手面料，一般取 20～30mm 的木方，长短与外扶手上贴档相同，如图 8-6。

9）扶手下横档　主要用来绷紧麻布与面料，并进行钉接合。它必须与扶手前立柱里档平齐，与扶手后立柱边相距 10mm。扶手下横档的高度，应比包好的座身高度低 50～70mm，见图 8-7。一般取 25～30mm 的木方，其长短与扶手板相等。

10）沙发座框　用于承力，主要部件都安装在座框上，形成沙发整体。它由座旁望板和前后望板组成，有时与脚连成一个整体。座框如果采用弹簧固定板结构，则应与座框一起组装；如果为绷带结构，则座框为一伞心框架。沙发底座结构一般分为以下四类，如图 8-8。

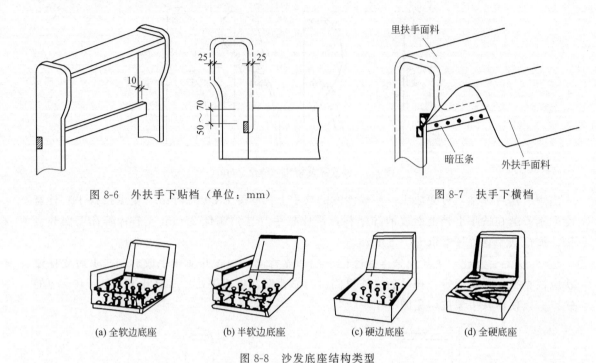

图 8-6 外扶手下贴档（单位：mm）　　　　　　图 8-7 扶手下横档

(a) 全软边底座　　(b) 半软边底座　　(c) 硬边底座　　(d) 全硬底座

图 8-8 沙发底座结构类型

全软边底座：沙发底座用弹簧作主弹材料，前边和左右两边都用盘簧与弹簧边钢丝支承。底座和边框是全软的，可以回弹。

半软边底座：沙发底座前边的边框由盘簧和边钢丝支承，这种沙发坐上去很柔软。使用盘簧做底座的软边沙发多采用这种结构。

硬边底座：底座的边框全部用木板围成，在底座中间加盘簧或蛇簧，这样的底座边框全是硬边。

全硬底座：这种沙发的底座不用弹簧，在边框上加盖一块木板，板上包蒙一层泡沫塑料或其他填料，也可做一活软垫搁放在底座上。

11）沙发脚　沙发脚的形式很多，有的以支架形式用木螺钉紧固在沙发底座框上；有的直接用榫结构形式接合在沙发底座框上；有的用脚轮固定在沙发底座框上。木脚用料的直径或边长一般为 50mm 左右。

12）底座弹簧固定档　用来安装弹簧，一般选用 25mm×50mm 的木料。底座弹簧固定档因受力较大，应选无节疤、虫眼的木材。底座弹簧固定档可用榫结构形式与底座框接合，也可在底座框上贴条，将底座弹簧固定档钉在贴条上。

13）扶手前立柱　与扶手后立柱一样，用于确定沙发扶手的结构，样式有多种，如图 8-9。厚度一般为 20～30mm，形状特殊的前柱头用料应厚一些。一般扶手前柱头的宽度应比包好的扶手宽度窄 50～60mm，并在棱角线上倒棱。

14）靠背下横档　主要使麻布和面料绷紧时承受钉接合。一般情况下，单位沙发用料为 25～30mm，双位和三位沙发用料应加大。靠背下横档的安装高度应比包好的座高低 30～40mm，如图 8-10。如果沙发的靠背为圆弧形，靠背上横档有弧度，那么靠背下横档也应有与之相应的弧度。

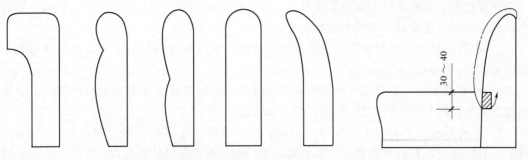

图 8-9　靠背下横档样式　　　　　图 8-10　靠背下横档（单位：mm）

8.1.2.2　人造板与实木结合的沙发框架钉制

目前，在沙发内结构框架常用人造板与实木相结合的方式制作。在结构框架中，人造板主要起造型作用，而实木材料主要起稳定结构强度的作用。沙发结构框架主要由靠背框架、底座框架、扶手框架这三部分组成。制作时，根据设计要求和工艺要求，这三部分可以整体制作，也可以分开制作。

在分体沙发内结构框架中，如图 8-11 所示，扶手框架与靠背框架及底座框架相分离，人造板用的是多层板，厚度取 9～18mm。各零部件之间采用射钉枪钉制，在接口一般要用木塞加固。由于框架材料的配料、下料与钉制框架是同时进行的，因此只要配料、下料准确，钉制效率就会大大提高。

（1）靠背框架

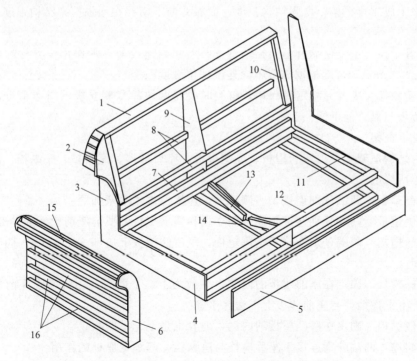

图 8-11　分体沙发框架结构

1—靠背上望板；2—靠背耳板；3—靠背侧立板；4—座侧望板；5—座前望板；6—扶手立柱板；

7—座后横档；8—靠背横档；9—靠背中撑；10—靠背斜撑；11—座侧纵档；

12—座前横档；13—座斜撑；14—座纵档；15—扶手上档；16—扶手横档

靠背框架主要由靠背上望板、靠背侧立板、靠背耳板等多层板和靠背前后横档、靠背中撑、靠背斜撑、靠背纵撑等实木条所组成。

1）靠背上望板　主要用于沙发靠背顶部造型，连接靠背两侧的立板和放软体材料，厚度一般为9～18mm。

2）靠背侧立板　主要用于沙发靠背侧面造型，连接靠背上望板和底座框架等。其形状根据靠背侧面的形状而定，厚度一般为9～18mm。

3）靠背耳板　主要用于沙发靠背造型，组成耳框，连接在靠背上望板和靠背侧板上。耳框一般由靠背前耳板和靠背后耳板组成，中间用实木条通过枪钉连接。在组装时，靠背前耳板、后耳板要与靠背侧板的两边缘分别对齐。靠背耳框与靠背的组合如图8-12。

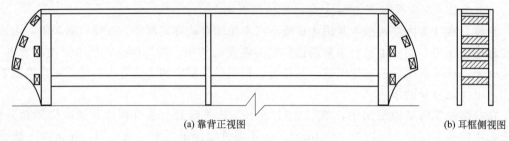

(a) 靠背正视图　　　　　　　　　　　　　　　　　(b) 耳框侧视图

图8-12　靠背耳框与靠背的组合

4）靠背前后横档　主要用于连接两块靠背侧板，增加靠背结构强度与稳定性，方材的截面尺寸一般为20mm×30mm（或30mm×40mm），长度根据沙发的长度而定。靠背后横档主要用来组成靠背框架，增强结构强度，而靠背前下横档在增强框架结构强度的同时固定蛇簧端部。

5）靠背中撑　主要使靠背框架在垂直方向上起到连接与支承作用，方材的截面尺寸一般为20mm×30mm，长度根据靠背不同连接部位高度而定。

6）靠背斜撑　主要起稳定性作用，钉制时要与两块靠背侧立板的斜边平行，两端固定于靠背上望板与靠背前下横档上。

（2）座框框架

座框内结构框架主要由座前望板、座侧望板、座后横档、座斜撑、座纵档、座前横档和座侧纵档等所组成。

1）座前望板　两端分别连接于座侧望板，连接部位用木塞加固。

2）座侧望板　两端分别连接于靠背侧立板和座前望板，要与座前望板的端部对齐。

3）座后横档　两端分别连接于座侧望板，距座侧望板上边部5～10mm，同时在中部用座斜撑加固。

4）座前横档　固定在座前望板的内侧，一般为上、下两根，用来增强座前望板的强度与稳定性，上下横档要与座前望板上下边缘平齐。

5）座侧纵档　固定在座侧望板的内侧，一般也是上、下两根。

6）座斜撑　两端分别连接于座后横档与座纵档，起稳定座框的作用。

7）座纵档　前端固定在座前横档上，后端沿着靠背中撑连接到沙发座框底部的后档上，并对座框中部的望板进行加固。

（3）扶手框架

扶手内结构框架主要由扶手立柱板、扶手上档、扶手横档等所组成。扶手立柱板主要用于沙发扶手的造型，一般用厚度为 18mm 的多层板。扶手上档用于连接扶手前后立柱板，并放置软体材料，增加放手的舒适性。扶手横档，用于连接扶手前后立柱板，钉制在扶手立柱板的边缘，距边缘 5～10mm。

8.2 绷带钉制

座框、靠背框架一般都会钉制绷带，以增强沙发的舒适性，常用到棉织绷带、麻织绷带、橡胶绷带、塑料绷带等。

图 8-13(a) 是利用金属卡板将绷带穿过卡板下的缝插进去，然后连同金属卡板一块固定在座框上。图 8-13(b) 是在座框宽度上开一透槽，将橡胶绷带从透槽中穿过，用骑马钉反钉在座框下面。当沙发座框较厚时，可以先在座框上开一条沟槽，其深度应足以放入橡胶绷带和一根窄木条，然后用螺钉将绷带锁紧，如图 8-13(c)。

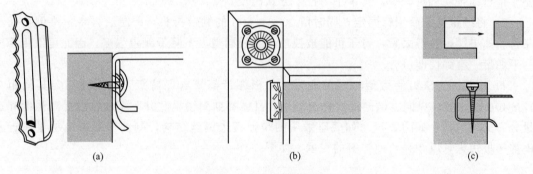

| (a) | (b) | (c) |

图 8-13　橡胶绷带钉制方法

麻织绷带强度较高，弹性较好，常用于底座，一般用钢圆钉或特制的绷带钉固定。而棉织绷带强度较低，一般用于扶手或靠背，而不用于底座。铁制绷带通常固定于沙发座框纵横档下面，适用于螺旋弹簧的支承，在座框背后用铁皮条穿交叉呈"井"字形，这不但要铁皮条之间交叉，同时与弹簧的底圈也要交叉，并用钉子把铁皮条固定于纵横档上。

（1）钉制底座绷带

软椅、沙发类软体家具底座基本形状有方形、梯形、圆形等，如图 8-14。底座由四个边组成，即前望板、后望板和两个旁望板。

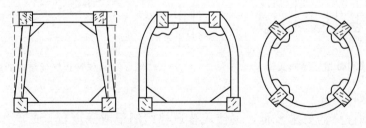

图 8-14　底座基本形状

需钉绷带的底座可分软垫底座（绷带上面铺放海绵为主）和弹簧底座两类，如图 8-15。一般软垫底座的绷带钉在座框望板上，而弹簧底座的绷带钉在座框望板下。目前，在实际生产中一般用枪钉固定绷带，如图 8-16。

1）先用枪钉或圆钉把绷带固定在前望板上，从中间向两边钉起，钉绷带时留出 30～

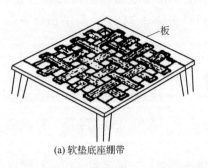

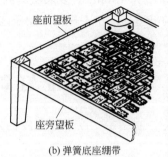

(a) 软垫底座绷带　　　　　　(b) 弹簧底座绷带

图 8-15　钉绷带底座结构类型　　　　　　图 8-16　枪钉固定绷带

40mm 的折头倒折回来，再钉以加强绷带钉制的牢固度。

2）把在前望板上固定好的绷带拉向后望板拉紧，拉紧的方式有手工拉紧、紧带器拉紧、松紧带自动张紧机拉紧等，其中手工拉紧方式比较方便。

3）将绷带拉紧后用钉固定，同时留 30～40mm 的绷带折头，剪断后再将折头倒折回来又钉。如果绷带拉得太紧，钉子可能被拽松或在长期受力下降低绷带强度，因此可以用手压一下绷带，有弹性即可。

4）用相同方法钉制旁望板间的绷带，每根绷带都要求保持挺直、间隔均匀其间距为 15～40mm 为宜。纵向、横向都要钉制绷带，且需穿插交错呈"井"字形，以提高强度和重量分布的均匀性，如图 8-17。如底座采用的是弹簧边钢丝结构，则前边绷带应尽量靠近座框前望板边缘，以增强对边弹簧的支承，如图 8-18。

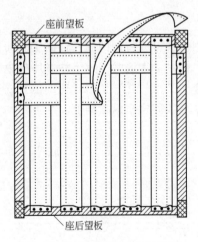

图 8-17　纵横绷带相互穿插交错

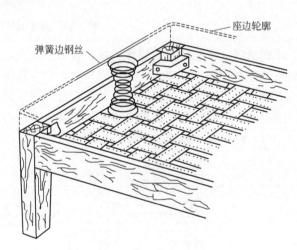

图 8-18　弹簧边钢丝结构的底座

（2）钉制靠背绷带

靠背绷带对强度的要求较低，可使用普通棉织绷带或强度较低的麻织绷带，而目前企业以松紧带为主。由于靠背框架形状变化较多，因而在钉制绷带时基本都采用手工拉紧方式。

根据软体家具部件的摆放位置、框架结构的实际情况水平或垂直钉制绷带。一般情况下，靠背只使用垂直绷带，当靠背特别高时，可使用 1～2 根水平绷带。如果靠背特别弯时，要尽量避免使用水平绷带，以免使靠背变形走样，如图 8-19。如果靠背为盘簧结构，则采

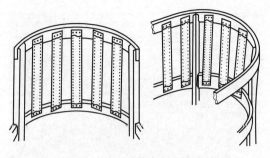

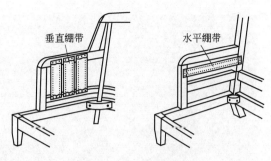

图 8-19　钉制圈椅靠背绷带　　　　　　　　　图 8-20　钉制扶手绷带

用纵横交错的绷带，才能满足支承弹簧的强度要求。

（3）钉制扶手绷带

钉制扶手绷带一般钉在扶手内侧，主要用于形成支承填料和包布层的基底，以完成扶手的包垫。由于扶手绷带强度要求不高，所以一般采用棉织绷带，也可用大块麻布或棉布代替多根绷带。在钉制时也要用手拉紧，扶手绷带可垂直安装或水平安装，如图 8-20。

8.3　弹簧的固定

8.3.1　蛇簧的固定

现代沙发的制作中，蛇簧常用于制作坐垫和靠背的支承面，尤其是坐垫支承面，其框架结构如图 8-21。蛇簧呈拱形，中部凸起 20～30mm，这样有利于承托载荷（人体重量）时有较好的回弹空间，受力也能较好地分配。

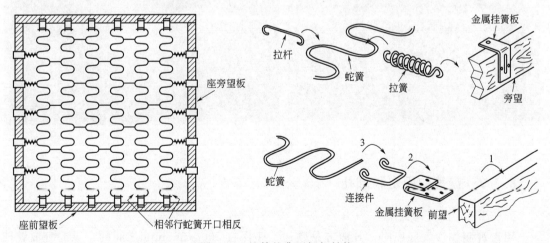

图 8-21　蛇簧的典型框架结构

蛇簧安装时，要求在不受力的情况下呈向上的弓形，其次要求边框必须坚固结实，所以安装蛇簧的零件至少要 25mm 厚，以避免蛇簧受力时向内压弯。首先按沙发框架的尺寸要求截成一定的长度，必须在 U 形的中心点截断，蛇簧截断后，端部必须弯头向里，以防止端部从装配夹子中脱落出来；然后把三角扣一侧钉在框架上；最后挂上蛇簧，并用钉子再加固三角扣。固定蛇簧的蛇簧扣应打在距离实木方材内侧的 3mm 处。蛇簧的安装与固定如图 8-22。

图 8-22 蛇簧的安装与固定

蛇簧、绷带一般分别横、纵向钉接到座框上方。通常先钉接蛇簧，再钉接绷带。每条蛇簧间距为 130～150mm。每条绷带必须以穿插的形式固定在蛇簧上，以保证使用中相互位置不发生错动，绷带宽为 75mm，间距为 110～130mm，如图 8-23。每条绷带的拉力必须均匀，内空在 500mm 情况下，以拉长 170mm 为标准。每条绷带上用枪钉 45°斜打两排，每排 5、6 颗枪钉，绷带必须用刀片齐平木架外边割平。

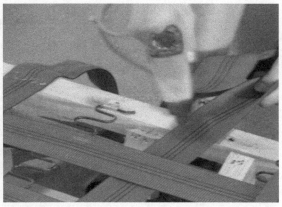

图 8-23 绷带的穿插与固定

8.3.2 盘簧的固定和绑扎

8.3.2.1 盘簧的固定

用盘簧制作沙发底座时，凡前方是软边、座深在 500～560mm 之间的，纵向宜放置四排盘簧，如图 8-24。第一排盘簧的最大圆周应与第二排盘簧的最大圆周共切于直线 AB 处，后三排纵向最大圆周外径的间距均为 45～50mm，横向为 45～55mm。无论是单人沙发还是三人沙发，前排弹簧都应比后排多一个。一般硬边的单人或三人沙发，以放置三排盘簧为妥，纵向间隙为 60mm，横向间隙仍为 45～55mm，如图 8-25。用盘簧制作沙发靠背时，盘簧排列方式可根据靠背的高度和要求确定，纵向采用三排为宜，纵向间隙一般为 50～90mm，横向间隙为 55～60mm。

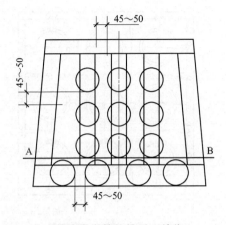

图 8-24　软边底盘簧的排列（单位：mm）

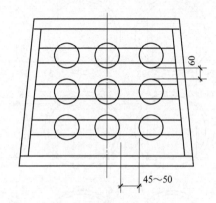

图 8-25　硬边底盘簧的排列（单位：mm）

固定盘簧的方法根据基底的不同而不同，底座和靠背基底可分为绷带基底、网式基底、板条基底和板式基底四种。

1）绷带基底　由纵横交错的绷带组成，盘簧一般直接固定在绷带基底上，绷带基底可用双头直针或弯针引鞋线缝固盘簧，如图 8-26。凡沙发的软边结构，如全软沙发和半软沙发，都需用弹簧边钢丝结构，即钉扎钢丝或藤条。用于固定、连接框边盘簧，使边部盘簧与座面中间的盘簧相互牵制配合，并使软边盘簧受力一致，既富有弹性又保持沙发的轮廓。

2）网式基底　用铁丝网作基底时，把网片放入框架内，其四边与木框有 100mm 左右的空隙，然后用拉簧将网片与木框连为一体。盘簧则用射钉固定在网片上，也可用弯针穿鞋线或麻绳绑在网片上。铁皮条作基底时，在框架底部用铁皮条穿交叉呈"井"字形，铁皮条之间不仅要交叉，同时还要与弹簧的底圈交叉，并用钉子把铁皮条固定于框架上。

3）板条基底　将木板与座框连成一体，用于支承盘簧。还有一种基底是在座框上钉上整块实木板或其他人造板，形成实芯的板式基底。这两种基底形式比绷带基底要牢固可靠，但弹性、舒适性不如绷带基底。盘簧在板条基底或板式基底上一般采用骑马钉或射钉固定，也可采用钢圆钉弯曲固定。在盘簧下加一块软质材料以减少在盘簧碰磨木板时产生的噪声。

8.3.2.2　盘簧的绑扎

盘簧固定后，要用蜡绳将盘簧绑扎在木框上，使其不左右移动。为了使弹簧基座具有一定的弹性，在绑扎弹簧时需将自由高度向下压缩。但绑扎时下压的压缩量不得超过盘簧自由高度的 25%，一般硬盘簧压缩量小些，而软盘簧压缩量应大些。

（1）弧面座的绑扎

弧面座的座边是倾斜的圆边，在绑扎盘簧时，一般采用纵横二向绷绳，如图 8-27。在绑扎弧面座盘簧时可以采用回绑或不回绑的绑扎法（如图 8-28），回绑法又可分为单股绷绳回绑法（如图 8-29）和双股绷绳回绑法（如图 8-30）。

回绑法是由两根平行绷绳构成的，一根绑在靠近木框的弹簧顶圈上，另一根绑在同一弹簧顶圈的下面一圈（即第二圈）上。采用回绑法可使弧面座的外圈盘簧顶部绑斜，以使座框四边绑圆，形成弧面。

绑扎盘簧需要打结，方式有绕结和套结，如图 8-31、图 8-32。绕结便于绑好每行之后

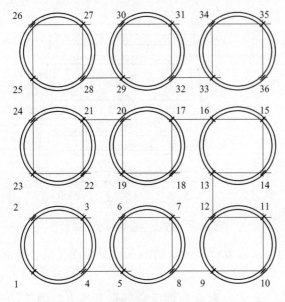

图 8-26 盘簧在绷带基底的缝固针步

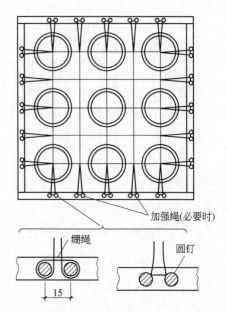

图 8-27 纵横二向绷绳绑扎法（单位：mm）

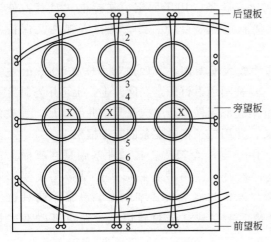

图 8-28 不回绑扎法的盘簧绑扎

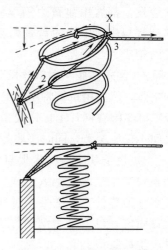

图 8-29 单股绷绳回绑法

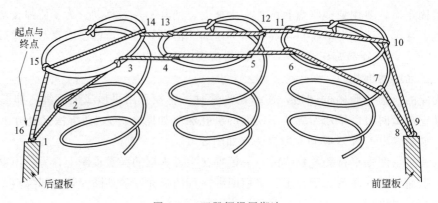

图 8-30 双股绷绳回绑法

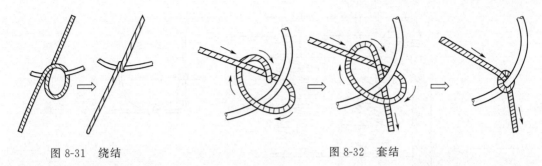

图 8-31 绕结　　　　　　　　　　　　　　　　图 8-32 套结

调整盘簧；套结则较稳定耐久，不像绕结那样容易滑动，并能在某处绷绳断开后，保持其他绳扣不松。

（2）平面座的绑扎

平面座的边部与座面垂直，边部棱角比较方直。其绑扎方式与弧面座类似，但绑扎盘簧采用单股绷绳；有时采用斜向绷绳，即"米"字形绷绳，如图 8-33；回绑时，开始是用下面一根绷绳绑在盘簧从顶往下数的第三圈的外侧上，如图 8-34。

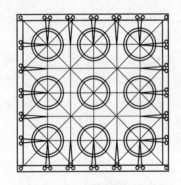

图 8-33　"米"字形绷绳回绑法

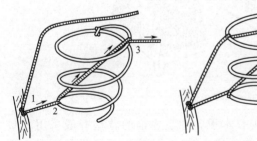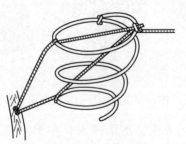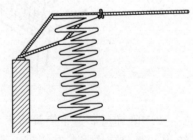

图 8-34　平面座的盘簧绑扎

在平座的前边，有时连同侧边一般设有一根弹簧边钢丝。前排盘簧在绑扎时，需均匀地向外倾斜，使每个盘簧顶圈最外侧和木框前望板外侧都在同一垂线上，如图 8-35。如果侧边也采用软边钢丝结构，那么侧边的盘簧也须做相同处理。弹簧边钢丝与盘簧顶圈的连接方式可采用专用铁卡子固定，或用麻绳绑扎。铁卡子可采用专用的卡箍钳夹紧。麻绳绑扎采用双股麻绳绕扎排线，长度为 35mm，扎紧扎牢后打死结。

（3）靠背的绑扎

绑扎靠背盘簧采用纵横二向绑扎法或回绑法，绑扎时一般先绑纵向，从中间的一行下端开始，绑完纵向再绑横向。

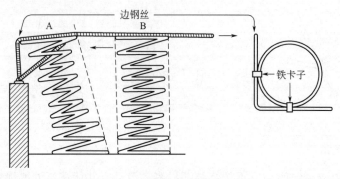

图 8-35 设有边钢丝的盘簧绑扎

8.4 打底、填料及海绵加工

8.4.1 打底

沙发打底材料常采用麻布，在弹簧结构的沙发中用来覆盖弹簧，在非弹簧结构沙发中覆盖绷带。

1) 覆盖弹簧 麻布层既可为上面铺装填料提供基底，形成一个能在弹簧上面铺装、缝连填料的表面，又可防止填料散落到弹簧中去。钉麻布层时要拉紧拉平，但不能压缩弹簧，否则麻布层长期受力容易破损。钉麻布层时要向内折边 15mm 左右，并处理好前角、后角及与扶手的交接处，如图 8-36。钉子一般采用鞋钉或射钉。钉好麻布层后还应用弯针引线将麻布层与弹簧缝连在一起，使麻布层不发生位移。

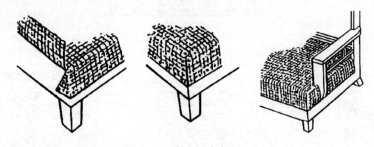

图 8-36 麻布层角部处理

2) 覆盖绷带 非弹簧结构分为中空木框和实心木板，中空木框的软垫一般采用绷带结构，绷带结构需要在绷带上覆盖一层麻布（或其他底布），为铺装填料提供基底。麻布层在钉覆时，最好沿边框加钉一圈压边条。该工艺多用于靠背和扶手，如图 8-37。现代软体沙发的座架常采用蛇簧和绷带相结合的结构，一般会用白色底布对其覆盖，用射钉枪沿木材上表面边缘固定，一般每隔 60～70mm 打一颗枪钉，钉子与座框边缘呈 45°角，如图 8-38。

另外，麻布层也用来制作软子口。在麻布卷筒中塞入填料，钉在木框上或缝到弹簧承受最大压力之处的麻布上，就构成软子口。一般是指用软质材料在木框的底座靠背和扶手的棱角卷成的边沿，软子口处于框架边沿即可起缓冲作用，也可防止松散填料在铺装时溢出框架，软子口的形状还有助于构成沙发的边沿棱角。

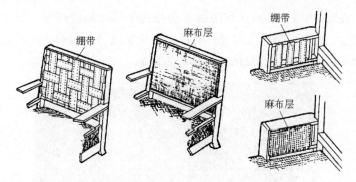

图 8-37　软垫靠背与扶手的麻布层

图 8-38　底布覆盖蛇簧与绷带

8.4.2　铺装填料与钉衬层

钉上麻布层，安好软子口后，即可进行填料铺装。首先，确定第一层填料的铺装厚度。第一层填料厚度一般不小于 25mm。铺上后可以用手试压填料，以感觉不到弹簧为准，该层填料一般选用质量较次的材料。铺均后，用弯针穿线将填料缝到麻布上，可采用任意针角或回形针脚缝固，以保证填料平整不位移为准。然后，在第一层填料上，再铺一层质量较好的填料，第二层的厚度应不小于第一层填料厚度的四分之一，一般要求与软子口平齐，但不盖住软子口，第二层填料不缝。最后，在第二层填料上再盖上一层薄薄的棉花，如果使用软子口，这层棉花应将软子口盖住，如果不使用棉花，也可使用一层薄泡沫。

填料层铺好后，用棉布将填料和棉花层覆盖住。棉花层可根据具体需要取舍，如采用棉布层，可给面料包蒙提供一个好的基底，并有利于用拔针将填料弄平整均匀。

在目前的生产中一般省去了棉布层，也有很多沙发不用松散材料，而直接在覆盖弹簧或绷带的麻布层上铺泡沫塑料层，这种情况也不采用软子口，其工艺更简便。

8.4.3　海绵加工

8.4.3.1　软质材料加工的相关术语

1）飞边　按照人机工效学的要求，沙发座位通常前高后低，以保证人就座时重心后倾，坐得稳当，休闲性的沙发倾斜角度一般为 $5°\sim15°$。因此，需要将座位后侧部分海绵削掉，这个过程叫"飞边"。飞边处理后，海绵通常会和其他海绵粘接组合，形成座包部件，如图8-39。有时"飞边"是为了结构的需要。高级靠背椅贴绵过程中对上表面几块小的海绵进行飞边，主要是为了在座位处形成空间，以便放置座包。

图 8-39　靠背椅坐垫飞边

2）毛刷修整　由于海绵飞边通常是手工切割，因此难免切割面不平顺，有凹凸起伏现象。为了保证和上层海绵很好的粘接效果，需要将海绵用细硬铁丝做成的"毛刷"刷平展，这个过程叫"毛刷修整"。

3）抓边　通过手工的方式对海绵加工圆弧形边，称为"抓边"。在海绵的边部喷上胶水，手工把海绵粘成一条圆弧边。根据需要在沙发靠背、扶手等部位的边缘处采用抓边，可以得到圆润的效果。

4）内袋分区　软包一般有两层外套，外套是真皮或高级布料，而内袋则是无纺布包。内袋主要用于填充公仔棉、纤维棉、羽绒等材料，这些填充材料由于较松散，使用时在外力作用下容易滑动错位，又很难均匀回位，因此需要将内袋分区。

8.4.3.2　海绵加工工艺

海绵主要包覆在木架外侧，如沙发两侧、背部，仅需要一层12mm左右厚度的海绵；而重要部位（如座位、靠背、扶手上表面等）则需要软质材料有足够的厚度来保证沙发的舒适性，这时候需要多层、多种密度的海绵叠加在一起。纤维棉则粘附在最外层海绵外侧，由于纤维棉有足够的柔软度，从而保证沙发最外层的真皮、布料包蒙后手感良好。纤维棉一般蓬松厚度为20mm左右，密度有 $0.8kg/m^3$、$1.5kg/m^3$、$3kg/m^3$ 等多种规格可供选择。

1）海绵切割　目前沙发厂切割海绵时，一般先在海绵上划线，然后用长刀或海绵切割锯进行切割，生产效率比较低，而熟练的工人往往不划线，直接粘贴海绵后切割；如果批量生产，可以应用先进设备，如海绵平切机、海绵纵切机以及海绵线切机（用于曲线切割）。先是按样板划线，然后对海绵进行切割加工，如图8-40。切割后，用手触摸，无粗糙感即可进入下一道工序。

2）海绵造型　很多沙发都有一些特殊造型，因此必须根据其形态制作相应的海绵作为内芯，必须粘牢，如图8-41。

3）海绵粘贴　在粘贴海绵之前，木架上和海绵上都喷上胶水，喷胶要均匀，如图8-42。稍干后将海绵贴到木架上，表面无胶水、无硬结。然后开始粘贴海绵，一般情况下，先粘贴

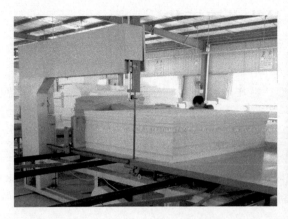

图 8-40 海绵切割

图 8-41 海绵造型

图 8-42 喷胶　　　　　　　　　　图 8-43 贴海绵后切割

薄、硬的海绵，再粘贴厚、软的海绵，见图 8-43。粘海绵要牢固、绷紧，无脱胶、裂口现象；接位处拼接牢固、平顺；贴海绵要到位，架侧、座后和座底等部位要包边 20～30mm；不要少贴海绵、贴错海绵；座底加固海绵要粘牢，贴正中；要拼接饱满，弯位顺畅，不能有塌陷或凹凸不平；各部位对角线长度偏差小于 10mm，同一件家具相同部位高度一致，相对偏差小于 8mm。

4）海绵修整　用毛刷对海绵各边进行修整，把用刀切割后的毛刺等处理掉。

8.5 沙发蒙面工艺

8.5.1 面料制作

沙发面料裁剪主要取决于沙发的造型，在产品批量生产之前，首先要设计试样、做好样板，然后再进行排料、裁剪和缝纫。

（1）排料

一件沙发由许多块不同形状规格的面料组成，如图 8-44。先按所需面料块列出明细表，然后将尺寸、数量填入表中。量取尺寸时应将尺子贴住表面，尽可能拽紧，但不能压迫表面。再按量取的面料尺寸剪成纸样，进行排料。沙发面料在排料时应注意以下几点。

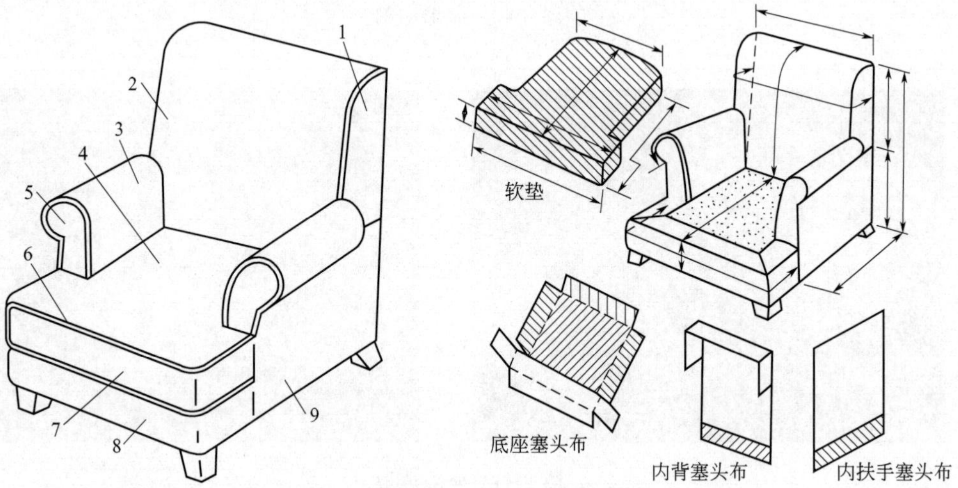

图 8-44　不同形状规格面料的名称

1—背围边；2—内背；3—内扶手；4—软垫面；5—前柱头；
6—嵌线；7—软垫围边；8—底座围边；9—外扶手

① 面料的纹理　排料时面料按布幅直排，由上向下，扶手由里向外，外扶手、大外背均随里背顺向。但必须根据面料具体纹理和花纹决定，如房屋、人物、花鸟等均以不颠倒为原则。

② 绒毛的倒顺　必须注意灯芯绒、丝绒、平绒等绒类面料绒毛的倒顺。一般绒毛顺向应由上向下，底座由里向外，扶手面由后向前，这样绒毛的顺向就与人体移动方向一致，以利于保持绒料的光泽。扶手前柱、座围边、外扶手、大外背均由上向下，与主体光泽保持一致。

③ 对花、对图案　采用有规律、有主次花纹图案的面料时，一般均需将花和图案对正，不能有错位，特别是成套沙发，更要注意花和图案的对正，这样会使沙发更显高雅。

④ 色差　一个沙发如出现两种及两种以上的深浅色差，会使人产生不协调的感觉，所以要注意面料的色差。

⑤ 排料　排料时要包括塞头、缝头、钉边的余量，如图 8-45，排好料后将每块面料剪开。

（2）裁剪

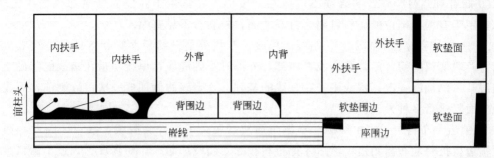

图 8-45　沙发排料图

　　根据产品产量可采用手工裁剪或机械裁剪。剪裁时要考虑面料的特性、质地等，适当缩放尺寸。要留出缝头或钉边余量，面料缝头留 10mm，皮革类缝头留 8mm。沙发各部位都有凸度，且背、底、扶手均有塞头布，若余量不足，各塞头处就会产生露塞头布现象而影响美观，因此除对各部件放折叠边外，对一般面料靠背上端需留出 80～100mm 的余量，底座上角边及扶手里塞头处留出 50～60mm。拉手布和塞头布需用牢固的布料，其尺寸根据各部位之间的间距尺寸确定。沙发靠背、底座中间多有凸度，大外背呈平整状，为了使其轮廓清晰饱满、嵌线挺直，须剪去面料角部的一部分，一般宽度为 8～10mm，长度为130～150mm。

　　（3）沙发面料的缝纫

　　1）缝纫方法　沙发面料在包蒙前，需要将有些面料块缝合在一起，必要时还要加入嵌线。

　　① 试缝　就是把两块面料临时缝在一起，采用试缝主要是帮助面料定位，便于检查、调整，试缝可用别针或宽的针脚来缝，待正式缝合后应拆去试缝的别针或缝线。平缝，首先将两块面料正面相对放在一起，用别针和宽针脚试缝，然后沿边 10mm 左右正式缝一条线，再将试缝的别针和线拆除。贴边缝，先将两块面料做平缝，然后将其中一个缝边剪去一部分，再用另一个缝边贴缝在上面即成，如图 8-46。嵌线是在缝合面料时夹入的线条，主要作用是盖缝和修饰边线。

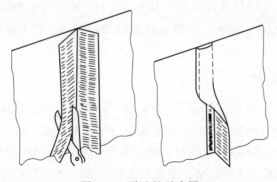

图 8-46　贴边缝示意图

　　然后拼缝塞头布和拉手布。对底座、靠背和扶手分别拼缝塞头布，拼接好后应在原缝上再压一条缝线。沙发的硬边处需缝拉手布，拉手布放在最下层，中间是嵌线条，上面是面子。这样制作嵌线挺直，拉手布和面子一旦钉平整，中间的嵌线就会自然地挺出来。拉手布的另一作用是给面子定位、定尺寸，使沙发轮廓清晰。

② 暗针和暗钉　暗针的缝线不应露在沙发面外，常用于沙发面外露部位的手工缝合。暗钉是用于有木框部位的面料钉固，钉好的面料外表看不见钉帽。

2）座包外套综合缝制工艺　暗线、单线、双线等是缝纫后面料相接处的外视效果。暗线指将两块面料缝纫好后，缝口线在内部，外部看不到缝线；单线是指在暗线的基础上，只在暗线某一侧加缝一次；双线则是在暗线的基础上，暗线两侧加缝一次。缝制前，要先根据情况对面料进行多种处理。

① 锁边　布料由于是由线纵、横编织而成，用久了边部会脱线、散口。因此，通常先要用锁边机把每块布料锁边，然后才把布料相互之间缝纫起来。而真皮、人造革面料则不用锁边。锁边时，双手控制布料，不要左右摆动，锁完边后剪去锁边线头。

② 铲皮　对于一些厚皮，由于缝纫时要缝边，边部厚皮重合到一起将会影响视觉效果，因此有时要把缝边处的真皮背部先用铲皮机铲薄，用粗糙的砂轮砂掉内侧的部分真皮纤维。皮边宽度视不同要求而定，一般为 25mm。

③ 压棉　将裁好的皮料或布料与纤维棉对齐，皮或布料在上、纤维棉在下，均匀压送至缝制机，压棉缝门为 5mm。因为纤维棉柔软，将纤维棉缝在紧贴真皮内侧、海绵外，可以保证沙发使用时视觉饱满、触觉柔和。缝制完后，用剪刀修去多余的纤维棉。

④ 拼接　双手将两块皮或布合并在一起，压送至缝制机，要保证上、下皮料或布料吃进速度一致。缝制时应随时检查对齐剪口，以免错位。剪口是在每块皮、布外边缘剪出的三角形缺口。如果没有剪口，在真皮面上依照模板划线、裁开后，由于每块料独立，在缝纫时找寻、对位难度很大。因此，每块面料边缘都会开剪口，且缝纫在一起的面料剪口位置重合。缝纫时，两块面料之间的边部要重叠，一般在面料的外围有 12mm 左右的缝纫宽度，厚皮的缝纫宽度要加大到 20mm 左右。

⑤ 压线　对于接头处的较厚缝口要切角，以免影响正面视觉效果。注意不要将车线头剪断，以免脱线。两手配合将皮分开整平，一手拿皮，一手抽线，双手配合拎起面底线打结。在厚皮缝纫后边部需要弯曲的，缝纫好后，还要在内侧需要弯边处较密集地进行剪开，以免真皮套包正面发生变形。

⑥ 检验　检查工艺皱褶是否均匀对称。检查皮、布件是否有跳线和明显浮线，走线是否平直、顺畅、无线头。暗线缝口在 12～15mm 之间，双面压线相距 10mm，接缝居中，单边线距接缝 5mm，针距 4～6mm。注意皮布颜色是否一致，有无明显色差，布料图案是否对称。

8.5.2　沙发的包蒙

包蒙沙发面料时，一般先包底座、再包扶手，然后包内背、外背，因沙发款式而异。

底座可分为封闭式和敞开式。封闭式底座又分为两种情况：一种是座面上配有软垫，座面为不可见部分，所以这部分不用面料，而用其他结实价廉的布料代替，其底座包蒙如图 8-47；另一种情况是座面上不带软垫，座面为可见部分，除拉手片其余均应采用面料。

底座面料包好后，接着包扶手面料。根据扶手式样不同，扶手包蒙可分为以下三种形式，如图 8-48。用一块面料包蒙、用两块面料包蒙（分内扶手、外扶手两块面料）和用三块面料包蒙（分为内扶手、外扶手和扶手面三块面料）。

扶手前柱头面料的包蒙可分为两种形式。一种为铺装软垫，先在扶手前柱头上钉麻布层，在其四周钉一圈软子口，装上填料并钉住；然后蒙扶手前柱面。另一种是通过嵌线把扶

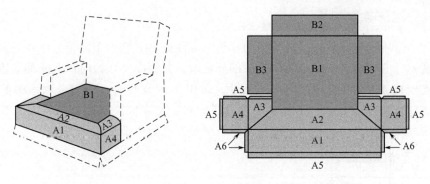

图 8-47　底座包蒙

A—面料；A1、A2—座前面；A3、A4—座侧围；A5—钉边；A6—缝边；

B—斜纹布；B1—座面；B2—后拉手片；B3—侧拉手片

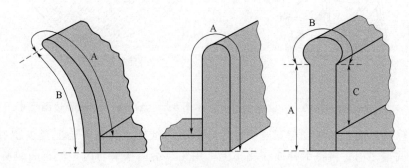

图 8-48　扶手包蒙的三种形式

手面料块、内扶的面料块及扶手前柱面料块缝在一起，再包蒙到扶手上。包蒙时扶手前柱头面料块向下拉，扶手面料块向后并向下拉紧，内扶手面料块应向里并向下拉紧钉牢，然后再包蒙外扶手面料块。包蒙时先将连接在扶手前柱头上的嵌线拉直，用鞋钉或射钉将嵌线缝头固定在扶手前柱头侧面外扶手的交界线上，再压上硬纸板条或胶合板条。将外扶手的面料翻面，上端毛边向下，同样压上硬纸板条，压硬纸板条时要注意鞋钉钉头要与纸板边缘对齐，鞋钉不能压得过死，以免面料起筋花和轮廓线条不直；然后把面料翻过来，前边与嵌线吻合，下边与后边均钉在沙发底座档和背立柱上，再用暗针封口。

　　靠背包蒙，也有敞开式和封闭式之分。包蒙靠背面料时，首先把填料和棉花衬层铺钉到麻布层上；再将内背面料铺在棉花衬层上，并将靠背上边的面料试钉住，钉缝时从框中间向两边加钉，边钉边平整褶皱；然后把内背面料两侧和底部的拉手片从塞头档与框架之间拉到外背，拉紧至足以使内背面料张紧并平滑为止，把它们钉到框上并剪掉多余的拉手布；最后检查内背，符合要求后将靠背上边的钉钉死并剪去边部多余面料。有些外背面料为单独的一块，有的又与扶手外背连为一体。

8.6　软垫的制作

　　在软体家具中使用的软垫种类较多，一般根据其内部结构和主要材料进行分类，常用有泡沫软垫、弹簧软垫、填料软垫、泡沫与弹簧混用的软垫。

8.6.1　泡沫软垫制作

在现代沙发中，泡沫软垫是最常用的软垫，如图 8-49，它加工简单、成本较低。

软垫的尺寸必须在座子的最宽和最深部分量取，其深度尺寸为内背上的最远边到前面的相应点，宽度尺寸为两扶手内侧之间的尺寸。采用 T 形软垫时，必须量取框架前面两外边之间的距离作为第二个尺寸，如图 8-50。边部的垂直宽度取决于软垫的厚度。宽度确定之后，将尺子端头置于后边的中间，测量出环绕软垫四边的边条长度。

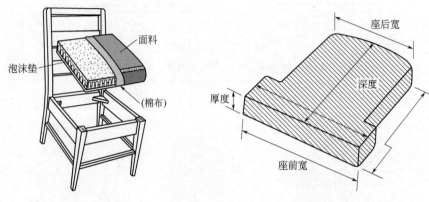

图 8-49　泡沫软垫　　　　　　　图 8-50　软垫的面、底及边围尺寸

量取了软垫的面、底深度与宽度尺寸后，裁剪出纸样，并在各边上至少留有 100mm 的余量作最后调整之用；再将纸样放在座子上，用铅笔沿内扶手与内背包布曲线所构成的式样边缘画一道线。随后用直尺将式样的线条画直，以便使夹角之间的软垫边呈一直线。需注意的是所有边部要留有 13～19mm 的余量以作缝头，缝好后修剪掉缝头余量外边所有的多余纸料。纸样做好后，放在布料上剪裁。

8.6.2　弹簧软垫制作

弹簧软垫一般采用布袋弹簧组成的弹簧芯子，铺上填料，外包面料制作而成。制作软垫的包布弹簧一般较小，弹簧高度与直径通常都小于 100mm，具体制作步骤如图 8-51。

① 首先确定与软垫相匹配的行数，然后将各行缝在一起，构成一个符合规格的弹簧构件，每一行软垫布袋簧都单独地包在棉布布袋中。

② 将棉布内套的围边与底边缝合在一起，再用一层 40～50mm 厚的填料铺盖到棉花层上，摊开填料使其分布均匀，再将布袋弹簧构件放在这层填料的上面。

③ 在弹簧构件上面摊铺一层棉花将其覆盖，并将它缝上。

现在很多软垫也采用拉链来代替缝合，拉链的开口样式较多，其范围从后面的部分开口到转角后再伸展都有。

8.6.3　填料软垫

填料软垫是用羽毛、绒毛或动物毛填充的软垫，要有里衬，以防填料透过面料穿出来。最好是分成几个部分来填充，可以防止填料从软垫的一头滑到另一头。填料软垫可分为有围边和无围边的两种，有围边的软垫面料由顶面、底面和边围构成，而无围边的软垫面料只有顶面和底面直线缝合在一起，四周仅在中间加一嵌线掩盖缝线。填料软垫制作步骤如下。

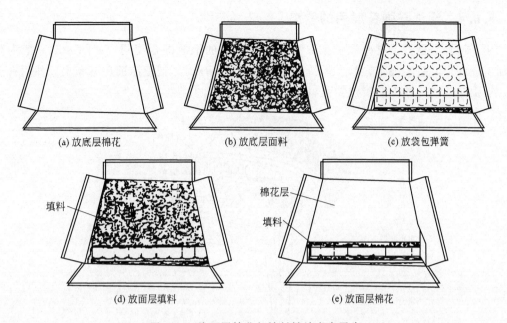

(a) 放底层棉花　　　　　　　(b) 放底层面料　　　　　　　(c) 放袋包弹簧

棉花层
填料
填料

(d) 放面层填料　　　　　　　　　　　(e) 放面层棉花

图 8-51　将面层棉花与填料铺放在套子中

① 用棉布作内套，按软垫尺寸裁剪顶、底、围边，裁时要留有缝边余量。

② 为防填料产生滑移，可在内套的中间加缝隔布条，如图 8-52，隔布条与顶片、底片缝合在一起。将内套的顶面、底面与围边缝在一起，先缝前边和侧边，后边留口，作填充填料之用。隔布条的长度须跨过套子的内腔，并有附加余量，以便缝到软垫前后边壁的内侧上；然后再沿软垫四周将边条缝到底子上，如图 8-53。

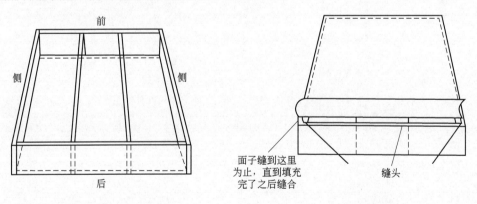

前
侧　　　　侧
后

面子缝到这里
为止，直到填充
完了之后缝合

缝头

图 8-52　间隔套子的内部结构　　　　　图 8-53　填充间隔套子

③ 填充填料。填料在内套中要填塞均匀、结实，结块的填料要先弄松散再填塞。然后将后边留的口缝上，为了防止软垫在使用时填料移动成团，除在内套的中间加缝隔布条外，还可在内套外面穿过套子缝几针或打扣，将填料适当固定，缝针时不要将缝线拉得太紧。

④ 内套软垫做好后，再裁缝面套。面套的裁缝与内套相似，也分顶面、底面和围边，但缝合一般要加缝嵌线，将接缝遮住。处理面套的图案时需要把图案放正，如裁剪条纹布时，必须使条纹垂直于软垫底边或平行于侧边。

8.6.4 泡沫与弹簧混用的软垫

为了增加舒适性，有些软体家具把弹簧和较厚的泡沫混合使用，如图 8-54。把木质基底加工成凹形，钉上绷带、放入弹簧；再用麻布将其覆盖，把泡沫铺在麻布上；然后在上面覆一层棉布或在泡沫上直接包蒙面料。

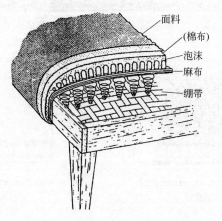

图 8-54　弹簧与较厚的泡沫混用

9 休闲沙发的制造与工艺文件

9.1 沙发设计

本沙发以"简约与典雅并存，时尚与舒适同在"为主题。沙发为扶手单位、三位、单位、床位的组合设计，单位加三位加床位的配搭使沙发排成"L"型的组合，变化灵活、实用性强。沙发的扶手向外弯曲延伸，使得沙发的整体造型如同盛开的花朵，有生命的张力。色彩以紫色调为主，在平静中富有波澜，冷静中带有激情，给人以高贵、幽雅的感受。同时，为了使沙发变得明快大方，沙发座包、屏包采用色织系列（格子系列）布纹，布纹颜色为高明度的黄色、蓝色、黑色、红色等。

圆润的形态、美丽的色彩及柔软的布料，使沙发具有舒适的触感，柔和圆润中演绎着一丝浪漫、宁静和自然，彰显出一种富贵的气质，如图 9-1、表 9-1。

图 9-1 休闲沙发效果图

表 9-1 休闲沙发简介

产品编号:休闲沙发	产品规格:扶手单位＋单位＋三位＋床位	产品类型:布艺沙发系列	备注
			1. 该沙发用的是纯海绵活动座包 2. 座底使用S型弹簧和绿松紧带 3. 该沙发含有5个大背包,2个腰垫,均填充无胶棉 4. 结构上采取一体式

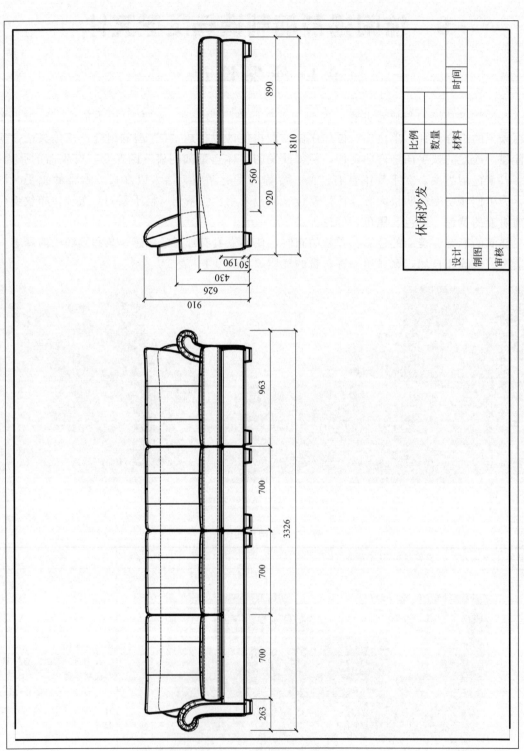

图 9-2　沙发工程图（单位：mm）

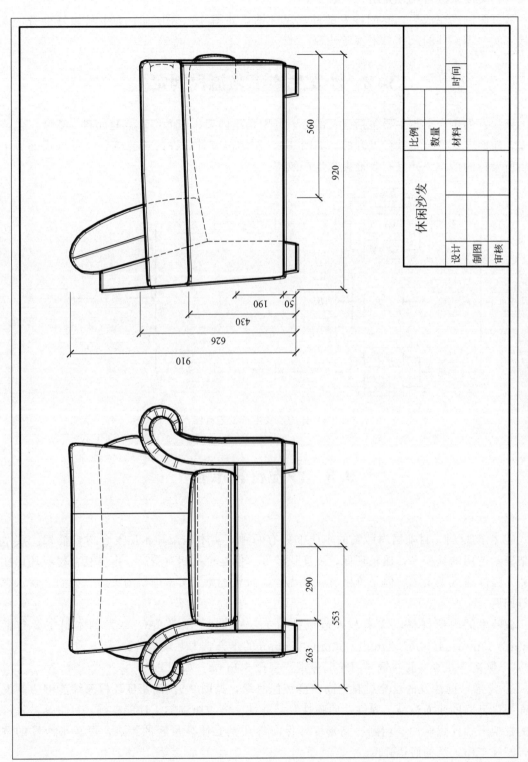

图 9-3 扶手单位工程图（单位：mm）

			比例		
			数量		
休闲沙发			材料		
			时间		
	设计				
	制图				
	审核				

沙发效果图制作完成后，可简要地制作一个"产品简介"表格，对产品的编号、规格、类型及相关要求进行大致介绍，见表9-1。

效果图制作完成后，绘制沙发的外观尺寸图，如图9-2、图9-3。为下料做好准备，人造板、实木零部件的尺寸必须参考外观尺寸。

9.2 沙发生产工艺流程制定

该沙发的生产工艺主要包括五大部分，分别是组内架、造海绵、裁缝面料、罩装、包装入库，前面三个部分是并行展开的，如图9-4。制定出有针对性的工艺流程，可以正确地生产出所设计的沙发，并且有效地提高生产效率。

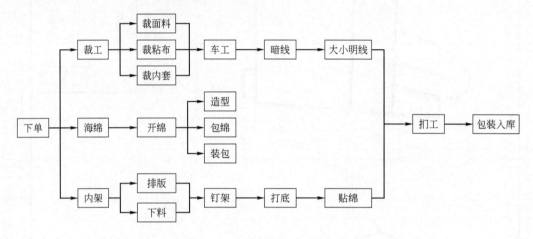

图9-4　休闲沙发生产工艺流程

9.3 沙发材料准备

（1）选料

① 框架材料　目前国内沙发的木质框架有两种，实木框架和木质复合材料框架。实木框架通常使用的是松木，比较环保，强度比较好，但是价格相对较高。木质复合材料环保性稍差，强度略低于实木，但是价格有明显优势，而且避免了实木框架的虫蛀、节疤、含水率高等问题。

此沙发的内框材料以实木和人造板材为主，如图9-5、图9-6。沙发的木料主要包括 $30mm \times 50mm$、$40mm \times 50mm$、$30mm \times 80mm$ 的木方、大九厘板等。

② 弹簧　此沙发的弹簧采用蛇形弹簧，直径3.6mm，如图9-7。

③ 海绵　此沙发的填充材料为高密度环保海绵，如图9-8。高密度环保海绵能够为沙发座面提供良好的曲面造型、弹性、回弹性及舒适性。该类海绵加工性能良好，可根据沙发产品的框架形状任意弯曲、切削。高密度环保海绵还具有质高量轻的特点，可减小沙发的重量，减轻工作人员的搬运强度。

④ 底带与底布　现代沙发生产常用的底带为绿松紧带、花松紧带、黑松紧带，底布为白布。常用的绿松紧带有35mm、50mm两种规格，黑松紧带规格为70mm，花松紧带规格

图 9-5　实木方

图 9-6　人造板

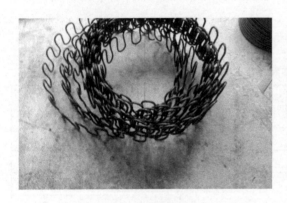

图 9-7　蛇形弹簧

图 9-8　海绵

为 35mm（松紧带的规格是指其宽度）。绿松紧带 50mm、花松紧带 35mm 常用于现代布艺沙发生产，黑松紧带 70mm 常用于真皮沙发生产。此沙发采用绿松紧带 50mm、花松紧带 35mm，如图 9-9、图 9-10。

图 9-9　绿松紧带

图 9-10　花松紧带

⑤ 钉、挂钩、枪钉、角码仔、纸包钢丝　本沙发主要用 70mm 的圆钉，用于固定挂钩。挂钩、角码仔用于蛇形弹簧的固定。枪钉用于钉架、打底、扣工。沙发制作中使用的胶黏剂为吕氏喷胶。

⑥ 面料与线　此沙发外表材质选用高档的丝绒布料。丝绒面料顺滑、细腻、厚实，手感柔软、舒适，易于清洗，透气性好，可防尘、防静电，与其他普通绒面比，不会因使用时间长而出现掉绒的现象。车工工艺使用的材料选用 6 股丝线、4 股棉线。

⑦ 木脚、自攻钉　沙发脚为实木脚，用自攻钉将木脚安在沙发上，如图 9-11、图 9-12。

图 9-11　实木脚

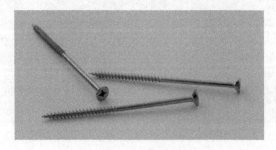

图 9-12　自攻钉

（2）裁板开料

① 规则木料开料　见表 9-2。

表 9-2　规则木料开料材料表

名称	规格/mm	长度/mm	扶手单位 /件	单位 /件	三位 /件	床位 /件
底架上前后	木条 2000×50×40	1420			2	
上框前后	木条 2000×50×40	1420			2	
底架上左右前	木条 2000×50×40	880				2
上框左右前	木条 2000×50×40	880				2
扶手	木条 2000×50×40	830	4		2	2
底架上后	木条 2000×50×40	715				1
上框后	木条 2000×50×40	715				0
上框左右后	木条 2000×50×40	715				2
上框前	木条 2000×50×40	700				1
底架上前后	木条 2000×50×40	665		2		
上框前后	木条 2000×50×40	665		2		
底架上前后	木条 2000×50×40	640	2			
上框前后	木条 2000×50×40	640	2			
上框左右	木条 2000×50×40	640	2	2	2	
底架下左	木条 2000×50×30	1695				1
屏架	木条 2000×50×30	1420			3	
底架下前后	木条 2000×50×30	1420			2	
底架下右前	木条 2000×50×30	880				1
扶手	木条 2000×50×30	830	26		13	13
底架下右后	木条 2000×50×30	805				1
底架下左右	木条 2000×50×30	760	2	2	2	

续表

名称	规格/mm	长度/mm	扶手单位/件	单位/件	三位/件	床位/件
座中加固	木条 2000×50×30	760			1	
屏架	木条 2000×50×30	715				3
底架下后	木条 2000×50×30	715				1
底架上左右后	木条 2000×50×30	715				2
底架下前	木条 2000×50×30	700				1
座中加固	木条 2000×50×30	700				1
底架上前	木条 2000×50×30	700				1
屏架	木条 2000×50×30	665		3		
底架下前后	木条 2000×50×30	665		2		
屏架	木条 2000×50×30	640	3			
底架下前后	木条 2000×50×30	640	2			
底架上左右	木条 2000×50×30	640	2	2	2	
屏侧加固	木条 2000×50×30	420	2	2	2	2
坐中加固	木条 2000×50×30	300			2	
屏耳	木条 2000×50×30	80	2		1	1
屏耳	木条 2000×50×30	70	2		1	1
屏耳	木条 2000×50×30	60	2		1	1
屏顶	30×80	1420			1	
屏顶	30×80	715				1
屏顶	30×80	665		1		
屏顶	30×80	640	1			

② 异形木料开料　见表9-3。

表 9-3　异形木料样板明细表

名称	材质	图片	扶手单位	单位	三位	床
座中加固	自然木					1件
座中加固	自然木				1件	

③ 规则板料开料　见表9-4。

表9-4　规则板料开料材料表

名称	规格/mm	尺寸/mm	总量/件	扶手单位/件	单位/件	三位/件	床位/件
底架前	大九厘板 2440×1220	180×655	1				
底架前	大九厘板 2440×1220	180×680		1			
底架前	大九厘板 2440×1220	180×1430			1		
底架前	大九厘板 2440×1220	180×785				1	
底架侧	大九厘板 2440×1220	180×900				2	
上框前	大九厘板 2440×1220	40×655	1				
上框左右	大九厘板 2440×1220	40×705	2	2	2		
上框前	大九厘板 2440×1220	40×680		1			
上框前	大九厘板 2440×1220	40×1435			1		
上框前	大九厘板 2440×1220	40×715				1	
上框左右前	大九厘板 2440×1220	40×900				2	
上框左右后	大九厘板 2440×1220	40×750				2	

④ 异形板料开料　见表9-5。

表9-5　异形板料样板明细表

名称	材质	图片	总量	扶手单位	单位	三位	床位
座架侧	大九厘板		8件	2件	2件	2件	2件
座架内	大九厘板					1件	
床座架内	大九厘板						1件

续表

名称	材质	图片	总量	扶手单位	单位	三位	床位
扶手前后	大九厘板			4件		2件	2件
并架侧耳	大九厘板			2件		1件	1件
并架侧耳	大九厘板			2件		1件	1件

⑤ 沙发裁板图 见图9-13。

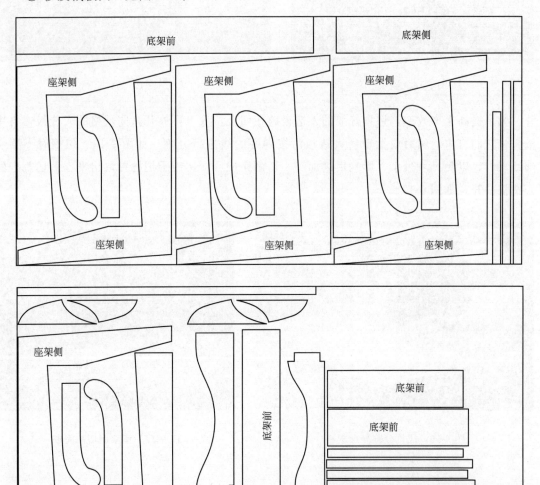

图 9-13 沙发裁板图

先将沙发需放样的部分按 1∶1 的比例打印出图纸，再根据沙发图纸进行木架模板出图，如图 9-14。放样时，以内架模型图纸作为参考，在板材上划线，如图 9-15。划线时注意零部件的排布，既不要影响后续的切割，也要节约材料；然后，加工实木方、板料。

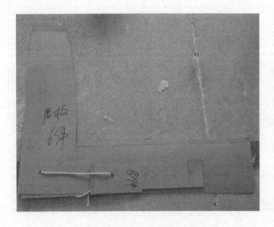

图 9-14　模板　　　　　　　　　　　　　　　图 9-15　划线

为了提高生产效率，将划好线的人造板放在面上，底下再放几张同规格的人造板，再用枪钉将它们钉牢，然后成批地将人造板沿按划好的线进行分割，如图 9-16。切割时不要切到线以内，以免尺寸过小，影响后续加工。切割完成后，用钳子把枪钉取出来，把切割好的人造板分开，如图 9-17。

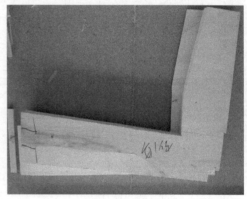

图 9-16　成批分割异形板料　　　　　　　　　图 9-17　座架侧切割完成

9.4　沙发框架钉制

此沙发的内架结构采用一体式设计，屏架和底架连接，这样不仅能满足沙发力学性能要求，而且可以保证沙发结构上的稳定。

为了保证实木框架钉制的准确性，在设计阶段就设计出了内部框架的结构图，便于加工人员参考、制作，如图 9-18～图 9-22。

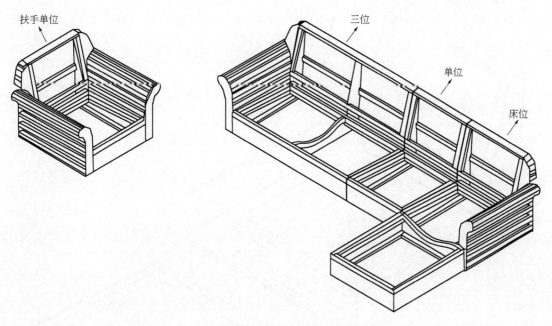

图 9-18 内架总图

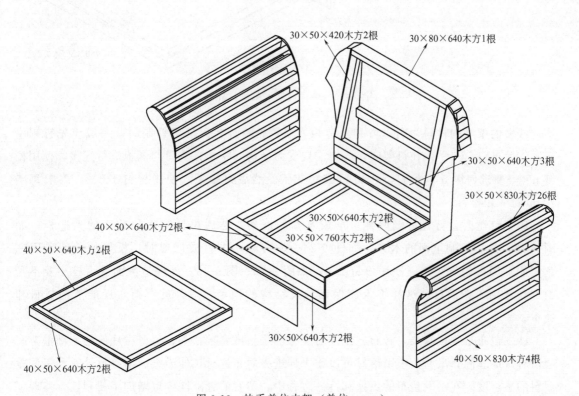

图 9-19 扶手单位内架（单位：mm）

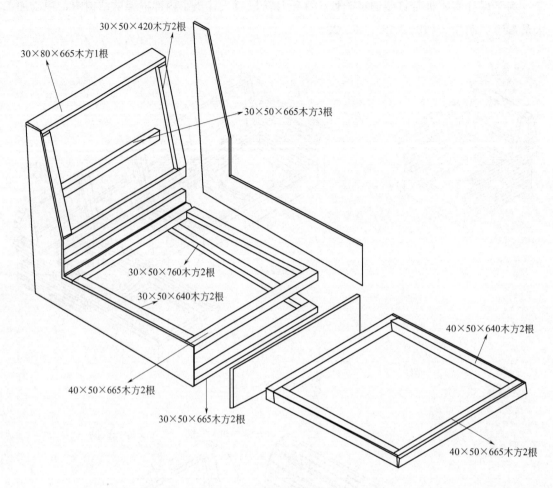

30×50×420木方2根

30×80×665木方1根

30×50×665木方3根

30×50×760木方2根

30×50×640木方2根

40×50×640木方2根

40×50×665木方2根

30×50×665木方2根

40×50×665木方2根

图 9-20　单位内架（单位：mm）

　　沙发内架结构材料为实木方和人造板，使用枪钉连接。框架钉制时，一般应先钉制座架，然后再钉制扶手。在钉架时，先钉主要受力结构，将木方端口与侧板进行连接，使用枪钉 n50，要求使用 5 颗枪钉，枪钉钉成梅花状。然后钉横条，使用枪钉 t1013，要求每隔 10cm 钉一颗枪钉。

　　座架钉制时，首先钉制两侧，形成基本的框架；然后再钉制底架前面的人造板，如图 9-23；最后钉制里面的木方，如图 9-24。木方与木方钉成框架时，框架的角部采用三角实木加固件稳定结构，使用枪钉 n50，如图 9-25、图 9-26。外部造型面受力较小及不受力部位选用人造板材。这样不仅能保证沙发结构的稳定、造型的需要，还能节约材料和成本。

　　沙发包布过程很复杂，且布艺沙发对于布的平整度要求很高，生产中底座与上部框架间会留有一道缝隙，尺寸大小以恰好可以将手伸进去对布进行拉伸为宜。留缝设计有利于调整面料的平整度。在沙发包布的更换和拆洗过程中，留有的缝隙同样也增加了便利性，体现了布艺沙发体贴的人性化设计。

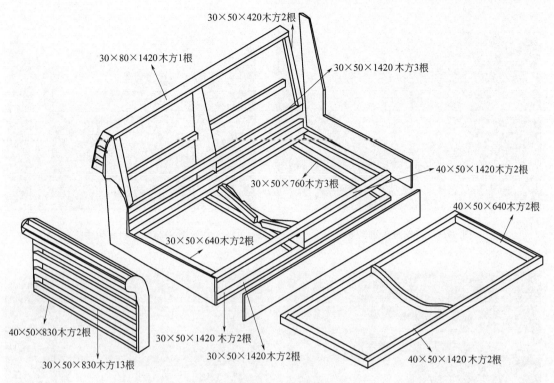

图 9-21　三位内架（单位：mm）

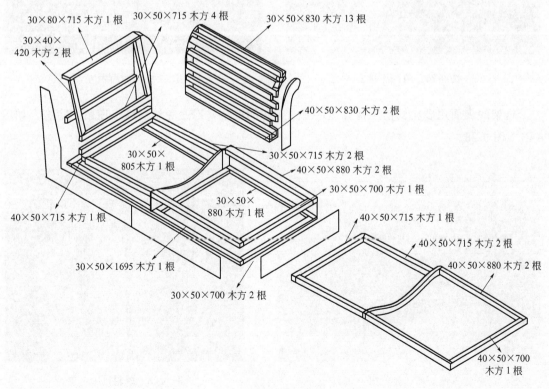

图 9-22　床位内架（单位：mm）

图 9-23　钉制底架前望板

图 9-24　钉制底架木方

图 9-25　角部连接

图 9-26　加固木方

　　框架的表面用砂轮机作光整处理，去毛刺和倒锐角，以避免给后续工序留下隐患，如图 9-27、图 9-28。

图 9-27　砂轮机

图 9-28　砂轮机去毛刺

9.5　沙发打底

座架用蛇簧、绿松紧带打底，沙发的屏用花松紧带打底，然后钉制棉毡在上面，为粘贴海绵做准备。

蛇簧切断必须在 U 形的中心点，一般纵向固定在座框上方，每条蛇簧间距为 130～150mm，如图 9-29。

图 9-29　蛇簧的剪切与安装

钉制屏架上的花松紧带时，码钉是斜着打入木架的，一般呈 45°，这样可以使花松紧带与木架接合更紧密。由于屏架不高，花松紧带一般呈"波折形"固定在屏架上，在保证其功能的同时，也可减少刀片切割花松紧带的次数，提高了生产效率，如图 9-30。

绿松紧带横向钉接到座框上方。先固定蛇簧，再钉接绷带，如图 9-31。每条松紧带穿插于蛇簧上，保证使用时相互位置不发生错动，间距一般为110～130mm。

图 9-30　屏架用花松紧带打底　　　　　　图 9-31　座架用绿松紧带打底

沙发框架粘贴海绵之前，通常先钉一层棉毡，如图 9-32。钉棉毡层时，要拽紧拉平，向内折边 15mm 左右，弄平皱褶。钉棉毡既可为上面铺装填料提供基底，形成一个能在弹簧上面铺装、缝连填料的表面，又可防止填料散落到弹簧中去。

组框架时，有一些木方可能接合不够紧密，或是在钉制蛇簧和绷带时，可能会使木方松

图 9-32　钉制棉毡

动，因此需要再次检查座架、屏架，敲牢各木方之间的连接，如图 9-33、图 9-34。

图 9-33　底架底部结构

图 9-34　敲牢各木方之间的连接

　　扶手实木框架制作完成后，需要用薄的人造板根据框架造型打底，码钉枪将枪钉射入木方加以固定，便于海绵的粘贴，并进一步固定结构，如图 9-35。

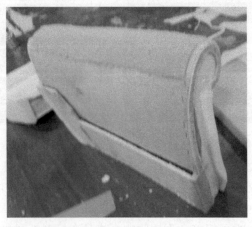

图 9-35　扶手单位的板料钉制

9.6 贴 海 绵

先是按样板划线，然后对面积较大的海绵进行切割加工，如图9-36。根据沙发的外部造型，进行海绵的造型加工。

图 9-36 海绵切割机切割海绵

木架上和海绵上都喷上胶水，喷胶要均匀，如图9-37。在钉好内架的接触面上粘贴切割好的海绵，原则上是先粘贴薄的、硬的海绵，再粘贴厚的、软的海绵。粘贴完成后还需抚平海绵，不能起褶皱。粘海绵要粘牢，要绷紧，无脱胶、裂口现象，接位处拼接牢固、平顺。拼接饱满，弯曲部位顺畅，不能有塌陷或凹凸不平。

在具体生产时，一些面积稍小的部分，常常采取人工切割方式，即工人直接在沙发框架上粘贴海绵后切割掉多余部分，如图9-38。

图 9-37 喷胶

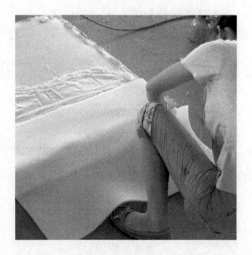

图 9-38 粘贴海绵并手工切割

粘贴好海绵，需放在一边晾干，如图9-39。待胶干后，还需用海绵刷把海绵边部刷一次并修圆，使其更加规整，如图9-40。

图 9-39　单位的海绵粘贴

图 9-40　海绵刷

9.7　布料裁剪与车缝

　　根据模板进行裁剪。画模板时，要先画大的模板，接着再画尺寸小的模板，这样可以节省材料，降低成本。

　　布料裁剪时，先要把皮料整块铺开，用手往上下左右方向交叉地拉一拉，然后认真地检查皮料的每一处，有破损的地方要打上记号，检查完毕才可以摆放模板。先把模板左右摆放，选择合适的位置才按模板画线，并用脚把模板踩住，避免模板移位。剪裁后，清算张数，并检查剪裁的尺寸是否一致。

　　剪裁完成后，在缝纫车上将裁剪好的面料按照沙发工艺结构进行缝纫。

9.8　罩　　装

　　将粘贴好的框架，加工好的内、外套组装成沙发。一般流程是在粘有海绵的框架上钉内套，然后套上外套并固定，将沙发各部件组装起来，再装上钉底布、装脚，如图 9-41。

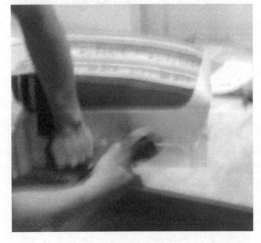

图 9-41　扣沙发面料

　　先扪扶手，在扶手海绵架上铺一层喷胶棉，然后把扶手外套反过来，再套下去，把外套拉到位。扶手饱满，看起来和扶手图样一样，就可以用码钉枪在扶手架底下的木方打上枪钉。罩好一边扶手后，紧接着罩其他的扶手。采取同样的方式，再扪座架等其他部位，直到全部罩装完成。

　　最后是沙发各部分的安装。一般采用气动螺丝刀和螺钉将两边扶手安装在沙发座架上，装好后封上底布，再把沙发脚装好，然后在沙发脚底面打上胶钉。至此，整个沙发就制作好了。扶手单位沙发如图 9-42。

图 9-42　扶手单位沙发成品

10　金属家具制造工艺

10.1　金属家具的材料

金属家具的部件主要由金属制成，有些金属家具还用木质、软体、塑料等辅助材料。金属主要包括黑色金属和有色金属两大类，如图10-1。由于金属资源比较丰富，且性能较好，具有许多优良的造型特征，因此在家具领域应用也很广泛。

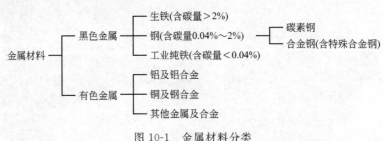

图 10-1　金属材料分类

金属材料表面具有良好的反射能力、不透明性及金属光泽，能呈现金属自身特有的颜色，比如银、铝为银白色，铁为灰白色，铜为橙黄色等。具有优良的力学性能，具有较高的熔点、强度、刚度及韧性等特性。具有优良的加工性能，包括塑性成型性、铸造性、切削加工及焊接等性能。表面工艺性好，在金属表面可采用各种装饰工艺获得理想的质感，如利用切削精加工，能得到不同的肌理质感效果；镀铬抛光的镜面效果，给人以华贵的感觉；镀铬喷砂后的表面成微粒肌理，产生自然温和雅致的灰白色；在金属表面上进行涂装、电镀、金属氧化着色，可获得各种色彩。

目前，常用于家具制造的金属材料主要有钢材、铸铁、铜合金、铝合金等。

（1）钢材

钢是含碳量在 $0.02\%\sim2.11\%$ 之间的铁碳合金，钢中还含有硅、锰、硫、磷等元素。按照其化学组成可分为碳素钢和合金钢。

1）碳素钢　又称碳钢，通常随含碳量增加，钢的强度、硬度增大，塑性、韧性和可焊性降低。按含碳量可分为三类：

低碳钢。含碳量在 0.25% 以下，具有低强度、高塑性、高韧性及良好的加工性和焊接性，适合制造形状复杂和需焊接的零件、结构件。

中碳钢。含碳量 $0.25\%\sim0.6\%$，具有一定的强度、塑性和适中的韧性，经热处理而具有良好的综合力学性能，多用于制造要求强韧性的齿轮、轴承等机械零件。

高碳钢。含碳量 0.6% 以上，具有较高的强度和硬度，耐磨性好，塑性和韧性较低，主要用于制造工具、刀具、弹簧及耐磨零件等。

2）合金钢　以碳素钢为基础适量加入一种或几种合金元素的钢，有较高的综合机械性能和某些特殊的物理、化学性能。合金钢按合金元素总含量分为低合金钢（总含量 5% 以下）、中合金钢（总含量 $5\%\sim10\%$）、高合金钢（总含重 10% 以上）。

钢材的基材主要有带钢（600mm以下称窄带钢、600mm以上称宽带钢，图10-2）和钢板（图10-3）两种，前者加工成各类管材，以便弯曲成型；后者加工成条、块状板料，按结构要求冲压成型。

图10-2 带钢   图10-3 钢板

金属家具用管材多为高频焊接管材，强度高、有弹性、易弯曲，有利于造型设计，也便于与其他材料接合。经表面镀、涂后，色彩多样、美观，常用作支承框架。常见的有圆管，比较流行的还有方管、矩形管、半椭圆管、菱形管、梭子管、扇形管、三角管、边线管等异形管。管材所用带钢应符合国家有关标准的规定。采用高频焊接的钢管一般壁厚在 $1\sim1.5$ mm，外径有 $\phi13$、$\phi14$、$\phi16$、$\phi18$、$\phi19$、$\phi20$、$\phi22$、$\phi25$、$\phi28$、$\phi32$、$\phi36$（单位：mm）等规格，常用的有 $\phi14$、$\phi19$、$\phi22$、$\phi25$、$\phi32$、$\phi36$（单位：mm）。直径递增便于家具结构上管件的套接。金属家具常用的板材厚度为 $0.8\sim3$ mm，凡用于弯曲或拉延的板材应符合国家标准关于普通碳素结构钢及低合金结构钢薄钢板和深冲压用冷轧薄钢板的有关技术条件。

在金属家具生产中，钢丝网用来制作各种床屉和折叠床绷。家具使用的钢丝网一般选用45钢以上的优质碳素钢，如45Mn、65Mn等，钢丝直径一般 $\phi0.8$ mm；表面镀锌钢丝，采用织网机编织而成，钢丝成螺旋状互相交错而形成网面，并有一定的伸缩性；最后再根据所需的幅面尺寸进行卡边而成。另外，家具构件可采用低合金高强度钢，如16Mn，是在低碳钢中加入少量合金元素Mn，使其在具有良好的可焊性以及较好的韧性、塑性的基础上，强度显著高于相同碳量的碳钢，在保证强度的同时，可减轻家具结构的重量，并节约钢材。

（2）铸铁

铸铁是含碳量为 $2.11\%\sim4.0\%$ 的铁碳合金。其熔点低，具有良好的铸造性能、切削性能、耐磨性和减振性，生产工艺简单，成本低廉，可用来制造各种具有复杂结构和形状的零件。常用的铸铁材料有灰口铸铁、可锻铸铁和球墨铸铁。多用于家具某些部件的制作，如桌椅腿、基座等承受压力、稳定性要求较高的部件。

（3）铜合金

黄铜是以锌为唯一或主要合金元素的铜合金。黄铜可分为压力加工黄铜和铸造黄铜。黄铜具有优良的变形能力和抗蚀性，呈美丽的金黄色，常用于制作家具的装饰件。铸造黄铜可以通过压铸等工艺生产出富有艺术性的家具或家具装饰件。

锡青铜含Sn量一般为 $3\%\sim14\%$，含Sn量小于7%的锡青铜，塑性良好，适于压力加工；含Sn量大于10%的锡青铜，塑性低、强度较高，可用于铸造。锡青铜的铸造收缩率低，适于铸造形状复杂、对尺寸精度要求较高的铸件；锡青铜还具有良好的抗蚀性。通过铸造，可以获得古朴典雅的造型，可用在床具的制作上。

（4）铝合金

铝具有较优良的特性。纯铝密度小，约为 $2.7g/cm^3$，相当于铜的三分之一，属轻合金。熔点660℃。铝在结晶后具有面心立方晶格、具有很高的塑性，可进行各种塑性加工。纯铝为银白色，铝与氧的亲和力很大，能形成一层致密的三氧化二铝氧化膜，隔绝空气防止进一步氧化，因此在大气中有良好的抗氧性。

铝合金是制作金属家具比较理想的轻金属材料，制造的家具轻巧坚固、携带方便、色泽美观。常用铝合金有锻铝、防锈铝、硬铝、超硬铝、特殊铝等。选材时，要根据家具设计的要求，选取能够经受热处理，有良好耐蚀和被切削等工艺性能的材料或合金，以防在生产过程中产生冷裂纹和热裂纹。铝合金家具一般多选用 Al-Mg-Si 系合金材料，强度中等，耐蚀性高，无应力腐蚀破裂倾向，焊接性能良好。其材型有管材、板材、型材、带材、棒材、线材等多种。用于制作家具的铝合金管材，其断面可根据用途、结构、连接等要求轧制成多种形状，并且可以被设计制作成理想的外轮廓线条。

10.2　金属家具的接合方式与结构

10.2.1　金属家具的接合方式

1）焊接　可分为熔焊、压焊、钎焊三大类，家具零部件的接合常采用熔焊中的气焊、电弧焊。其牢固性、稳定性好，主要用于受剪力、载荷较大的零件。

2）铆接　主要用于不适于焊接的零件，如轻金属材料。此种连接方式可先将零件进行表面处理后再装配，给加工带来方便。其强度要视铆接的材料和铆接的形式而定，因铆接的材料经物理变形，故而很难恢复再用，所以铆接的牢固程度仅次于焊接，也是固定连接。铆接方式对材料的要求较低，很多材料都可用，不同种材料之间也可用此连接，但须用强大的外力方能加工。

3）螺栓与螺钉连接　螺栓的连接方式也可视为铆接的一种变化形式，除了具有铆接的特点外，螺栓的最大特点是可多次使用，实现部件的可拆装。另外，它对连接工艺的要求降低了，只要有一般小型的或手动的工具就能实施连接。

4）插接　插接是通过插接头将两个或多个零件连接在一起，插接头与零件间常常采用过盈配合。销也是一种通用的连接件，主要应用于不受力或受力较小的零件，起定位和帮助连接作用。销的直径可根据使用的部位、材料适当确定。

5）咬缝接合　常用于金属薄板间的连接。

10.2.2　金属家具的结构

（1）固定式结构

固定式结构指家具中各个构件之间均采用焊接或铆接，使之固定连接方式，例如图10-4、图10-5。这种结构稳定牢固，有利于设计造型，但也给后面的镀、涂工艺带来一定的困难。常因生产场地和设备条件的限制，而不得不将大构件分解开进行镀、涂加工，镀、涂后再焊接或铆接在一起。因而使工艺繁琐、效率下降，另外体积较大，增加了包装运输费用，有损家具在价格上的竞争力。

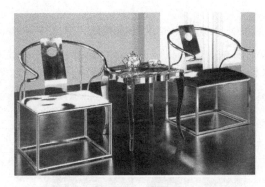

图 10-4　固定式金属圈椅

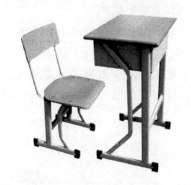

图 10-5　固定式桌椅

（2）拆装式结构

拆装式结构是将家具分解成几大部件，用螺栓、螺钉及其他接合件连接起来，例如图10-6。要求拆装方便稳妥，对紧固件的精度、强度、刚度有一定要求，并要有防松装置等。拆装式有利于设计多用的组合家具，零部件可拆卸，便于镀、涂加工，体积可以缩小，利于运输，特别是大型或组合家具，其经济效果更为明显。但是如果拆装过于频繁，容易加速连接件及紧固件的磨损，不及固定式的牢靠稳定。

图 10-6　拆装式金属高低床

（3）折叠式结构

折叠式结构是运用平面连杆机构的原理，以铆钉接合作铰链结构，把家具中的各部分连接起来，使家具具有折叠功能，例如图10-7、图10-8。折叠式结构使用方便，而且可使家具体积变小，经济实惠，但在造型设计上有一定的局限性。

图 10-7　折叠式金属躺椅

图 10-8　折叠式金属桌

（4）套叠式结构

套叠式结构是运用固定、拆装、折叠的长处加以演化而设计出来的，常用于座椅，例如图 10-9。它不但具有外形美观、牢固可靠等优点，而且可以充分利用空间，能够把多张椅子套叠起来，减少占地面积和包装运输容积。这些家具广泛使用于餐厅、会场、酒楼等场所。设计时，应注意套叠时的稳定与平衡，减少碰撞摩擦，因而对加工工艺也有较高的要求。

图 10-9　套叠式椅凳

（5）插接式结构

插接式，又称套接式，是利用家具的构件（管子）作为插接件，将小管的外径插入大管的内径之中，从而使之连接起来，例如图 10-10、图 10-11。竖管的插入连接，利用本身自重或加外力作用使之不易滑脱。可采用压铸的铝合金插接头，如二通、三通、四通等。这类形式也可以拆装，而且比拆装式的螺钉连接方便得多。

图 10-10　插接式晾衣杆

图 10-11　插接式鞋架

10.3　金属家具的加工工艺

10.3.1　金属家具的成型工艺

10.3.1.1　切削加工

为了达到零部件规定的形状、尺寸和表面质量，需利用切削刀具在切削机床上（或用手工）将金属工件的多余加工量切去，这种加工方式称为切削加工。

按加工方式分为车削、铣削、刨削、磨削、钻削等。硬度高的材料难以切削，但韧性高的材料切削加工性亦不好。铸铁、黄铜、铝合金等切削加工性良好，而纯铜、不锈钢的切削加工性则较差。通过切削加工，可以得到不同肌理产生的特有质感效果。如车削棒料外圆形成光亮表面，熠熠生辉；经端面铣削过的平面产生一定轨迹的螺旋形光环；用刨床刨削平面形成规整的条状肌理；铲刮平面可产生斜纹花、鱼鳞花、半月花等图案，且有美丽的反光。

铣削加工和车削加工的应用范围见图 10-12、图 10-13。

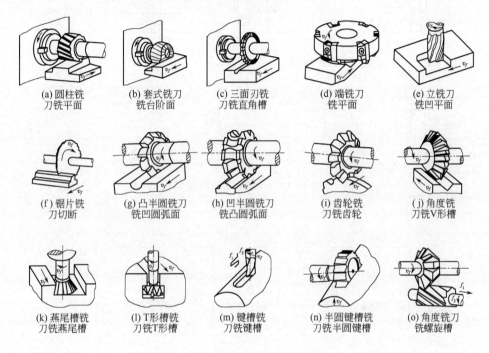

(a) 圆柱铣刀铣平面　(b) 套式铣刀铣台阶面　(c) 三面刃铣刀铣直角槽　(d) 端铣刀铣平面　(e) 立铣刀铣凹平面

(f) 锯片铣刀切断　(g) 凸半圆铣刀铣凹圆弧面　(h) 凹半圆铣刀铣凸圆弧面　(i) 齿轮铣刀铣齿轮　(j) 角度铣刀铣V形槽

(k) 燕尾槽铣刀铣燕尾槽　(l) T形槽铣刀铣T形槽　(m) 键槽铣刀铣键槽　(n) 半圆键槽铣刀铣半圆键槽　(o) 角度铣刀铣螺旋槽

图 10-12　铣削加工的应用范围

10.3.1.2　金属塑性加工

金属塑性加工是指在外力作用下，金属坯料发生塑性变形，从而获得具有一定形状、尺寸和机械性能的毛坯或零件的加工方法。在成型的同时，能改善材料的组织结构和性能；产品可直接制取或便于加工，无切削、金属损耗小；适合大规模生产。

（1）锻造

锻造分为自由锻和模锻，如图 10-14 所示。自由锻是利用冲击力或压力使金属坯料在上、下砧铁（砧）之间，产生塑性变形而获得所需形状、尺寸和内部质量锻件的加工方法。模锻是将金属坯料放在具有一定形状的锻模膛内，施加冲击力或静压力使金属坯料在锻模模膛内产生塑性变形而获得锻件的方法。锻造生产效率高；能锻造形状复杂的锻件，并可以使金属流线分布合理，提高了零件的使用寿命；模锻件的尺寸精确，表面质量好，加工余量小；模锻件可以减少切削加工的工作量，在批量足够条件下可以降低零件成本；操作简单，劳动强度低。

（2）轧制

轧制是指利用两个旋转轧辊的压力使金属坯料通过一个特定空间产生塑性变形，以

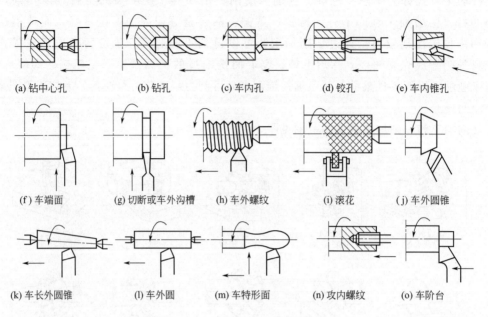

图 10-13　车削加工的应用范围

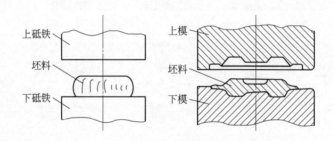

图 10-14　自由锻与模锻

获得所要求的截面形状并同时改变其组织性能。按轧制温度分为热轧和冷轧。冷轧是室温下对材料进行轧制，与热轧相比，冷轧产品尺寸精确、表面光洁、机械强度高；冷轧变形抗力大，变形量小，适用于轧制塑性好、尺寸小的线材和薄板材等。轧制工艺如图10-15 所示。

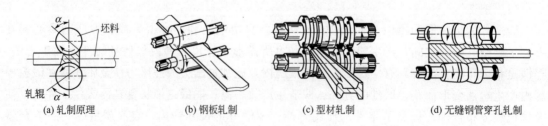

图 10-15　轧制工艺示意图

（3）挤压工艺

挤压工艺是指将金属坯料置于一个封闭的挤压模内，用强大的挤压力将金属从模孔中挤出成型，从而获得符合模孔截面的坯料或零件的加工方法。适合于挤压加工的材料主要有低碳钢、有色金属及其合金。通过挤压可以得到多种截面形状的型材或零件。生产中常用的挤压方法（图 10-16）有：

正挤压，金属流动方向与凸模运动方向相同的挤压。

反挤压，金属流动方向与凸模运动方向相反的挤压。

复合挤压，坯料上一部分金属的流动方向与凸模运动方向相同，而另一部分金属流动方向与凸模运动方向相反的挤压。

径向挤压，金属的流动方向与凸模运动方向成 90°角的挤压。

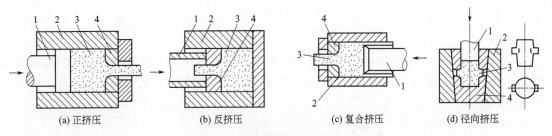

(a) 正挤压　　　　(b) 反挤压　　　　(c) 复合挤压　　　　(d) 径向挤压

图 10-16　挤压成型工艺示意图

1—凸模；2—挤压筒；3—坯料；4—挤压模

（4）拉拔工艺

拉拔（图 10-17）是指用拉力使大截面的金属坯料强行穿过一定形状的拉拔模的模孔，以获得所需断面形状和尺寸的小截面毛坯或制品的工艺过程。拉拔生产主要是用来制造各种细线材、薄壁管及各种特殊几何形状的型材。拔制产品尺寸精度较高，表面光洁并具有一定机械性能。低碳钢及多数有色金属及合金都可拔制成型。

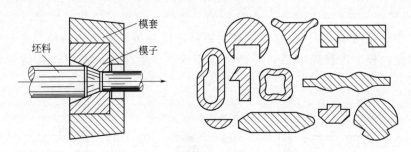

图 10-17　拉拔工艺示意图

（5）冲压工艺

冲压工艺（图 10-18）是指金属板料在冲压模之间受压产生分离或产生塑性变形的加工方法。按冲压加工温度分为热冲压和冷冲压，前者适合变形抗力高，塑性较差的板料加工；后者则在室温下进行，是薄板常用的冲压方法。冲压工艺只适用于加工塑性金属材料，对于脆性材料如铸铁、青铜等则无能为力，也不适于加工形状太复杂的零件。对于外形和内腔复杂的零件，采用铸造方法生产一般比压力加工方法更为方便。

设计冲压件时应注意：外形及冲孔的孔形应力求简单、对称，尽量采用圆形、矩形等规则形状，避免长槽与细长悬臂结构；冲孔时，圆孔直径不得小于材料壁厚，方孔边长不得小于材料厚度的 0.9 倍，孔与孔、孔与边距离不得小于材料厚度，零件外缘凸出或凹进的尺寸

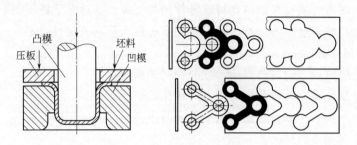

图 10-18　冲压工艺示意图

不得小于材料厚度的 1.5 倍。

10.3.1.3　铸造

1）砂型铸造　又称翻砂，用砂粒制造铸型进行铸造的方法（图 10-19）。砂型铸造适应性强，几乎不受铸件形状、尺寸、重量及所用金属种类的限制，工艺设备简单、成本低，使用广泛。

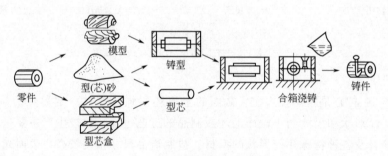

图 10-19　砂型铸造示意图

2）熔模铸造　又称失蜡铸造，包括压蜡、修蜡、组树、沾浆、熔蜡、浇铸金属液及后处理等工序，见图 10-20。失蜡铸造是用蜡制作所要铸成零件的蜡模，然后蜡模上涂以泥浆，这就是泥模。泥模晾干后，再焙烧成陶模。一经焙烧，蜡模全部熔化流失，只剩陶模。一般制泥模时就留下了浇注口，再从浇注口灌入金属熔液，冷却后，所需的零件就制成了。

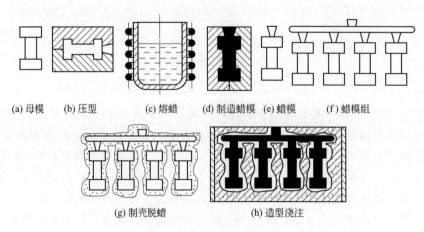

(a) 母模　　(b) 压型　　(c) 熔蜡　　(d) 制造蜡模　(e) 蜡模　　(f) 蜡模组

(g) 制壳脱蜡　　　　　　(h) 造型浇注

图 10-20　熔模铸造示意图

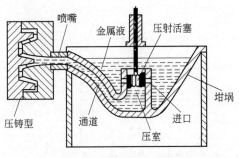
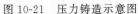

图 10-21　压力铸造示意图

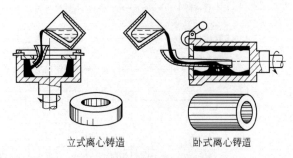

图 10-22　离心铸造示意图

3）压力铸造　简称压铸，在压铸机上，用压射活塞以较高的压力和速度将压室内的金属液压射到模腔中，并在压力作用下使金属液迅速凝固成铸件的铸造方法，见图 10-21，属于精密铸造方法。铸件尺寸精确，表面光洁。适合生产小型、薄壁（0.8mm，孔径可达 0.8mm，螺距可达 0.75mm）的复杂铸件，铸件抗拉强度比砂型铸造高 25%～40%，并能使铸件表面获得清晰的花纹、图案及文字等，主要用于锌、铝、镁、铜及其合金等铸件的生产。

4）离心铸造　将液态金属浇入沿垂直轴或水平轴旋转的铸型中，在离心力作用下金属液附着于铸型内壁，经冷却凝固成为铸件的铸造方法，见图 10-22。离心铸造的铸件组织致密，力学性能好，可减少气孔、夹渣等缺陷。常用于制造各种金属的管形或空心圆筒形铸件，也可制造其他形状的铸件。

5）金属型铸造　将液体金属在重力作用下浇入金属铸型获得铸件的方法。

10.3.1.4　焊接加工

焊接加工是利用金属材料在高温作用下易熔化的特性，使金属与金属发生相互连接的一种工艺，常用的焊接方法有熔焊、压焊、钎焊等。焊接加工节省材料，结构重量轻；能以小拼大，制造重型复杂的机器零件；接头不仅具有良好的力学性能，还具有良好的密封性。

10.3.1.5　粉末冶金

粉末冶金是以金属粉末或金属化合物粉末为原料，经混合、成形和烧结，获得所需形状和性能的材料或制品的工艺方法。常用的金属粉末有铁、铜、铂、铝、镍、钨、铬和钛等粉末，合金粉末有镍青铜、铝合金、钛合金、高温合金、低合金钢和不锈钢等。粉末冶金法能生产用传统的熔炼或加工方法所不能或难以制得的制品。

10.3.2　金属家具的生产工艺

不同的金属家具，其制造工艺各不相同，有些金属家具还搭配了诸如木质材料、软体材料、塑料和玻璃等材料。根据设计要求，选择合适的工艺对各种材料进行加工，其金属部分的加工工艺流程大致如图 10-23 所示。

1）管材截断或板材剪切　金属基材一般较大或较长，所以首先需要对其进行切割，使其变小，以作进一步加工，常用气割、砂轮片切割、激光切割等多种方式，也可采用铣削等方式切割。

2）弯曲加工　板材弯曲可以采用冲压工艺；而管材弯曲需在专用机床上，利用型轮将管材弯曲成圆弧形。弯管一般可分为热弯、冷弯两种加工方法，热弯用于管壁厚或实心的管材，在金属家具中应用较少；冷弯在常温下弯曲，加压成型，加压的方式有机械加压、液压加压及手工加压。弯管常用来制作家具的骨架结构。

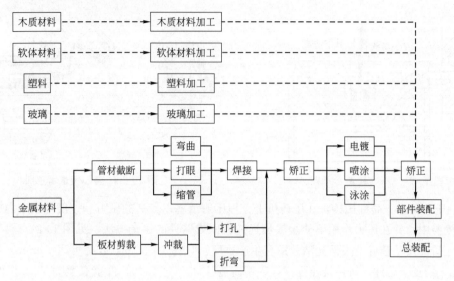

图 10-23　金属家具加工工艺

3）打孔　冲孔可采用冲裁加工的方式，加工精度高，效率高；打眼可采用钻床、手电钻。如果在设计中用到槽孔，则可以利用铣削加工。

4）焊接　金属家具零部件的焊接常采用气焊、电弧焊等方式，焊接后需要把焊接点进行打磨，使其表面光滑，以免外观受影响。

5）表面处理　金属的表面处理工艺有很多，可以通过化学着色、电解着色、阳极氧化着色、镀覆着色、涂覆着色、珐琅着色、热处理着色等方式进行，既提高了金属家具的美观性，又保护了金属材料表面，使其不被氧化。

6）装配　根据不同的连接方式，用螺钉、螺栓、铆钉等把金属零部件组装成家具。

10.4　金属家具案例赏析

（1）帕特·荷恩·艾克和诺伯·荣格科设计的铝制座椅

椅子由七部分组成，采用了 2mm 厚的阳极氧化铝板，板材切割后经电脑打孔和压弯机弯曲成型，各部分采用固定螺栓或铆钉组装在一起（图 10-24）。

图 10-24　铝制座椅

（2）耶特罗·阿柔索设计的孔洞椅

此款椅子采用整块铝板制成，椅子的前后腿与椅面为一个整体，3mm 厚的铝合金板采用切割弯曲成型，椅面上的孔洞增加了美观性，并减轻了椅子的重量（图 10-25）。

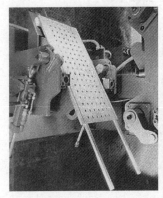

图 10-25　孔洞椅

（3）马里奥·博塔设计的金属椅

此款金属椅的椅架采用钢管弯曲焊接而成，椅面和椅背用钢板冲空弯折而成，充分利用了金属材料本身固有的刚性和柔性，使该金属椅子既稳固结实，又柔韧舒适（图 10-26）。

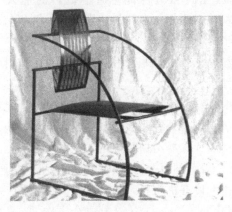

图 10-26　金属椅　　　　　　　　　图 10-27　扶手椅

（4）罗恩·阿拉德设计的扶手椅

此款扶手椅由四部分组成，造型简单明快。椅子采用 1mm 厚的优质钢材制成，钢材经回火处理，具有良好的韧性、弹性优异，具有强烈的视觉效果，给人以美丽、精致之感。椅子的各部分由电脑控制激光切割器切割而成，各部分卷折后由螺钉连接而成，不需要焊接，另外在其表面覆有塑料膜（图 10-27）。

11　塑料家具制造工艺

11.1　塑料家具的材料

11.1.1　塑料的组成与特性

塑料是以天然或合成树脂为主要成分，适当加入填料、增塑剂、稳定剂、润滑剂、色料等添加剂，在一定温度、压力下塑制成型的高分子有机材料。树脂是指受热时通常有转化或熔融范围，转化时受外力作用具有流动性，常温下呈固态或半固态或液态的有机聚合物。

（1）塑料的组成

1）合成树脂　它是人工合成的高分子化合物，是塑料中最基本的成分，起胶黏作用，并决定了塑料的加热性质是热固性还是热塑性，这一成分影响着塑料的主要性质。有的塑料名称就是以合成树脂命名的，如环氧树脂等。

2）填料　它是一些在塑料配方中相对呈惰性的粉状材料或纤维状材料。加入填料的目的是降低成本，同时提高塑料的机械性能、耐热性能和电性能。通常填料的加入量为40%～70%，分为无机和有机填料两种。无机填料包括陶土、滑石粉、石棉等，有机填料包括木粉、纸、碎布等。

3）增塑剂　其作用是改进塑料的流动性、柔软性，降低其刚性和脆性，并使塑料易于加工成型。增塑剂要能与树脂很好地混溶，挥发性小、无毒，对光热具有稳定性和不燃性。

4）稳定剂　其作用是防止加工和使用过程中，塑料因受热、氧气和光线作用而变质、分解，以延长塑料的使用寿命。稳定剂种类有抗氧剂、紫外线吸收剂和热稳定剂等。稳定剂在塑料成型过程中应不分解，耐水、耐油、耐化学腐蚀，易与树脂混溶。

5）着色剂　其作用是使塑料具有一定的色彩。着色剂也分为无机颜料和有机染料两种。无机颜料稳定，但不透明、染色力差；透明塑料需配以有机染料，使其色彩鲜艳。

6）固化剂　为得到热固性塑料，则须加入固化剂。

7）润滑剂　其作用是防止塑料在成型过程中粘附在金属设备或模具上，造成脱模困难。润滑剂还可使塑料制品的表面光亮美观。常用的润滑剂有硬脂酸及其钡皂、钙皂，用量为塑料的0.5%～1.5%。

8）其他添加剂　有的塑料制品在使用中因摩擦而产生静电，存在一定的安全隐患，同时也易吸尘，这时需要加入抗静电剂。此外还有阻燃剂、发泡剂、荧光剂等。

（2）塑料的特性

塑料几乎都可以任意着色，并着色坚牢，不易变色，还可以模拟出其他材料的天然质地。很多塑料制品具有透明性，并富有光泽，能着鲜艳色彩。大多数塑料容易制成透明或半透明制品。塑料质轻、耐振动与冲击，比强度高。塑料比金属轻，强度比木材高，可以制作成很薄很坚硬的制品。大多数塑料在低频低压下具有良好的电绝缘性能，有的即使在高频高压下也可用作电器绝缘材料或电容介质材料。塑料的导热率极小；减震、消音性能优良；具有良好的质感和光泽度。塑料硬而有舒适感，具有适当的弹性和柔度，给人以柔和、亲切、安全的触觉质感。多数塑料对一般浓度下的酸、碱、盐等化学药品具有良好的耐腐蚀性能。塑料容易进行切削、焊接、表面处理等二次加工，精加工成本低。因此，塑料制品被广泛应用，在家具中也比较常见。

11.1.2 塑料的种类

11.1.2.1 通用塑料

（1）聚乙烯塑料（PE）

聚乙烯的原料是乙烯，是由石油裂解得到的。外观呈乳白色，无嗅、无毒，具有非常优良的耐低温性、化学稳定性和加工性。它的最低使用温度可达−70℃；能耐大多数的酸、碱腐蚀；常温下不溶于一般溶剂，吸水性小。聚乙烯的电绝缘性也相当优秀。但聚乙烯的极性小，表面性能非常低，因此染色性和粘接性都很差，这是它不尽如人意的地方。另外，它的透明性和手感不佳，耐温性不高。

（2）聚丙烯塑料（PP）

聚丙烯是通用塑料中相对密度最小的品种，聚丙烯的力学性能比聚乙烯好。它无毒无味、耐热性好，能在110℃左右长期使用，是可以进行高温消毒的少数塑料品种之一。聚丙烯树脂的耐曲折性特别好，经定向拉伸的聚丙烯可以耐受100万次的曲折而不断裂，常用于制作文具盒和仪器盒的铰链。聚丙烯树脂通过玻璃纤维增强或弹性体增韧后，其抗冲击强度会大幅度提高，可作为工程塑料使用，如制作汽车保险杠等。但聚丙烯树脂受阳光照射或与铜接触很容易老化，其次是在低温下会变脆。通过在聚丙烯树脂中加入抗氧剂和抗紫外剂可防止或延缓它的老化。

（3）聚苯乙烯（PS）

聚苯乙烯塑料是一种无色透明的塑料，聚苯乙烯加工性好，极易染成鲜艳的颜色，富于装饰性，因此在日用塑料中应用非常广泛，常用来制作玩具。聚苯乙烯塑料有良好的绝缘性，可制备电容器、高频线圈骨架等电子元器件。但其质地很脆、耐冲击强度差，在使用上受到很大的限制。通过同其他单体共聚可以大大改善它的强度。

（4）聚氯乙烯塑料（PVC）

聚氯乙烯塑料电绝缘性、耐腐蚀性好，但热稳定性差。在PVC中混入大量的碳酸钙做成钙塑料，可以提高塑料硬度，降低成本，用于代替钢铁或木材，制作塑料门窗、楼梯扶手、地板、天花板和电线套管等。将PVC轻度发泡，可以制成塑料地毯和塑料墙纸等。PVC薄膜的透光性、染色性、保温性、耐撕裂性和耐穿刺性都比PE薄膜好，大量用于日用塑料薄膜制品的制备，如雨衣、桌布、窗帘、浴帘等。

（5）甲基丙烯酸甲酯（PMMA）

聚甲基丙烯酸甲酯又称为有机玻璃，对可见光的透光率高达92%，对紫外光的透过率也高达75%；而无机玻璃仅能透过85%的可见光和不到10%的紫外光。有机玻璃常用于制备各种透明的装饰面板、仪表板、光盘、透明容器和包装盒等。有机玻璃还有很好的染色性，如在其中加入珍珠粉或荧光粉，就能制成色泽鲜艳的珠光和荧光塑料。有机玻璃具有一定的强度，耐水性、耐候性及电绝缘性好，具有良好的热塑性，可通过热成型加工成各种形状，还可采用切削、钻孔、研磨抛光等机械加工和采用粘接、涂装、热压印花、印刷、烫金等二次加工制成各种产品。

11.1.2.2 工程塑料

(1) ABS塑料

ABS塑料强度高、轻便、表面硬度大，具有耐化学腐蚀性、耐冲击性，具有良好的加工性、染色性和刚性；绝缘性和化学稳定性都好；非常光滑，易清洁处理、尺寸稳定、抗蠕变性好、适宜做电镀处理。常用于电视机、洗衣机、电话等家用电器及仪器仪表的外壳，冰箱及其他冷冻设备的内胆，汽车仪表板及其他车用零件，齿轮、泵的叶轮、塑料管道等。ABS树脂表面很容易电镀上金属，使外观有金属光泽，提高了表面性能和装饰性。但ABS树脂的耐热性不够高，长期使用温度为60~70℃；耐候性也较差，不能在露天环境中长期使用，否则易老化变质。

(2) 聚酰胺塑料（PA）

聚酰胺塑料又称尼龙，通常为白色或浅黄色半透明固体。易着色，具有优良的机械强度，抗拉、坚韧，抗冲击性、耐溶剂性、电绝缘性良好，聚酰胺塑料的耐磨性和润滑性优异，是一种优良的自润滑材料。但吸湿性较大，影响性能和尺寸稳定性，吸湿后的强度虽比吸湿前强度大，但变形性也大。尼龙是最实用的、产量最大的工程塑料。它的性能良好，尤其是经过玻璃纤维增强后，其强度更佳，应用更广。尼龙的耐油性好，阻透性优良，无嗅、无毒，是性能优良的包装材料，可长期存装油类产品，制作油管。尼龙在强酸或强碱条件下不稳定，应避免同浓硫酸、苯酚等试剂接触。

(3) 聚碳酸酯塑料（PC）

聚碳酸酯塑料是一种韧而钢的塑料，强度高、成型收缩率小、尺寸稳定性高，特别适于制备精密仪器中的齿轮、照相机零件、医疗器械的零部件。耐冲击性能也很好，可用作电动工具的外壳。还具有良好的电绝缘性，是制备电容器的优良材料。耐温性好，可反复消毒，近年来被大量用于制备婴儿奶瓶、饮水杯和净水桶等中空容器。透光性好，可用于制备飞机风挡、透明仪表板等。但耐应力开裂性和耐溶剂性较差，同溶剂接触后表面会产生龟纹。

(4) 聚四氟乙烯（PTFE）

聚四氟乙烯塑料产品色泽洁白，其化学稳定性好，不溶于浓酸及有机溶剂，有"塑料王"之称。聚四氟乙烯塑料的摩擦系数特别低，有自润滑性，不粘性好，耐老化、耐高低温、绝缘性能良好，不受温度、湿度及工作频率影响。多用来制作对性能要求较高的耐腐蚀物件，如管道、容器、阀门等。

11.1.2.3 泡沫塑料

泡沫塑料又称微孔塑料，是以树脂为基料，加入发泡剂等辅助剂制成的内部具有无数微小气孔的塑料，具有质轻、隔热、隔声、防震、耐潮等特点。可采用机械法、物理法、化学法进行发泡，可用注射、挤出、模压、浇注等方法成型。

(1) 聚苯乙烯泡沫塑料

聚苯乙烯泡沫塑料是一种可成型、质轻、低成本、闭孔型的发泡塑料。聚苯乙烯泡沫塑料具有半刚性与冲击吸收性，有良好的隔热性能和电绝缘性，聚苯乙烯泡沫塑料对大多数的溶剂与无机物酒精溶剂的抗腐蚀性较弱，但对酸性、碱性及脂肪类的化合物具有较好的抗腐蚀性。聚苯乙烯泡沫塑料成型的表面光滑、稍富弹性，不致造成产品外表的磨损，可用作隔热、隔声材料或防震包装材料。

(2) 聚氨酯泡沫塑料

聚氨酯泡沫塑料分为软质和硬质两大类。硬质聚氨酯泡沫塑料又称"黑料"，为闭孔型，具有较高的机械强度和耐热性，多用作隔热保温、隔声、防震材料。软质聚氨酯泡沫塑料俗称"海绵"，为开孔型，其回弹性好，抗冲击性高，可作缓冲材料、吸声防震材料及过滤材料等。采用反应注射成型的聚氨酯泡沫塑料，具有像木材一样可刨、可锯、可钉的特点，称为聚氨酯合成木材，用作结构材料。

11.2　塑料家具的接合方式与结构

很多塑料家具都是一次性成型的，但也有一些是通过接合方式或结构组成的。

（1）连接件接合结构

连接件接合结构，是在两个塑料连接件上设计连接孔，利用各种连接构件（如螺钉、销钉、螺栓、拉片、弹簧片等）将两个塑料件进行连接，如图 11-1。这种方法不可用于容易开裂的塑料，如聚苯乙烯。

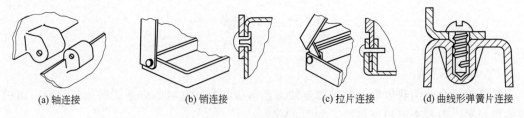

(a) 轴连接　　　(b) 销连接　　　(c) 拉片连接　　　(d) 曲线形弹簧片连接

图 11-1　连接件接合结构

（2）柔性连接结构

柔性连接是将两个连接部件设计成一体，采用注塑或压铸、吹塑等成型方法一次模塑而成。它利用了塑料材料可以承受数千次甚至上百万次的折弯而不破裂这样一个特性，制作成连成一体的塑料合叶，如图 11-2。适用的材料有聚乙烯、聚丙烯、聚氯乙烯、热塑性弹性体、聚酰胺、聚甲醛等，最适合的塑料是聚丙烯。聚丙烯塑料具有优良的耐疲劳性，由于在成型中作为"合叶"的薄壁部位的分子链呈束状细纤维规则排列，使"合叶"具有耐折的特性。合叶的厚度根据产品规格而定，一般小件为 0.2mm 左右、大件为 0.4mm 左右。

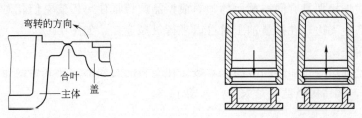

图 11-2　合叶结构　　　　　　图 11-3　不能开启和可开启的卡扣结构

（3）卡扣连接结构

卡扣连接形式多样，但连接原理基本一致，即连接件的一方有一个凸出部分，称为凸缘；而另一方有一个凹槽。卡接时，压力使凸缘这一方部件产生瞬时挠曲变形，向连接件的另一方推进，待凸缘卡入凹槽，连接的两部件锁定。卡扣连接结构有容易开启、较难开启和不能开启等类型，如图 11-3。卡扣连接的形式如图 11-4。

（4）粘接剂接合

多数塑料是可以用粘接剂粘的，但聚乙烯、聚丙烯、尼龙、聚缩醛等不能用粘接剂粘

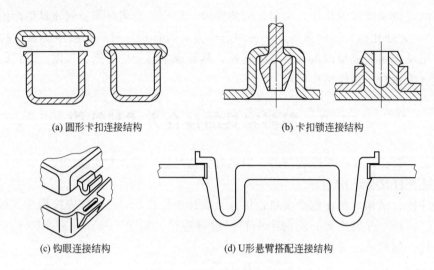

(a) 圆形卡扣连接结构　　　　　　　(b) 卡扣锁连接结构

(c) 钩眼连接结构　　　　　(d) U形悬臂搭配连接结构

图 11-4　卡扣连接的形式

接，如图 11-5。

（5）热风焊接合

热风焊接合使用热风焊枪把需要连接的塑料板与相同材料的焊条同时加热熔融，再把它们连接起来，但其表面相当粗糙，如图 11-6。

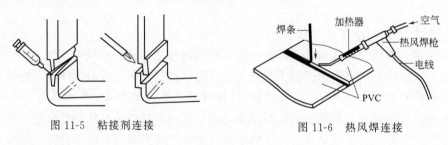

图 11-5　粘接剂连接　　　　　　　图 11-6　热风焊连接

（6）热板方式连接

热板方式连接把具有同一截面的塑料成型品或板抵住热板使它们相对连接起来，这种方式因为容易产生飞边，在批量加工时可以进行机械连接，如图 11-7。

（7）热熔法

热熔法是利用经过加热的金属工具按压在塑料的凸起部，使其熔融而连接的方法，适用于 ABS 塑料，其粘接强度不是太好，如图 11-8。

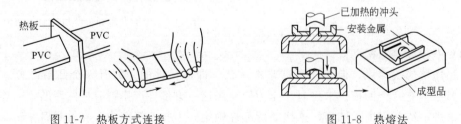

图 11-7　热板方式连接　　　　　　图 11-8　热熔法

（8）旋转熔接法

旋转熔接法把要连接的一方固定，使另一方旋转，利用二者连接部因摩擦生热熔化而连接，如图 11-9。此法只限于连接部的形状为圆形的热塑性树脂产品，而不适用于大型产品。

（9）超声波熔融法

超声波熔融法是在产品的连接部分用超声波的力引起摩擦，利用摩擦所生的热来进行熔融连接的方法，如图 11-10。对热塑性树脂产品有效，可进行高速加工。

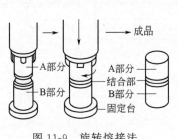

图 11-9　旋转熔接法

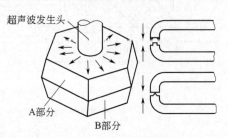

图 11-10　超声波熔融法

11.3　塑料家具的加工工艺

（1）注塑成型

这种成型方法是使热塑性或热固性塑料先在加热料筒中均匀塑化，而后由柱塞或移动螺杆推挤到闭合模具的模腔中成型的一种方法，如图 11-11。

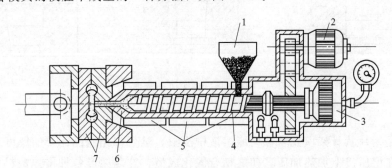

图 11-11　螺杆式注射成型原理

1—料斗；2—传动装置；3—注射油缸；4—螺杆；

5—料筒加热器；6—喷嘴；7—模具

它可以一次成型出外形复杂、尺寸精确的塑料制件；可以利用一套模具，成批地制得尺寸、形状、性能完全相同的产品，而且所得制件几乎无需进一步修饰或加工；生产性能好，成型周期短，一般制件只需 30～60s 可成型，生产效率较高。但是用于注塑成型的模具价格是所有成型方法中最高的，所以小批量生产时，经济性差。

（2）挤出成型

挤出成型是在挤出机中通过加热、加压而使物料以流动状态通过挤出模的型孔或口模，待熔融塑料定型硬化后而得到各种断面的成型方法，如图 11-12。

挤出成型主要用热塑性塑料，也可用某些热固性塑料。其加工的塑料制品主要是连续的制品，如薄膜、管、板、片、棒、单丝、扁带、网、复合材料、中空容器、电线被覆及异型材等，也可生产地板、窗框、门板、浴室挂帘、浴盆盖等。

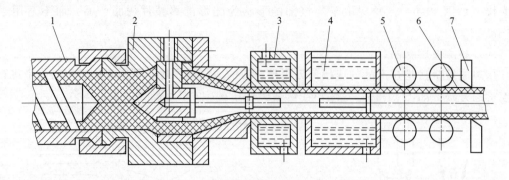

图 11-12　挤出成型原理

1—挤出机料筒；2—机头；3—定径装置；4—冷却装置；

5—牵引装置；6—塑料管；7—切割装置

（3）模压成型

模压成型是将物料（树脂和粉末状、碎屑或短纤维填充料）放入金属塑模内加热软化，闭合塑模后加压，使物料在一定温度和压力下，发生化学反应并固化成型，如图 11-13。

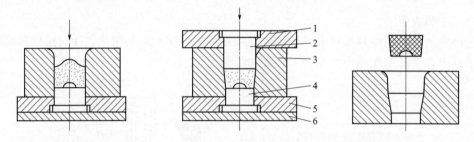

图 11-13　模压成型原理

1,5—凸模固定板；2—上凸模；3—凹模；4—下凸模；6—下模座板

层压法是用片状骨架填充料在树脂溶液中浸渍，然后根据制品需要的厚度，组合成一个叠合体，放在层压机上加热加压，使之粘合固化成型，这是生产各种增强塑料板、棒、管材的主要方法。

（4）吹塑成型

吹塑成型是将从挤出机挤出的熔融热塑性树脂坯料加入模具，然后向坯料内吹入空气，熔融坯料在空气压力的作用下膨胀，同时向模具型腔壁面贴合，冷却固化成为所需形状产品的方法，如图 11-14。

适用于吹塑成型的树脂中聚乙烯用量最大，除此以外还有聚氯乙烯、聚碳酸酯、聚丙烯、尼龙等材料。这种成型方法主要用来生产瓶状的中空薄壁产品。由于吹塑成型能够生产薄壁的中空产品，所以产品的材料成本较低，因而大量用于调味品、洗涤剂等包装用品的生产，还可生产水桶、垃圾桶、喷壶、玩具、罐等产品。

（5）热成型

热成型是一种将热塑性树脂的片材加热软化，使其成为所需形状产品的方法。热成型方法包括真空成型法、压空成型法、塞头成型法及冲压成型法等不同的成型方法。

在这些方法中最常用的是真空成型法，是将热塑性塑料薄片或薄板（厚度小于 6mm）

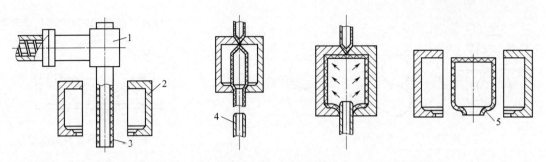

图 11-14　挤出吹塑成型工艺

1—挤出机头；2—吹塑模；3—管状型坯；4—压缩空气吹管；5—塑件

重新加热软化，置于带有许多小孔的模具上，抽真空使片材紧吸在模具上成型，如图11-15。这种方法成型速度快、操作容易，但制品表面粗糙，尺寸和形状的误差较大。真空成型广泛用来生产钙塑天花板装饰材料、洗衣机和电冰箱壳体、电机外壳、艺术品和生活用品等。

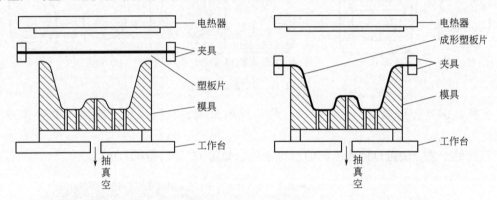

图 11-15　真空成型原理

热成型方法能生产从小到大的薄壁产品，设备费用、生产成本较低。但是这种成型方法不适宜成型形状复杂的产品以及尺寸精度要求高的产品，还有因这种成型方法是拉伸片材而成型，所以产品的壁厚难以控制。适用于热成型的材料有聚氯乙烯、聚苯乙烯、聚碳酸酯、发泡聚苯乙烯等片材。

（6）压延成型

压延成型是利用热的辊筒，将热塑性塑料经连续辊压、塑化和延展成薄膜或薄片的一种成型方法，如图 11-16。

压延成型方法生产能力大，产品质量好，易于实现自动化流水作业，是生产各种大长塑料薄膜、薄板、片材和人造革、壁纸等的主要方法，但其设备投资较大。适用于压延成型加工的塑料，除了用得最多的聚氯乙烯外，还有聚乙烯、ABS、聚乙烯醇等。

（7）滚塑成型

滚塑成型是把粉状或糊状塑料置于塑模中，通过加热并滚动旋转塑模，使模内物料熔融塑化，进而均匀散布到模具表面，经冷却定型得到制品，如图 11-17。

原料除聚乙烯等粉粒塑料之外，也可使用聚氯乙烯溶胶或填充纤维的聚酯。这种工艺所使用的设备和模具成本低，但生产效率低，只适用于少量生产并且无法生产形状复杂的产品。适用于生产中空制品、汽车车身、大型容器、儿童玩具等。

（8）搪塑成型

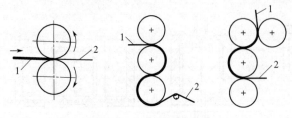

图 11-16　压延成型原理

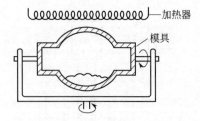

图 11-17　滚塑成型原理

搪塑成型是将塑料糊倒入预先加热至一定温度的模具（凹模或阴模）中，接近模腔内壁的塑料糊即会因受热而胶凝，然后将没有胶凝的塑料糊倒出，并将附在模腔内壁上的塑料糊进行热处理（烘熔），再经冷却即可从模具中取得空心制品，如图 11-18。

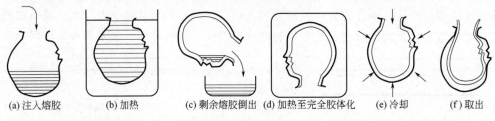

(a)注入熔胶　　(b)加热　　(c)剩余熔胶倒出　(d)加热至完全胶体化　(e)冷却　　(f)取出

图 11-18　搪塑成型原理

另外，还有浇铸成型、流延成型、传递模塑成型、发泡成型、缠绕成型等多种工艺方法。

不同的工艺方法可以制作不同的塑料家具，如图 11-19、图 11-20。

图 11-19　注射成型的塑料椅子

图 11-20　滚塑成型的塑料椅子

12 玻璃家具制造工艺

12.1 玻 璃 材 料

玻璃是以石英石、长石、石灰石等为主要原料，加入某些氧化物、化合物等辅助原料，经过高温加热熔融、冷却凝固所得到的非晶态无机材料。现在用得最多的普通玻璃是以石英为主要成分的硅酸盐玻璃。

玻璃的主要成分是 SiO_2，一般通过熔烧硅土（砂、石英或燧石），加上碱（苏打或钾碱、碳酸钾）而得到的，其中碱是作为助熔剂，也可以加入其他物质，例如石灰（提高稳定性）、镁（去除杂质）、氧化铝（提高光洁度）或加入各种金属氧化物得到不同的颜色。在生产玻璃过程中若加入适量的硼、铝、铜、铬等的氧化物，可制成各种性质不同的高级特种玻璃，如石英玻璃、微晶玻璃、光敏玻璃、耐热玻璃等。玻璃具有一系列的优良特性，如坚硬、透明、气密性、不透性、装饰性、化学耐蚀性、耐热性及电学、光学等性能，而且能用吹、拉、压、铸、槽沉等多种成形和加工方法制成各种形状和大小的制品。

（1）玻璃分类

按玻璃的特性可将玻璃分为平板玻璃、容器玻璃、光学玻璃、电真空玻璃、工艺美术玻璃、建筑用玻璃及照明器具玻璃等。

按玻璃化学成分可分为钠钙硅酸盐玻璃（二氧化硅 70%、氧化钙 10%、氧化钠 15%等，它广泛用于制造平板玻璃、瓶罐玻璃、灯泡玻璃等）；铅玻璃（含多量氧化铅的玻璃，用于制造光学玻璃、电真空玻璃、艺术器皿玻璃等）；石英玻璃（二氧化硅含量 99.5%以上，用于制造半导体、电光源等精密光学仪器及分析仪器等）；以及掺钕的激光玻璃，硫系、氧硫系等玻璃半导体，镁铝硅系微晶玻璃以及金属玻璃等。

按制造方法可分为吹制玻璃、拉制玻璃、压制玻璃及铸造玻璃等。

（2）玻璃的品种

1）磨光玻璃 又叫镜面玻璃，分为单面磨光和双面磨光。

2）磨砂玻璃 又叫毛玻璃，通过手工研磨或氢氟酸溶蚀，如图 12-1。

图 12-1 磨砂玻璃

图 12-2 花纹玻璃

3）花纹玻璃　按加工方法分为压花玻璃和喷花玻璃，如图12-2。

4）有色玻璃　又称彩色玻璃，分透明和不透明有色玻璃。

5）夹层玻璃　一般由两片普通平板玻璃（也可以是钢化玻璃或其他特殊玻璃）和玻璃之间的有机胶合层构成，如图12-3。当受到破坏时，碎片仍粘附在胶层上，避免了碎片飞溅对人体的伤害，多用于汽车、火车、船舶、飞机及高层建筑等。

6）钢化玻璃　由普通平板玻璃经过再加工处理而成的一种预应力玻璃，如图12-4。钢化玻璃强度是普通玻璃的数倍，抗拉强度是后者的3倍以上，抗冲击强度是后者5倍以上。钢化玻璃不容易破碎，即使破碎也会以无锐角的颗粒形式碎裂，对人体伤害大大降低。这种玻璃常用于制作玻璃家具。

7）中空玻璃　多采用胶接法将两块玻璃保持一定间隔，间隔中是干燥的空气，周边用密封材料密封而成，如图12-5。具有隔声、隔热、防霜、防结露等性能，能在－25～40℃正常使用。

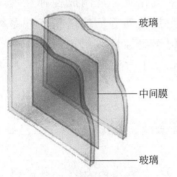

图12-3　夹层玻璃组成

图12-4　钢化玻璃桌子

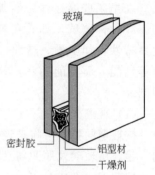

图12-5　中空玻璃组成

8）防火玻璃　具有良好的透光性能和防火阻燃性能。它是由两层或两层以上玻璃用透明防火胶黏在一起制成的，如图12-6。

9）镀膜玻璃　在玻璃表面涂镀一层或多层金属、合金或金属化合物薄膜，以改变玻璃光学性能，满足某种特定要求。按其特性，可分为热反射玻璃（建筑和玻璃幕墙），低辐射玻璃（建筑和汽车），导电膜玻璃（加热、除霜、除雾玻璃），见图12-7、图12-8。

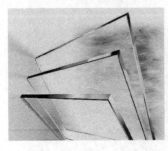

图12-6　防火玻璃

图12-7　热辐射玻璃

图12-8　导电膜玻璃

10）镶嵌玻璃　由许多经过精致加工的小片异形玻璃组成，用晶亮的金属条镶嵌成一幅美丽的图案，两面再用钢化玻璃或浮法玻璃以中空的形式将图案封在两层玻璃之中，常用于门、窗、屏风的设计制作，如图 12-9。

11）微晶玻璃　在高温下使结晶从玻璃中析出而成的材料，由结晶相和部分玻璃相组成，如图 12-10。微晶玻璃的硬度很大，吸水率接近零，所以不易污染。

图 12-9　镶嵌玻璃　　　　　　　　　　　　　图 12-10　微晶玻璃

12）玻璃马赛克　是由石英、长石、纯碱、氟化物等配合料经高温熔制后再加工成方形玻璃制品，如图 12-11。

图 12-11　马赛克玻璃　　　　图 12-12　彩绘玻璃　　　　图 12-13　防弹玻璃

13）喷雕、彩绘玻璃　常用于制作隔断、屏风、壁画等，见图 12-12。

14）防弹玻璃　由不同厚度的透明玻璃和多片 PVB 胶片组合而成。因为玻璃有较高的硬度而 PVB 胶片有较好的韧性，故常用于军事防御、银行柜台、珠宝首饰的展示柜等，见图 12-13。

12.2　玻璃的接合方式与结构

玻璃的接合方式主要有两种，一种是用玻璃胶接合，另外一种是通过五金连接件接合。其中五金连接件的品种较多，根据不同的家具可以选择、设计制造不同的连接件，以下是几种不同的玻璃接合方式，见图 12-14、图 12-15。

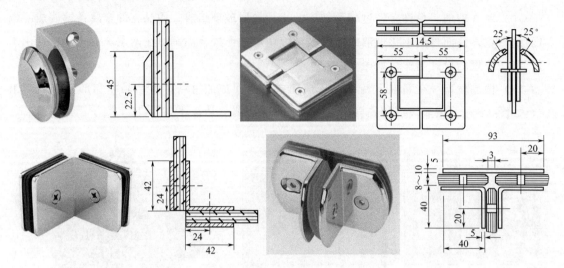

图 12-14　四种玻璃连接件的接合方式（单位：mm）

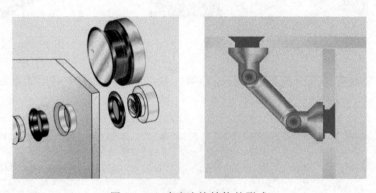

图 12-15　玻璃连接结构的形式

12.3　玻璃家具的加工工艺

12.3.1　玻璃家具的成型工艺

（1）压制成型

压制法采用滴料供料机供料，自动压制成型，如图 12-16。其特点是制品形状精确，能

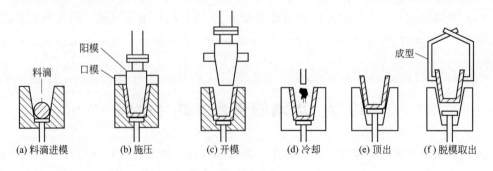

图 12-16　压制成型工艺

压出外缘带花纹的制品，工艺简便，生产效率较高，可用于生产各种实心或空心玻璃制品。

（2）吹制成型

吹制法是先用压制法制作制品的口部和雏形，然后再移入成型模中吹成制品。机械吹制法可以分为压吹法（见图12-17）、转吹法和带式吹制法等。此法可用于生产广口瓶、小口瓶等空心制品。

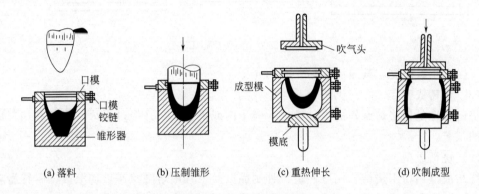

图 12-17　压吹法成型工艺

（3）拉制成型

拉制法利用机器拉引力将熔融玻璃制成成品，如图12-18。此法主要用于生产玻璃管、玻璃棒、平板玻璃、玻璃纤维等。

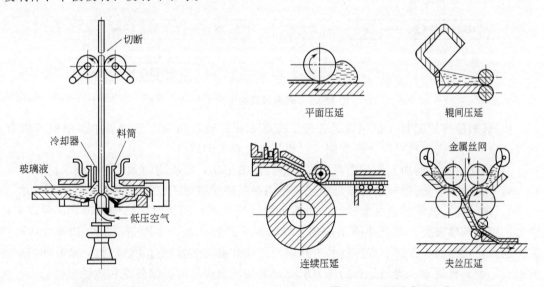

图 12-18　垂直拉制成型工艺　　　　　　　图 12-19　压延成型工艺

（4）压延成型

压延法利用金属辊将熔融玻璃压制成板状制品，如图12-19。此法用于制造厚的平板玻璃、刻花玻璃、夹金属丝玻璃等制品。

（5）浮法成型

浮法成型是指熔融的玻璃液流入盛有熔融锡液的锡槽中，然后漂浮在相对密度较大的锡液表面，在重力和表面张力作用下铺开，形成一定厚度的玻璃板，如图12-20。这种方法主

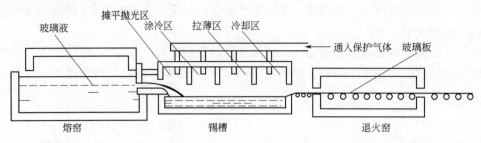

图 12-20　浮法成型工艺

要用于生产平板玻璃，其厚度均匀、表面光洁。

（6）浇铸成型

浇铸成型是指将熔制好的玻璃液注入模子内或平台上，并经过退火、冷却和加工后制成制品的工艺。

（7）烧结成型

烧结成型用粉末烧结，用以制造特种制品以及不宜用熔融状态玻璃液成型的特型玻璃制品。此法可分为干压法、注浆法，还有利用泡沫剂制造泡沫玻璃等。

12.3.2　玻璃家具的生产工艺

玻璃家具的生产工艺如图 12-21，有些玻璃家具在二次加工后就是最终成品了，而有些还需利用配件进行组装。

图 12-21　玻璃家具的生产工艺

1）玻璃原料的配制　根据设计需要、工艺水平、玻璃组成、性能要求、价格等因素，把玻璃主料与辅助原料进行合理配制，以得到符合要求的原料。

2）熔化　在成型加工前，需要把原料进行高温熔化，形成均匀无气泡的玻璃液。

3）成型加工　选择合适的成型工艺，把熔融的玻璃液加工成符合要求的形状和尺寸。

4）热处理　玻璃制品成型后，一般都要进行热处理，使其内部结构均匀化，并除去热应力，以免玻璃破裂、光学性质不均匀。玻璃制品的热处理，一般包括退火和淬火两种工艺。退火，就是消除或减小玻璃制品中热应力至允许值的热处理过程。淬火，就是使玻璃表面形成一个具有规律、均匀分布的压力层，以提高玻璃制品的机械强度和热稳定性。

5）二次加工　经成型加工后，玻璃制品还需进一步加工，以满足要求，常采用冷加工、热加工、表面处理三种方式。

① 冷加工　指在常温下通过机械方法来改变玻璃制品的外形和表面状态所进行的工艺过程。冷加工的基本方法包括研磨、抛光、切割、喷砂、钻孔和切削等。

研磨和抛光。使制品经过粗磨料研磨、细磨料研磨，直至抛光料抛光的操作过程，可将制品上的粗糙不平或成型时余留的部分去掉，达到所需的形状和尺寸，使制件具有光滑、透明、平整的表面。

切割、喷砂与钻孔。切割是利用玻璃制品具有脆性和残余应力的特点，在待切割的局部造成应力集中，使之易于折断。采用金刚石、碳化硅、合金刀或其他坚韧工具在表面锯切和刻痕的方法，在切割处施用火焰、电热丝局部加热再激冷等方法都可以折断玻璃。

喷砂。利用夹带细粒石英砂或金刚砂的高速气流，使玻璃制品表面受砂粒的冲击，形成所需的表面，比如花纹，另外还可以利用这种方法钻孔。

车刻。用砂轮在玻璃制品表面刻磨图案。

钻孔。利用硬质合金钻头、超声波等方法对玻璃制品进行开孔。

② 热加工 有很多形状复杂和要求特殊的玻璃制品，需要通过热加工进行最后成型。此外，热加工还用来改善制品的性能和外观质量。热加工的方法主要有：切割后锋利边缘的烧口、火抛光、火焰切割与钻孔等。

③ 表面处理 玻璃的表面处理是对玻璃成型加工后为了获得所需的表面效果而做的处理，包括玻璃制品表面着色和表面涂层以及光滑面与散光面的形成，如器皿玻璃的化学蚀刻、玻璃化学抛光等。

蚀刻。在玻璃表面涂敷石蜡等保护层并在其上刻绘图案，再利用化学物质的腐蚀作用，蚀刻所露出的部分，然后去除保护层，即得到所需要图案。

彩饰。利用彩色釉料对玻璃表面进行装饰。常用彩饰方法有：描绘，直接用笔蘸釉料进行涂绘；喷花，先制作所要图案的镂空型版，将其紧贴在玻璃制品表面，然后用喷枪喷出釉料；贴花，用彩色釉料在特殊纸上印刷所需图案，再将花纸贴到制品表面；印花，采用丝网印刷，用釉料在制品表面印出图案。

6）包装 加工完成后，把玻璃制品分装入库。

玻璃制品的家具非常多，如图 12-22～图 12-25。

图 12-22 玻璃电脑桌

图 12-23 玻璃餐桌

图 12-24 玻璃电视柜

图 12-25 玻璃书桌

13 竹、藤家具制造工艺

13.1 竹家具制造工艺

13.1.1 竹家具的材料

竹,质地坚硬,具有很好的力学强度,抗拉、抗压能力较好,且具有韧性和弹性,抗弯曲能力强,不易断折。竹材也是家具中经常用到的材料。竹材有它的共性,但每一材种又有不同的特点。家具对竹材的选择应根据使用部位的性能要求而定。骨架材料一般选直径在40mm 以下、力学性能好的竹材;而编织用材要求质地软、竹壁薄、竹节较长、易劈篾的中径竹材。常用的竹材见表 13-1。

表 13-1　常用的竹材种类

竹材种类	竹材特点
刚竹	质地致密,坚韧而脆,竹竿直,不易劈篾
毛竹	材质坚硬,强韧,易劈篾
桂竹	竹竿粗大,坚硬,易劈蔑
黄苦竹	韧性大,易劈篾
石竹	竹壁厚,竿环隆起,不易劈篾
淡竹	竹竿均匀细长,劈篾性好,色泽优美,整竿使用和劈篾使用都可
水竹	竹竿端直,质地坚韧,力学性能好,易劈篾
慈竹	壁薄柔软,力学强度差,但劈篾性能极好

目前,竹家具主要分为圆竹家具、竹集成材家具、竹集成材框式家具、竹材弯曲胶合家具四类,其中圆竹家具是最传统的家具。

1) 圆竹家具　以圆形而中空有节的竹材竿茎作为家具的主要零部件,并利用竹竿弯折和辅以竹片、竹条(或竹篾)编排制成的一类家具。其类型以椅、桌为主,也有床、花架、衣架、屏风等,如图 13-1。我国的圆竹家具生产历史悠久,原料资源丰富,成本低廉,使用地区广。

图 13-1　圆竹家具

2）竹集成材家具　它是在木质家具制造技术的基础上发展起来的，由一片片或一根根竹条经胶合压制而成的方材和板材，再加工成家具，如图 13-2。竹集成材作为一种新型的家具基材保持了竹材的特性，具有幅面大、变形小，尺寸稳定、强度大、刚度好、耐磨损等原有特点。另外竹集成材生产时经过一定的水热处理，成品封闭性好，可以有效地防止虫蛀和霉变。与木质家具比较，由于竹材具有较强的物理力学性能，因此在同等承载力学强度下，新型竹集成材家具构件能以较小的尺寸满足强度要求，在家具的整体造型上显得更为轻巧，更能体现竹材的刚性以及力的美学。竹集成材家具又分为框式家具、板式家具两种。

图 13-2　竹集成材框式家具

框式家具是以竹集成材为基材做成框架或框架再覆板、嵌板的一类家具。它既可以做成固定式结构，也可以做成拆装式结构。

板式家具是以竹集成材板材为基材做成的各种板式部件，采用连接件接合等相应方式所制成的一类家具。有的以竹集成材的旋切单板材、径面材、弦面材、端面材或它们的组合材作为覆面装饰材料，并将这些材料运用到不同的家具或部件中。

3）竹重组材家具　以各种竹材的重组材（即重组竹）为原材，采用木制家具（尤其是实木家具）的结构与工艺技术所制成的一类家具。它既可以做成框式结构，也可以做成板式结构；既可以做成固定式结构，也可以做成拆装式结构。通过碳化处理和混色搭配制成的重组竹，其材质和色泽与热带珍贵木材类似，可以作为优质硬木的代用品，用于仿红木家具或制品的制造。

4）竹材弯曲胶合家具　竹材弯曲胶合家具主要是利用竹片、竹单板、竹薄木等材料，通过多层弯曲胶合工艺制成的一类家具，如图 13-3。

图 13-3　竹材弯曲胶合家具

13.1.2　竹家具的接合方式与结构

（1）竹集成材家具和竹重组材家具的接合方式

竹集成材家具可以进行锯截、刨削、镂铣、开榫、钻孔、砂光和表面装饰，可采用五金连接件、榫接等多种接合方式；竹重组材家具的接合方式也可采用木质家具的接合方式。

（2）圆竹家具的接合方式

1）缠绕法　用藤绳等线性材料将圆竹接合处捆绑到一起的方法，如图13-4。

图13-4　缠绕法

2）金属件连接　由于竹竿每节的形态、密度不同，因此很多竹竿连接不方便，通过五金件连接可以解决这一问题，如图13-5。为了加强结构的牢固性、稳定性，除了金属件连接外，还可在其外面再缠绕，如图13-6。

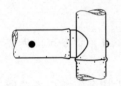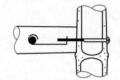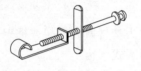

图13-5　金属件连接　　　　　　　　　　图13-6　金属件连接并缠绕

3）裹接　裹接是把一根竹竿的某个部位切削掉，形成豁口，再把另外一根竹竿放到豁口处，通过弯曲方式把它裹在里面，见图13-7。有些家具部件除了需要裹接外，还需在其外面缠绕，见图13-8。

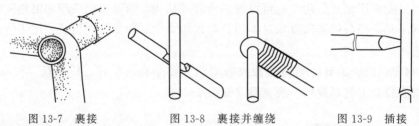

图13-7　裹接　　　　　　图13-8　裹接并缠绕　　　　　　图13-9　插接

4）插接　把一根竹竿的端部削尖，然后在另一根竹竿上开洞，把削尖的竹竿插入洞里，并用螺钉固定，如图13-9。

13.1.3　竹家具的生产工艺

（1）圆竹家具的生产工艺

圆竹家具主要生产工艺流程如图13-10。

选材→竹材处理→精加工→竹段弯曲→表面处理→装配→表面涂饰

图13-10　圆竹家具主要生产工艺流程

1）选材　圆竹家具用材应选择材质坚硬、抗弯及抗压、干缩率小的竹种，如毛竹、斑竹等。表面应未受损坏且无龟裂、节间通直，表面平滑；节间长、节隆起低。竹竿下部的竹壁较厚、节数多、节间短，承受力较大，可作为骨架使用。面层的框架多需要弯曲，所以在截取竹段时应取整根竹竿的中上部分，这段竹竿竹节长，节数少，并且竹壁易弯曲。面层竹排一般多选择竹竿的中上部分，杆面要平滑，竹段要少甚至没有。

2）竹材处理　竹材采伐后，为了进一步加工，需要对其表面清理，常用谷壳法或皂水法将竹竿浸于水槽中，抹擦竹竿直至发亮为止，还可起到防虫蛀或腐朽的作用。新鲜的竹材水分较多，应及时进行干燥处理。可将竹材置于干燥通风良好场所进行自然干燥，周围撒布石灰等物质，驱虫避菌。

3）精加工　竹材常用机器进行横截、纵截等加工，竹片定厚可使用压刨完成。

4）竹段弯曲　竹段弯曲一般采用加热烘烤的方法，使竹材纤维软化后再进行弯曲，弯曲部分应尽量不带竹节。竹材加热一般有炭火和喷灯两种加热方式，可以直接加热弯曲，或者在竹竿内装热沙进行弯曲。

5）表面处理　竹材一般用漆来涂饰，有些也用化学药剂来浸渍。竹竿外表皮含有多量油分，可采用炭火法和煮沸法将其抽出，对防虫、防霉有良好效果。除油后，可在阳光处晾晒，使其自然漂白，也可使用药水进行漂白处理。漂白后，还需按照要求着色。

6）装配　将加工好的竹家具零部件按照规定的要求接合成部件。

7）表面涂饰　涂饰前首先应填补缝隙、孔洞等不平之处，再打磨光滑平整，然后涂底漆再打磨，最后涂面漆、晾干。竹家具多采用透明涂饰，通常使用聚氨酯清漆，其涂膜光洁坚韧，并有很好的耐水性和耐旋光性，并且透明度好、附着力强，既保持了竹材的天然肌理，又提高了竹家具的耐磨性、耐湿性和耐腐蚀性。

（2）竹集成材家具的生产工艺

竹材集成材家具是在传统的工业化竹材加工方式的基础上，基于地板材生产技术，借鉴木材集成材的层积和拼宽胶合工艺，最终形成的家具生产工艺。具体来说，是用竹子经截断、开片、粗刨、水煮（含漂白、防虫、防霉、防腐等处理）或炭化、干燥、粗刨、选片、涂胶、组坯、双向加压胶合、锯边、砂光等工艺制成的板方材，再制成家具成品（如图13-11）。

原材→截断→开片（竹段纵剖）→粗刨（去节、去隔、去青去黄）→精加工（竹条定厚
加工）→炭化/脱脂处理（蒸煮、漂白）→竹条干燥→精刨→分选→涂胶→组坯→热压成型→
锯边→砂光→板方材加工（接长、拼宽、锯裁、刨削）→零部件加工（接长、拼宽、锯裁、
刨削）→零部件加工（开槽、钻孔、砂光、铣型）→表面涂饰→零部件装配→产品包装

图13-11　竹集成材家具生产工艺

与木质家具不同的是原竹的截断、纵剖、去青去黄等加工，采用断竹机、裂竹机、去青去黄机等专用的竹材加工机械。

1）竹材截断　竹材截断采用断竹机，把原竹锯成需要的一定长度的竹竿，断竹机主要由机架、电机、锯片和传动机构组成，锯中有使用普通锯片和合金两种。原竹宜选取四年以上的楠竹，竿形应通直，尖削度小，竹壁较厚。

2）竹材开片　使用裂竹机开片。裂竹机用于把锯断的竹子割开，割开的片数按要求的竹片宽度而定。因此，裂竹机都配有多把刀具，根据竹家具的要求和原竹的大小选用不同的

刀具。竹片的宽度由锯片之间的间隙决定，可按需要调整。竹片宽度越宽，则刨削竹青、竹黄时的切削量越多，竹材的利用率越低。竹片过窄，锯路的损耗亦随之增大，因此，必须合理确定开片的宽度。

3）粗刨　使用去青去黄机，主要用于后道工序要涂胶的产品，因为竹青的胶粘能力很差，如不去掉，将严重影响粘接强度。去青去黄机就是让竹片通过上下两把刀具，去掉竹条残留的外层竹青和内层竹黄，其结构与成型机类似。

4）精加工　成型机是竹材加工中较重要较常见的设备，按刀具数量可分为两刀成型机和四刀成型机两种，一般由机架、两台电机（送料电机和刀具驱动电机）、送料轮、刀具和传动系统组成。送料速度一般在 50～60m/min。成型机的通用性较好，只需更换刀具即可满足不同产品的要求，换上平滚刀可用于竹条的定宽定厚。

5）炭化或蒸煮　竹材比一般木材含有更多的营养物质，所以在一定温度和湿度下容易发生霉变和虫蛀。在生产上解霉变和虫蛀的方法有两个，一是竹材蒸煮，二是竹材炭化。

竹材蒸煮是将粗刨好的竹片放入 60℃ 左右的热水中，再按 5%～8% 的比例加入浓度为 30% 的过氧化氢及适量的防虫防霉剂，将水用蒸汽加温煮沸并保持 6～8 小时。由于过氧化氢的作用，在防虫防霉的同时也使不同年龄和不同部位的竹材颜色趋于一致，减少了色差。

炭化是将粗刨好的竹片放入专用的炭化炉，打开蒸汽阀，使压力达到 0.3MPa 左右，保持 70～90min 后，可排出蒸汽，取出竹片。

竹片经过蒸煮或炭化后，含水率一般可达 35%～50% 左右，然后在干燥窑采用 60～70℃ 左右的温度连续烘干 72～84h，含水率可达到 10% 以内。

6）干燥处理　经过干燥后，竹材集成材的后续工艺可参照木材集成材的生产工艺进行精刨、组坯热压等，将竹条胶合加工成竹材集成材，再参照木质家具的生产工艺流程制造成竹材集成材家具（图 13-12～图 13-17）。

图 13-12　竹材炭化　　　　　　图 13-13　竹材烘干　　　　　　图 13-14　竹材精刨

图 13-15　竹片配色　　　　　　图 13-16　竹板材齐端　　　　　图 13-17　竹板材砂光

13.2　藤家具制造工艺

13.2.1　藤家具的材料

藤在饱含水分时极为柔软，干燥后又特别坚韧，所以缠扎有力，富有弹性；皮质外表爽洁，耐水湿，易干燥，色质自然，耐磨耐压。藤材经漂白处理，色泽白净、光洁、美观。藤材广泛用于家具制作。藤的种类见表13-2。

表 13-2　藤的种类

藤的种类		特点
进口藤		常从印度尼西亚、菲律宾等东南亚国家进口；通常其纤维光滑细密，韧性强，富弹性，抗拉性高，长久使用不易脆断，质量佳；按品种可分为藤皮和藤心两种
国产藤	土厘藤	产于云南、广东、广西；皮有细直纹，色白略黄，节较低且节距长；藤芯韧而不易折断，直径在15mm左右，品质好
	红藤	产于广东、广西；色黄红，其中浅色者为佳
	白藤	又称黄藤，产于广东、广西、台湾、云南；色黄白，质韧而软，茎细长，达20m，有节，是藤家具的主要原料品种
	省藤	产于广东；茎长可达约30m，直径可达3cm，韧性好
	大黄藤	产于云南；色黄褐色光亮、中心纤维粗而脆，节高短，性硬

在家具生产中，藤心条可用作家具的骨架。由于藤心条易弯曲，因而藤家具以线造型，线条优雅流畅，质感朴实；可用藤大量缠绕家具骨架和编织藤面制成家具；藤也可编织成面，用作椅座面、靠面和床面等，与木、金属、竹等结合使用，发挥各自材料的特长，制成各种形式的家具，如图13-18～图13-21。

图 13-18　藤框架藤编椅子

图 13-19　实木框架藤编沙发

另外，通过竹材、藤材的编织，可以得到很多美观的图案，如图13-22。

13.2.2　藤家具的接合方式与结构

藤家具多为框架结构，框架结构形式和接合方式合理与否，直接影响到藤家具的强度、稳固性及外观造型。制作框架的藤条常需弯曲甚至扭曲、接长、拼宽（把两根或两根以上的藤条在径向连接起来以提高藤家具框架的受力强度和增强造型美）等处理。框架结构连接方法一般有：钉接合、木螺钉接合、连接件接合、榫接法、胶接合、包接、缠绕等。一件家具往往要把几种方法综合起来应用。

图 13-20 金属框架藤编椅子

图 13-21 楠竹框架藤编椅子

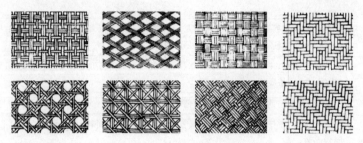

图 13-22 竹、藤材编织图案

1）钉接合　藤条的拼宽、接长、横材与竖材的角部结合（T 字接、L 接）、十字接、斜撑接、U 字接、V 字接等均可用钉接法，主要采用金属钉，常用的有圆钉、射钉、U 形钉等，如图 13-23。钉连接简单易行，但加工过程中需注意尽量在藤条首尾处留出一定长度，以免钉接时藤材发生劈裂现象，影响家具牢固度。钉接合强度一般，常用胶黏剂加固。接长可用企口接也可斜接。作为主体框架的部分可用圆钉接合，藤皮的缠接、缠扎和藤编面的起首固定、收口固定可用 U 形钉，小型构件如结构装饰构件、压条的固定可用射钉。

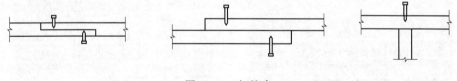

图 13-23 钉接合

2）木螺钉接合　木螺钉接合常用于横竖材的角部结合，连接时需预钻孔，如图 13-24。有时把螺钉端头钉入材料中，并凹陷下去，然后用腻子抹平，再上油漆就看不到钉头位置。常用的木螺钉有盘头木螺钉、沉头木螺钉。木螺钉连接强度较高，连接方便，是藤家具制造应用较多的连接方式。

3）榫接法　在藤框架的制作中，榫接法可用于藤条的接长，零件的 T 字接、L 字接、十字接、交叉接，构件弯曲对接等，如图 13-25。接合方式主要有企口榫和圆棒榫，并辅以胶接合，有时也用钉加强。榫接法接合强度较高，外观效果好，但工艺过程稍复杂。

4）包接法　常用于丁字连接的部位，是将一段藤材（横材）弯曲环绕另一段藤材（竖材）一周之后，再将其端头与主体藤材（横材）连接（可用胶和钉固定）。这种方法在连接之前需将藤材（横材）一端锯去或削去一半以便弯曲环绕后端头的连接固定平整。

5）缠绕法　多数竹藤家具框架是在以上连接的基础之上，运用缠接结构起到加固的作

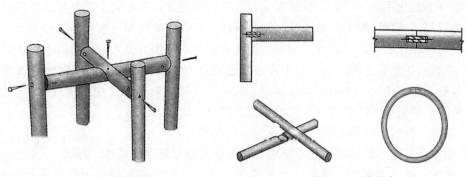

图 13-24　木螺钉接合　　　　　　　　图 13-25　榫接合

用，与竹家具的缠绕法类似。框架的 T 字接、十字接、斜撑接、L 字接运用的缠接结构既有相同之处又有区别。T 字接一般有两种连接结构，一种是在横材上钻孔，藤皮通过小孔将结合处缠牢；另一种是在横材上不钻孔，常用 U 形钉先把包裹在结合处的藤皮或细藤芯端头固定，再将所钉藤皮端头和钉缠住。十字接的连接结构由于缠接方法的不同，分沿对角线方向缠接及沿对角和平行方向缠接两种，后者可获得较大的接合强度。

6）胶接合　胶接合一般与其他方法配合使用，单独使用很少，常用白乳胶。

13.2.3　藤家具的生产工艺

藤制家具的生产工艺大致可以分为八个环节，分别是原料选择、原料打磨、原料加工、抛光、组装、编织、半成品打磨、涂饰等。

1）原料选择　将藤材摘下来晾干后要通过打藤除去枝桠及树叶，另外，最重要的就是削去藤上的节和疤痕。将打好的藤材从原藤中选择出来，进行蒸煮，对藤材进行脱水脱脂，使其变得更柔和有韧性。另外，藤材的表面色彩并不是很均匀，而是呈现各种斑纹、疤痕等；同时，藤材内部可能还有虫子，将藤材放入漂白水中，可以杀死藤材中的虫类。最后将洗好的藤放到阳光下晒干，尽快除去藤中的水分，防止藤材腐烂，一般大型的工厂是采用专门的车间进行烘干处理的。

2）原料打磨　将藤材放到砂光机上打磨，使藤材的表面更加光滑均匀。首先进行粗打磨，可用 80 型的粗砂带；将藤条放在打磨机床砂带和砂轮之间，并稍稍用力，使藤的表面基本光滑。然后再细打磨，经过第一轮打磨，藤条表面已经光滑了很多，但是还是略显粗糙，这时就需要第二轮细打磨。可用 180 型细砂带进行再次打磨，180 型砂带比 80 型砂带更细一些，这样打磨出来的藤就会更加光滑。

3）原料加工　有的藤材可以长到 20m 左右，在加工过程中，由于太长而不太好加工，因此需要将处理后的藤截成固定的长度；有些藤材需要横向加工成不同的部分。对于要弯曲的部分，可以用火枪对藤条进行加热处理，高温加热时要不停地移动火枪，对藤条需要弯曲的部分均匀加热。需要注意的是要用火枪火焰的外焰进行加热，如果用内焰的话，会由于温度太高使藤条燃烧。当加热到一定程度之后，要趁着热劲把藤条放在操作台上卡好，边加热边用力，使之弯曲变形。停止加热后，用高压空气冷却枪对藤条进行冷却处理使它定型。如果有弯曲过度的情况出现，就要对藤条弯曲过度的地方重新进行加热处理，把它弯回到适宜的角度。

4）抛光　对加工成固定长度的藤材进行抛光处理。抛光使用的主要的工具就是抛光机。

它和打磨环节的作用有所不同，尽管都是使物体表面光滑，但抛光主要是通过砂轮对加工好的部件进行局部处理。抛光的重点是结疤，其次还有经过高温加热有点炭化的表面。抛光时用力要均匀，动作要轻柔、细致。对需要抛光的部分不能用力过大，以免磨去更多的地方。

5）组装　在组装各部件时，一定要注意连接点的位置，如果需要用螺丝钉固定，则每处需要各打两个连接孔，再用螺丝钉固定，打两个孔的目的是为了使连接处的牢固性更好。具体组装时，要根据不同的藤家具选择不同的接合方式。

6）编织　按照设计的图案，把藤条编制在藤框上。

7）半成品打磨　编织后，把不光滑、不平整的地方再进行填补、打磨。

8）涂饰　通过上底漆、着色、上面漆等工艺，增加藤家具的美观性，并起到防虫蛀、防腐的作用。

参 考 文 献

[1] 曾东东，冯昌信，李丹丹. 家具设计与制造 [M]. 北京：高等教育出版社，2009.

[2] 江功南. 家具生产制造工艺 [M]. 北京：中国轻工业出版社，2011.

[3] 马掌发，黎明，李江晓. 家具设计与生产工艺 [M]. 北京：中国水利水电出版社，2012.

[4] 李军，熊先青. 木质家具制造学 [M]. 北京：中国轻工业出版社，2011.

[5] 吴智慧，徐伟. 软体家具制造工艺 [M]. 北京：中国林业出版社，2008.

[6] 王明刚. 实木家具制造技术及应用 [M]. 北京，高等教育出版社，2009.

[7] 陶涛，陈兴艳，张萍等. 家具设计与开发 [M]. 北京：化学工业出版社，2012.

[8] 江功南等. 家具制作图及其工艺文件 [M]. 北京：中国轻工业出版社，2011.

[9] 王永广，周子鹏，梁锐坚. 软体家具制造技术及应用 [M]. 北京：高等教育出版社，2010.

[10] 刘晓红，江功南. 板式家具制造技术及应用 [M]. 北京：高等教育出版社，2010.

[11] 薛坤，王所玲，黄永健. 非木质家具制造工艺 [M]. 北京：中国轻工业出版社，2012.

[12] 江湘芸. 设计材料及加工工艺 [M]. 北京：北京理工大学出版社，2012.

[13] 彭亮，卢林，彭云. 家具设计与工艺 [M]. 北京：高等教育出版社，2009.

[14] 邓背阶，陶涛，王双科. 家具制造工艺 [M]. 北京：化学工业出版社，2006.

[15] 彭亮. 家具设计与制造 [M]. 北京：高等教育出版社，2001.

[16] 刘忠传. 木制品生产工艺学 [M]. 北京：中国林业出版社，1993.

[17] 王逢瑚. 现代家具设计与制造 [M]. 哈尔滨：黑龙江科学技术出版社，1994.

[18] 唐开军. 家具技术设计 [M]. 武汉：湖北科学技术出版社，2000.

[19] （美）卡尔·艾克曼编. 家具结构设计 [M]. 林作新，李黎等编译. 北京：中国林业出版社，2008.

[20] （美）詹姆斯·E·勃兰波编. 软体家具工艺 [M]. 张帝树等译. 北京：中国林业出版社，1992.

[21] 上海家具研究所编. 家具设计手册 [M]. 北京：轻工业出版社，1987.

[22] 吴智慧. 木质家具制造工艺学 [M]. 北京：中国林业出版社，2004.

[23] 邓背阶，陶涛等. 家具制造工艺 [M]. 北京：中国林业出版社，2006.

[24] 许柏鸣. 家具设计 [M]. 北京：中国轻工业出版社，2011.

[25] 刘定之，胡景初. 沙发制作 [M]. 长沙：湖南科学技术出版社，1985.

[26] 吴悦琦. 木材工业实用大全（家具卷）[M]. 北京：中国林业出版社，1998.

[27] 曾延放，覃丽芳编著. 家具设计与制作 [M]. 南宁：广西科学技术出版社，1999.

[28] 张泽宁. 沙发出模与制作入门 [M]. 广州：广东科技出版社，2005.

[29] 张屹. 板式家具 [M]. 广州：暨南大学出版社，2006.

[30] 徐永吉. 家具材料 [M]. 北京：中国轻工业出版社，2000.

[31] 梅启毅. 木制品生产工艺学 [M]. 北京：高等教育出版社，2002.

[32] 宋魁彦. 现代家具生产工艺与设备 [M]. 哈尔滨：黑龙江科学技术出版社，2001.